JN175344

DIGITAL SERIES

未来へつなぐ
デジタルシリーズ

# メディアとICTの知的財産権

菅野政孝
大谷卓史
山本順一　著

12

第2版

共立出版

# Connection to the Future with Digital Series

## 未来へつなぐ デジタルシリーズ

# 未来へつなぐ デジタルシリーズ　刊行にあたって

デジタルという響きも，皆さんの生活の中で当たり前のように使われる世の中となりました．20 世紀後半からの科学・技術の進歩は，急速に進んでおりまだまだ収束を迎えることなく，日々加速しています．そのようなこれからの 21 世紀の科学・技術は，ますます少子高齢化へ向かう社会の変化と地球環境の変化にどう向き合うかが問われています．このような新世紀をより良く生きるためには，20 世紀までの読み書き（国語），そろばん（算数）に加えて「デジタル」（情報）に関する基礎と教養が本質的に大切となります．さらには，いかにして人と自然が「共生」するかにむけた，新しい科学・技術のパラダイムを創生することも重要な鍵の 1 つとなることでしょう．そのために，これからますますデジタル化していく社会を支える未来の人材である若い読者に向けて，その基本となるデジタル社会に関連する新たな教科書の創設を目指して本シリーズを企画しました．

本シリーズでは，デジタル社会において必要となるテーマが幅広く用意されています．読者はこのシリーズを通して，現代における科学・技術・社会の構造が見えてくるでしょう．また，実際に講義を担当している複数の大学教員による豊富な経験と深い討論に基づいた，いわば“みんなの知恵”を随所に散りばめた「日本一の教科書」の創生を目指しています．読者はそうした深い洞察と経験が盛り込まれたこの「新しい教科書」を読み進めるうちに，自然とこれから社会で自分が何をすればよいのかが身に付くことでしょう．さらに，そういった現場を熟知している複数の大学教員の知識と経験に触れることで，読者の皆さんの視野が広がり，応用への高い展開力もきっと身に付くことでしょう．

本シリーズを教員の皆さまが，高専，学部や大学院の講義を行う際に活用して頂くことを期待し，祈念しております．また読者諸賢が，本シリーズの想いや得られた知識を後輩へとつなぎ，元気な日本へ向けそれを自らの課題に活かして頂ければ，関係者一同にとって望外の喜びです．最後に，本シリーズ刊行にあたっては，編集委員・編集協力委員，監修者の想いや様々な注文に応えてくださり，素晴らしい原稿を短期間にまとめていただいた執筆者の皆さま方に，この場をお借りし篤くお礼を申し上げます．また，本シリーズの出版に際しては，遅筆な著者を励まし辛抱強く支援していただいた共立出版のご協力に深く感謝いたします．

「未来を共に創っていきましょう．」

編集委員会
白鳥則郎
水野忠則
高橋　修
岡田謙一

# 第2版　はじめに

2010 年代は国内外において激動の時代と言えるであろう．国内を見てみると，2011 年 3 月の東日本大震災による福島第一原子力発電所の事故を契機として，国内外でエネルギー源が原子力から再生可能エネルギーへと大きく見直される流れとなった．その後 2012 年 12 月に当時の民主党から自由民主党に政権が交代し，経済成長を目的に金融緩和措置を実施して景気浮揚を図る所謂“アベノミクス”という政策が取られ，現在緩やかながらも景気回復の傾向にある．

国外に目を向けると，2008 年 9 月に米国の投資銀行グループであるリーマンブラザーズが破綻（“リーマンショック”と呼ばれる）し世界中が大きな景気後退に陥ったが，その後全世界的には景気浮揚・後退を経て現在は回復傾向にある．ただし，これをもう少し仔細に見てみると先進国と途上国，あるいは地域間によって経済格差が生じており，このために途上国では政情不安となって頻発するテロ等の発生の要因となっている．また，先進国内でも国際間の貿易や技術進歩の不均衡から所得格差が著しくなり，低所得層の不満を受けての保護主義の台頭（グローバリゼーションの否定的見方の拡大）が各国で見られるようになってきている．2017 年は保護主義と自由主義の対立の中で自国の政権トップを選ぶ選挙もいくつかの主要国で行われ，必ずしもどちらか一方の陣営のみが勝利するという結果にはなっていない．

本書の初版は 2010 年代初頭の 2012 年 8 月に上梓されたが，5 年の間に上述のように世の中は大きく変動している．そしてこのことは本書が対象としている情報通信技術（ICT：Information Communication Technology），および知的財産権とその適用分野でも例外ではない．ICT の分野では初版で示した当時のトレンドとしての「デジタル技術」,「高速通信」,「クラウドコンピューティング」,「スマートフォン／タブレット端末」,「SNS サービス」等は今日すでに当たり前の技術・サービスとして世の中に認知され，私たち利用者はその恩恵を十分に享受している．現在はその当時に萌芽が見られていた「IoT(Internet of Things)」,「ビッグデータ」,「第 3 世代の AI(Artificial Inteligence)」といったキーワードの元に各国の企業がこれら技術・サービスの覇者となるべくしのぎを削っている．

その結果，知的財産権の分野では，このような世の中の変動や技術革新を受けて政策や法律に関して次に示すような新たな動きがあり，第 2 版ではこれらを盛り込んだ内容とした．

- 「政策」では，知的財産政策の前提となる経済社会情勢が急激に変容したことから，新たに「知的財産政策に関する基本方針」が制定された．
- 「特許法」については，進展のはやい技術分野において企業活動の円滑化を図るため職務発明については原始的に使用者帰属とするよう改正された．
- 「意匠法」については，スピードを持ってグローバルな規模で模倣品を排除し，取り締まることができるように WIPO 国際事務局への 1 つの出願で複数国（締約国）に同時に意匠出願した場合と同様の効果が得られる制度が利用できるようになった．

・「商標法」としては，新たに“音”，“色彩のみからなる商標”，“ホログラム“，“動き”などが商標として認められた他，国際的にも認められている地理的表示保護制度が施行された．

・「著作権法」に関しては，2010 年代にはいって技術の変遷により主要な音楽の聴取方法となったネットを経由しての音楽配信サービスに関して著作権が見直され，利用が拡大している電子書籍まで出版権が拡大された．また AI により制作された著作物の権利についての課題にもふれている．

2010 年代の非常に大きな動きとしては経済のグローバル化の顕著な具体例である「環太平洋パートナーシップ（TPP）協定（Trans-Pacific Partnership Agreement）」が挙げられる．これは『アジア太平洋地域において，物品及びサービスの貿易並びに投資の自由化及び円滑化を進めるともに，知的財産，電子商取引，国有企業，環境等幅広い分野で 21 世紀型の新たなルールを構築するための法的枠組み』（外務省ホームページ）であり日本，米国，カナダ，メキシコ，ニュージーランド，オーストラリア，シンガポール，マレーシア，ブルネイ，ベトナム，タイの 12 ヵ国が加盟することとして 2015 年 10 月に大筋合意に至った．この協定が発効すると世界の GDP の 4 割を占める強大な経済圏となり知的財産分野においても大きな影響があるものとされていた．しかしながら，本協定については協定域内の 6 割の GDP を占める米国が 2017 年 1 月の大統領の交代を契機に方針を変更して離脱したため，日本が中心となって残った 11 ヵ国（TPP11）で改めて協定締結に向けて協議が行われ大筋，合意となっているが，最終的な協定発効には到っていない（2017 年 12 月時点）．このため，TPP による知的財産に関する内容等については本書では触れないこととした．

本書が知的財産権や法令を学びたい理系の学生，および ICT に関する知見を得たい法学を始めとする文系の学生にとってお役に立つことができれば幸いである．また，本書の内容は学生のみでなく若い世代の社会人においてもその活用に十分に耐えるものと考えている．

最後に，本書執筆の機会を与えていただいた未来へつなぐデジタルシリーズの白鳥則郎編集委員長，および編集委員の水野忠則先生，高橋修先生，岡田謙一先生，ならびにサイエンス工房 KOZA の島田誠氏に厚く御礼申し上げる．

2018 年 1 月

菅野政孝
大谷卓史
山本順一

# はじめに

21 世紀に入ってからのインターネットを中心とする情報通信技術 (ICT：Information Communication Technology) の発展は著しい．私たちは ICT の中身は意識しなくても日常あらゆる場面で ICT にかかわるサービスの恩恵に浴している．

しかし，ICT にかかわる商品やサービスを提供する企業においては，私たちからは見えないところで企業同士極めて熾烈な開発競争を繰り広げており，常に新しい ICT を産み出していく必要がある．ICT を始めとする技術は私たち人間が思いついたアイデアを基に多くの技術者，開発者の力によって私たちの生活の中で利用できる実用的な商品，サービスへと創り上げられる．このため技術はこれら技術者，開発者が共通に理解できる情報として表されることになる．このような情報は企業が存続して行くための重要な知的財産であり，技術は知的財産と切っても切れない関係を持つ．

本書はこのような背景を踏まえ，知的財産権および関連する法令について主に ICT と ICT に関する機器・サービスならびにここで扱われる情報に着目して解説したものである．

世の中には ICT に関する優れた専門書は数多く発刊されている．また一方，法学の世界には知的財産権に関する専門書もまた数多く出版されている．しかしながら，知的財産権と関連法令について ICT 全般の観点から解説した専門書はさほど多くない．そこで本書では現代の急激に発展する ICT を活用する社会，あるいは企業の中の利用者の立場で，知的財産権とその法令をいかに捉えるべきかという視点で執筆している．

したがって，対象読者はこの「未来へつなぐ デジタルシリーズ」の主要な読者層であると考えられる理系の大学・大学院生は勿論のこと，知的財産権を学ぶ大学・大学院生やより広く文系の学生をも想定している．

本書は 15 章より構成される．各章の始めに内容の理解を助けるための「学習のポイント」と「キーワード」を示し，各章の最後には演習問題を備えた．各章の概要は以下の通りである．

第 1 章では，知的財産，知的財産権の定義や意義と日本における知的財産権関連の現状について示し，第 2 章でメディアの歴史と知的財産権制度の変遷について示した．

第 3 章で知的財産法制全体の概観を述べ，第 4 章では産業構造の高度化を支える知的財産権としての産業財産権，第 5 章では消費生活に浸透し消費行動を誘引する知的財産権としての商号権，商標権等を，第 6 章では職業的創作者からすべての人たちが創作公表する時代の知的財産権としての著作権を記した．第 7 章では著作権についてより生活に密着した中での権利の在り方について詳述した．第 8 章ではソフトウェアと特許権，著作権，商標権との関係やソフトウェアが特許権および著作権の対象となるに至った経緯を示した．また，ビジネスモデル特許についても解説している．第9章ではソフトウェアを工業製品としてビジネスの対象と捉えた時に関連してくる知的財産権について詳述した．第10章ではコンテンツ流通ビジネスと著作権の関係についてビジネスの事例，権利の考え方を詳しく述べ，第11章ではオープンソースソフトウェアの定義やメリット，デメリットを，第12章でデジタル権利管理 (DRM) について技術の内容と関連する法令を示した．第13章でICTにかかわる標準化と知的財産について，第14章でICT企業の知的財産権・標準化戦略を述べた．第15章でICTの将来と知的財産権について述べ最後に全体のまとめとして締めくくった．

本書が知的財産権や法令を学びたい理系の学生，およびICTに関する知見を得たい法学を始めとする文系の学生にとってお役に立つことができれば幸いである．

最後に，本書執筆の機会を与えて戴いた未来へつなぐ デジタルシリーズの白鳥則郎編集長，および編集委員の水野忠則先生，高橋修先生，岡田謙一先生，ならびに共立出版編集部の島田誠氏に厚く御礼申し上げる．

平成24年7月

菅野政孝
大谷卓史
山本順一

# 目次

第 1 章

# ICT と現代の知的財産権

□ 学習のポイント

私たちは常日頃テレビを視聴したりパーソナルコンピュータをインターネットに接続したりして世界中の情報を入手している．また，離れた所にいる人たちとも携帯電話やスマートフォンを利用していつでもコミュニケーションをとることができる．このように現代の私たちは容易に情報を扱うことができる．このような情報を扱う技術のことを ICT (Information Communication Technology) と呼ぶ．本章では，ICT と知的財産および知的財産権全般に関する概要を述べ，次章以降のイントロダクションとする．

- 現在の私たちの生活は ICT に囲まれていること，最近の傾向として情報の生成や処理は専門家のみでなく，私たち自身にとっても容易となっていることを理解する．
- 知的財産および知的財産権とは何か，また企業にとって知的財産・知的財産権はどのような意味を持つのかということを理解する．
- 我が国における知的財産権に関する施策および特許や商標などの知的財産権の状況やコンテンツビジネスの動向について理解する．

□ キーワード

ICT，CGM，知的財産，知的財産権，知的創造サイクル，知的財産戦略大綱，知的財産立国，知的財産基本法，科学技術基本計画

## 1.1 ICT に取り囲まれた現代

21 世紀の現代に生きる私たちは，日常のあらゆる場面において情報に取り囲まれて生活している．世の中の情勢は常時テレビやパーソナルコンピュータ（以下「PC」という.）に接続されたインターネットを通して知ることができるし，他の人々とコミュニケーションをとるためにインターネットや携帯電話を最大限活用している．今では世界中の出来事が瞬時に伝わり，また地球の反対側の国々の人たちと容易に会話を行うことができる．

しかし，人類の歴史から見ればつい最近である 50 年前は，世の中の出来事を知るための手段としては新聞・ラジオが中心で，テレビはようやく一般家庭への普及が始まった頃であり，コミュニケーションの手段は郵便や電話であった．ドッグイヤー[1](dog year) という言葉で例え

[1] 犬の成長が人間の 7 倍の速度で進むことから情報技術分野の変革の速さを他分野と比較して例えたもの．

られるように近年の情報・通信技術（以下「ICT：Information Communication Technology」という）の発展の速度には目覚ましいものがある．

たとえば，国内の2016年9月末におけるPC，携帯電話の世帯普及率はそれぞれ73.0%，94.7% [1]，インターネットの利用者の割合は83.5% [2] であり，ほぼ全家庭でこれらの情報通信技術を利用できる．またテレビについては2017年3月末におけるカラーTVの全世帯普及率は95.2% [3] であり，ほぼ全家庭で利用されている．このことから，国内における情報の入手やコミュニケーションの手段は十分に普及しているといえよう．

すなわち，ICTの発展とは言い換えれば情報処理や情報通信関連機器・装置，システム等のハードウェアやソフトウェアおよびこれらを利用するサービスの急激な発達を意味するものである．

では，ICTを利用するという観点からみて近年のもっとも大きな変革は何であろうか？

従来，一般の人々にとって情報とはそれぞれその情報を制作する専門家が発信するものを受け取るものという意識がふつうであり，自身が発信する情報はせいぜい個人間のコミュニケーションによるものが主体であった．総合的に考えれば，一般の人々にとって発信する情報量は受信する情報量と比較して極めて少量であった．しかしこれだけのICT，とりわけ情報発信手段が発達することにより，一般の人々が自由に情報を作成し発信することが容易となり，今では情報発信という点で専門家と一般の人々の間の垣根は極めて低くなっているのが現状である．

現在，インターネット上では一般の人々が自ら情報を作成し発信するようなサービスが数多く見られるが，このような一般の人々（消費者）が自分自身で情報（コンテンツ）を作成するサイトのことを消費者発信型メディア（CGM：Consumer Generated Media）と呼ぶ．CGM種別と概要を表1.1に示す [4]．

私たちを取り巻くICTと，ICTにより処理される情報のいずれを取ってもこれらは人間の創造活動により生みだされるもの，すなわち知的創造物である．

近年のICTの急激な発展と大量の情報の蓄積は最近の人類の活発な知的創造活動の結果としてもたらされたものである．

## 1.2 企業における知的財産および知的財産権

人間による知的創造は生活のあらゆる場面で行われるが，ICTに着目した場合にもっとも多く創造されるのは企業においてである．本書では，以降企業における知的創造活動を中心として説明し，必要に応じて社会・生活一般における知的創造活動についても述べる．

### 1.2.1 知的財産，知的財産権とは

知的財産基本法（平成14年法律第122号）によれば「知的財産 (IP：Intellectual Property)」とは「発明，考案，植物の新品種，意匠，著作物その他の人間の創造的活動により生み出されるもの（発見又は解明がされた自然の法則又は現象であって，産業上の利用可能性があるものを含む），商標，商号その他事業活動に用いられる商品又は役務を表示するもの及び営業秘密その他の事業活動に有用な技術上又は営業上の情報をいう．」と記されている [5]．

表 **1.1** CGM 種別と概要.

| 項番 | CGM 種別 | 概要 |
|---|---|---|
| 1 | ブログ (Blog) | Web 上に最新のニュースに対する解説・意見等や時事問題を記録し公開するようになったものが発端で，現在では個人の日記等を公開し，これに対する意見を書き込んだり，自分のブログにリンクを張ったりすることができる．<br>また，投稿できる文字数を 140（海外では 280 も可能）に限定したミニブログである Twitter サービスは著名人や政治家が多く利用することで急速な広がりを見せている．<br>それに伴ってこのサービスが災害時の緊急連絡手段として有効であるというプラス面が見られたが，ユーザ側が情報の信頼性・信憑性を十分に吟味することが求められるというマイナス面も明らかになった． |
| 2 | SNS (Social Network Service) | 登録参加型の会員制コミュニティサービスである．特定の話題や地域，あるいは企業等の組織内に限定するもの等，活用の範囲は広がっている．匿名での参加を可能とするサービスが多い中で，実名での参加を原則とする米国の Facebook は 2006 年 9 月に公開したが，2017 年 6 月末の世界における月間アクティブユーザは 20.1 億人であり (Facebook ホームページ)，世界最大のコミュニティとなっている． |
| 3 | 動画投稿・共有 | 一般の人々が自作のコンテンツを投稿して共有（供覧）するものである．米国の YouTube や国内ではニコニコ動画等が代表的な事例である．<br>これらのサイトにテレビドラマ等のコンテンツを不法に投稿するといった著作権法上の問題も多く，過去には著作権者がサービス会社を訴えるといった事件も起きている． |
| 4 | 知識共有 | 誰もが自由に参加して作成する百科事典，一般の人の質問に一般の人が答える Q/A サービス，様々な商品やサービスやこれらを扱っている商店・店舗を口コミによりランキング付して購入の参考にするサービスなどが挙げられる．<br>一般の人による情報であるところから専門家とは異なったよりユーザの視点を持った情報が得られるが，一方正確性・信頼性等の点で保証できない部分や，評価される側が虚偽の情報を投稿するなどのマイナス面もある． |

これらの知的財産は商品などの有体物と異なり目に見えない情報である．情報には，① 何度でも複製ができてかつ消費されないので多くの人々が利用できる，② 容易に模倣することができる，という性質がある．ビジネス活動に有用な技術上又は営業上の知的財産はその種別ごとに法令が制定され，これにより権利となって保護される．これらは「知的財産権」と呼ばれ，図 1.1 に示すように分類できる（知的財産権の詳細については第 3 章〜第 7 章を参照）．

### 1.2.2 企業における知的財産，知的財産権の意義

ICT を始めとする世の中の技術が常に発展し続けている大きな原動力はいわゆる「必要は発明の母」といわれるように，人々が生きていくうえで必要なものを求め，利便性や効率性等を追及しようとする強い意志である．しかし技術を提供して行く企業にとっては，世の中の人々が単に求めるからという理由だけで技術開発を行えるわけではない．企業が存続し，ビジネスを継続していくためには技術開発の結果に利益が伴う必要がある．開発のために多大なコストを負担して生みだした技術を商品やサービスに活かし，消費者に販売・提供することにより利益を得るというプロセスの中には，企業がこれらの技術に対して掛けたコストに見合う以上の利益を確実に得られる仕組みが必要である．

企業が技術開発で産み出した技術は商品やサービスを実現するための方法・理論であり，手で触れることのできない無体物である．しかし，この無体物が商品・サービスに具現化され利益の源泉となるのであり，ここにビジネス上の大きな価値が含まれている．この価値ある無体

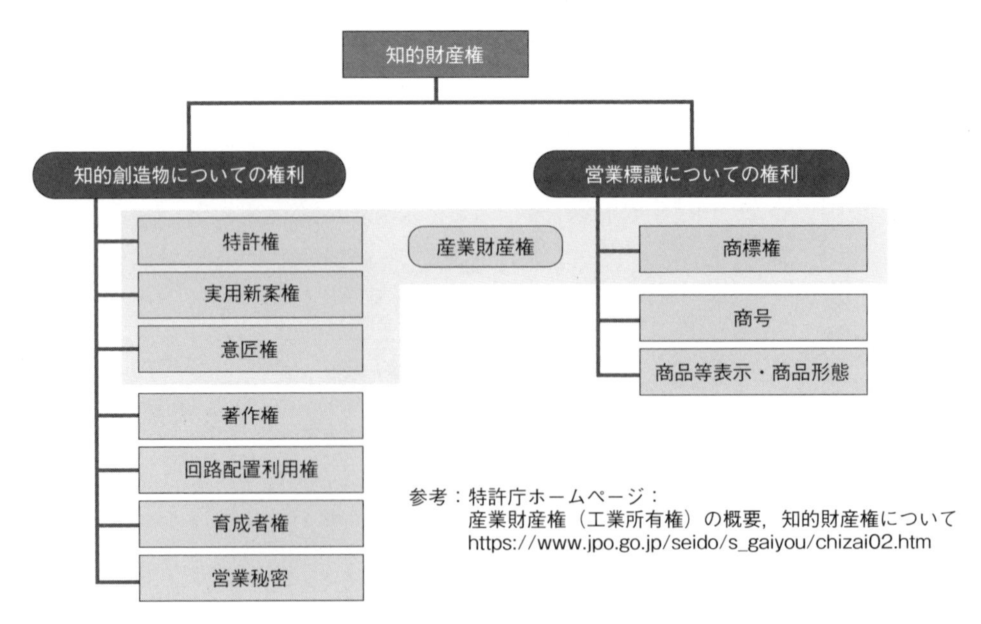


図 **1.1** 知的財産権の分類．

物こそ知的財産そのものであり，企業はこの知的財産を知的財産権として活用することにより利益を確保して行く．

具体的には，企業はビジネス活動の中でこれら知的財産権を売買やライセンスの対象とすることにより直接利益の源泉とする．また，関連する法令に基づき法的効力を駆使し，競合他社間で競争優位に立ってビジネスを有利に進めて行くこととなる．

### 1.2.3 知的創造サイクル

企業が技術開発によって新たな技術を生みだすためにはちょっとしたアイデアでも拾い上げ，大きく膨らませることにより実用に耐えうる技術に仕上げていくことが必要である．また，開発が終了した技術については少なくとも開発に要したコストを回収できるようにその技術を権利化して商品やサービスへの適用を保証する仕組みが必要であろう．さらには，この企業のみでなく他の多くの企業等もこの技術を使ってビジネスが可能となり，結果として利益を上げることにより次の新しい技術開発につないでいくモチベーションが生まれることが望ましい．

このように技術を「創造（新技術開発）」して，できた技術を「保護（権利化）」し，さらには「活用（ライセンス契約等）」して利益を上げ，新たな技術を創造していくというスパイラルアップの流れを「知的創造サイクル」と呼ぶ． 知的創造サイクルの模式図を図 1.2 に示す．

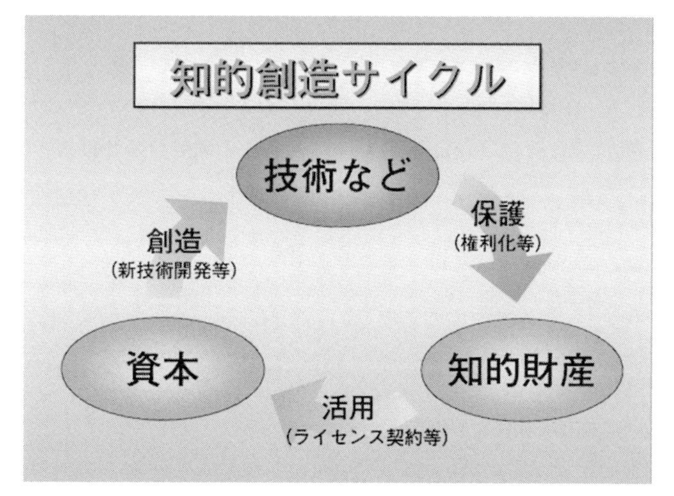


特許行政年次報告書 2003 年版
第 1 部　知的財産立国の実現に向けた特許行政の動き～この 1 年を振り返って～
https://www.jpo.go.jp/shiryou/toushin/nenji/nenpou2003_pdf/honbun/1.pdf

図 **1.2**　知的創造サイクル.

## 1.3 日本における知的財産と知的財産権

### 1.3.1 日本における知的財産関連施策

#### (1) 知的財産の創造・保護・活用に関する推進計画

企業がビジネス活動を進めていくうえで知的財産権を有効に活用することは前節で示したが，企業が自身の努力で知的財産権の活用を図るのと同時に，公的な施策による支援も必要である．この半世紀の間に日本では高度成長期とそれに続くいわゆるバブル期を経て景気の低迷期が長く続いているが，この間産業活性化のための施策が様々に執り行われてきた．

知的財産関連分野でもっとも特徴的なことは 2002 年，小泉内閣の時に設置された「知的財産戦略会議 [6]」において同年 7 月に「知的財産戦略大綱」が制定され，この中で「知的財産立国」という国家戦略が打ち出されたことである．知的財産戦略大綱で示されている基本的な考え方は以下の通りである [7]．

① 我が国の国際的な競争力を高め経済・社会全体を活性化するために，我が国を科学技術や文化などの幅広い分野において豊かな創造性にあふれ，その成果が産業の発展と国民生活の向上へつながっていくような「知的財産立国」とする．
② このために知的財産戦略大綱を策定し，これに従い 2005 年度までを目途に知的財産にかかわる制度等の改革を集中的・計画的に実施する．
③ 基本的な方向としては，知的創造サイクルである知的財産の「創造」,「保護」,「活用」と，これらを支える「人的基盤の充実」の 4 つの分野において戦略的な対応を進めていく．

本大綱の中で示された目標を実現するために 2002 年，知的財産基本法が制定された．第 1

章では目的，定義，官公庁・大学や事業者の責務，第 2 章では基本的施策，第 3 章として知的財産の創造，保護および活用に関する推進計画を作成すべきこと，第 4 章に知的財産戦略本部を内閣に設置すること，が規定されている．

また，第 3 章の規定に従って，2003 年 7 月に具体的な「知的財産の創造，保護及び活用に関する推進計画」が作成されている [8].

本推進計画では，知的創造サイクルの「創造」,「保護」,「活用」それぞれの分野において次のような計画を策定している．

① 創造分野
  - 知的財産の創造基盤整備
  - 大学等における知的財産創造の推進
  - 大学・企業を問わない質の高い知的財産創造の推進

② 保護分野
  - 知的財産の保護強化のための，i) 特許審査の迅速化，ii) 出願人のニーズに応じた柔軟な特許審査の推進，iii) 知的財産の保護制度の強化，iv) 紛争処理機能の強化，v) 国際的な知的財産の保護および協力の推進
  - 模倣品・海賊版対策としての，i) 外国市場対策の強化，ii) 水際および国内での取り締まりの強化，iii) 官民の体制強化

③ 活用分野
  - 知的財産の戦略的活用の支援
  - 国際標準化活動の支援
  - 知的財産活用の環境整備

また，情報の活用を狙いとしてコンテンツビジネスの拡大と知的財産関連人材の育成，および国民意識の向上についても触れている．

④ コンテンツビジネス
  - 魅力あるコンテンツの創造
  - 「知的創造サイクル」を意識したコンテンツの保護
  - 流通の促進
  - 施策の実施

⑤ 人材育成と国民意識の向上
  - 知的財産関連人材の育成と知的財産教育・研究・研修の推進
  - 国民の知的財産意識の向上

### (2) 科学技術基本計画と知的財産

知的財産の観点のみでなく，その基となる科学技術開発に関しても政府による施策が実施されている．それが科学技術基本計画である．この基本計画の概要と特許との関連を記す．

**A. 科学技術基本計画**

科学技術基本計画とは，1995 年 11 月に制定された「科学技術基本法（平成 7 年法律第 130 号）」に基づく科学技術の振興に関する施策の総合的かつ計画的な推進を図るための基本的な計画である．1996 年より 5 年ごとに第 4 期科学技術基本計画まで実施され，第 5 期科学技術基本計画が 2016 年度より 2020 年度まで実施されている．

第 5 期科学技術基本計画の概要は以下の通りである [9].

［1］目指すべき国の姿

① 持続的な成長と地域社会の自律的発展

② 国及び国民の安全・安心の確保と豊かで質の高い生活の実現

③ 地球規模課題への対応と世界の発展への貢献

④ 知の資産の持続的創出

［2］第 5 期科学技術基本計画の 4 本柱

① 未来の産業創造と社会変革に向けた新たな価値創出の取組

② 経済・社会的課題への対応

③ 科学技術イノベーションの基盤的な力の強化

④ イノベーション創出に向けた人材，知，資金の好循環システムの構築

**B. 科学技術基本計画における知的財産**

「第 5 期科学技術基本計画の 4 本柱の ④「イノベーション創出に向けた人材，知，資金の好循環システムの構築」の具体的な施策の 3 番目に「国際的な知的財産・標準化の戦略的活用」が挙げられており，ここで「イノベーション創出における知的財産の活用促進」が謳われている．

その内容は，知的財産は活用されてこそ価値が発揮されるが研究開発成果である特許が事業化に結びついていない事例が多く，知的財産の活用によりイノベーションの創出につなげていくことが重要である．このため，「大学や企業等に散在する知的財産等を用いてイノベーションを創出するための取組を推進する」としている [10].

### 1.3.2 日本における知的財産権関連の現状

企業の事業活動や国の施策による支援によって知的財産が日々創造されているが，本節では代表的な知的財産として特許，商標，情報（コンテンツ）に関連する施策や現状を示す．

#### (1) 特許

**A. 特許出願等の状況**

技術開発によって生まれた発明は特許庁に出願して請求が認められれば特許として成立する．一般に特許件数は企業，あるいはその国等の技術開発力の指標といってよいが，景気の状況に合わせて企業が研究開発費などを増減することもあるので，特許件数の推移などを見ることによりその国の産業状況などもある程度推測することができる．

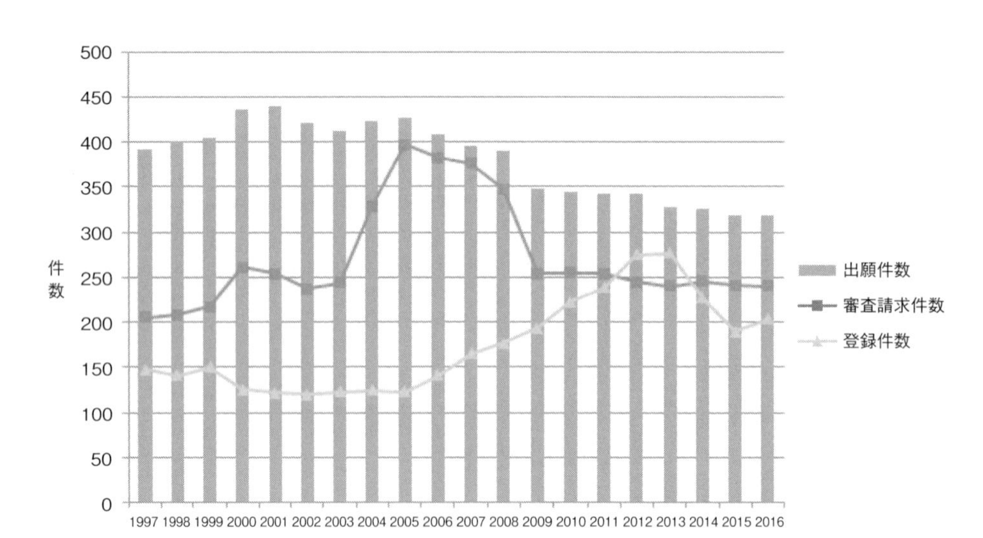


参考：特許庁行政年次報告書 2007 版 (1997～2006)，同報告書 2017 版 (2007～2016)
<統計・資料編>第 1 章 総括統計 1 特許より作成
https://www.jpo.go.jp/shiryou/toushin/nenji/nenpou2007_index.htm
https://www.jpo.go.jp/shiryou/toushin/nenji/nenpou2017_index.htm

図 **1.3** 特許出願，審査請求，登録の各件数推移．

1997 年から 2015 年までの 19 年間の特許出願，審査請求，登録の各件数の推移を図 1.3 に示す．

特許の出願件数は 2001 年をピークとし，2006 年以降減少しているが，景気の動向と出願人が特許出願を厳選し質の高い出願を目指してきていることが影響している．また，2008 年から 2009 年への落ち込みが大きいが，これはリーマンショック以降の大きな景気後退が影響しているものと思われる．審査請求は 2005 年をピークに 2009 年に大幅に減少している．これは，2001 年 10 月以降の出願について審査請求期間が 7 年から 3 年へ短縮されて請求件数が一時的に増大（いわゆる「請求のコブ」）したことによる [11]．特許の登録件数は増加しているが，近年の審査請求後の順番待ちが 25～30 ヵ月程度あるので請求のコブによるものか，実質的に質の高い特許が増加しているのかについてはしばらく様子を見る必要がある．

**B.** 特許出願技術動向

特許庁では 2000 年以降毎年，特許情報に基づき最新技術動向を調査している．

これらの年次調査項目を見ることにより，最新技術分野の傾向を見ることができる．特許庁の「特許出願技術動向調査テーマ一覧」の中で ICT に関連する「電気・電子」分野におけるテーマ一覧を表 1.2 に示す．

**(2)** 商標

技術開発が終了し具体的な商品やサービスとして世の中に提供される段階で，商品・サービスには商品名・サービス名やロゴマークが付与されるが，これらは企業にとって自社の商品・サービスを他社のものと明確に区別するものである．したがって，商品名・サービス名やロゴ

表 **1.2** 電子・電気分野における特許出願技術動向調査テーマ一覧.

| 年度（平成） | 調査テーマ |
|---|---|
| 28 | ・次世代動画像符号化技術<br>・LTE-Advanced 及び 5G に向けた移動体無線通信システム<br>・クラウドサービス・クラウドビジネス<br>・GaN パワーデバイス |
| 27 | ・ウェアラブルコンピュータ<br>・電気化学キャパシタ<br>・ワイヤハーネス<br>・情報端末の筐体・ユーザインターフェイス<br>・情報セキュリティ技術 |
| 26 | ・次世代無線 LAN 伝送技術<br>・非接触給電関連技術<br>・パワー半導体デバイス<br>・製品の競争優位性を確立する際に知的財産等が果たす役割について<br>・人工知能技術 |
| 25 | ・ビッグデータ分析技術<br>・スピントロニクスデバイスとアプリケーション技術<br>・熱電変換技術 |
| 24 | ・スマートグリッドを実現するための管理・監視技術<br>・タッチパネル利用を前提とした GUI 及び次世代 UI<br>・光エレクトロニクス<br>・磁性材料 |
| 23 | ・インターネットテレビ<br>・携帯高速通信技術 (LTE) |
| 22 | ・音楽製作技術<br>・電気化学キャパシタ<br>・電池の充放電技術 |
| 21 | ・立体テレビジョン<br>・無線 LAN 伝送技術<br>・暗号技術（14 年度更新） |
| 20 | ・インターネット社会における検索技術<br>・デジタルカメラ装置<br>・情報機器／家電ネットワーク制御技術（12 年度更新） |
| 19 | ・カラオケ関連技術<br>・バイオメトリック照合の入力・認識<br>・光伝送システム（12 年度更新） |
| 18 | ・リコンフィギャラブル論理回路<br>・最新スピーカ技術—小型スピーカを中心に—<br>・高記録密度ハードディスク装置（13 年度更新） |
| 17 | ・デジタル著作権管理 (DRM)<br>・電子商取引<br>・光ピックアップ技術 |
| 16 | ・カラーマッチング・マネジメント技術<br>・バイオインフォマティクス<br>・IC タグ |
| 15 | ・電子計算機のユーザインタフェース<br>・移動体通信方式<br>・携帯電話端末とその応用 |
| 14 | ・音声認識技術<br>・ブロードバンドを支える変復調技術<br>・暗号技術 |
| 13 | ・デジタルコンテンツ配信・流通に関する技術<br>・インターネットプロトコル・インフラ技術<br>・高記録密度ハードディスク装置 |
| 12 | ・デジタルテレビジョン技術<br>・情報機器・家電ネットワーク制御<br>・コンテンツ記録用メモリカード<br>・光伝送システム |

参考：特許庁ホームページ：特許出願技術動向調査等報告，特許出願技術動向調査テーマ一覧，電気・電子　https://www.jpo.go.jp/cgi/link.cgi?url=/shiryou/gidou-houkoku.htm

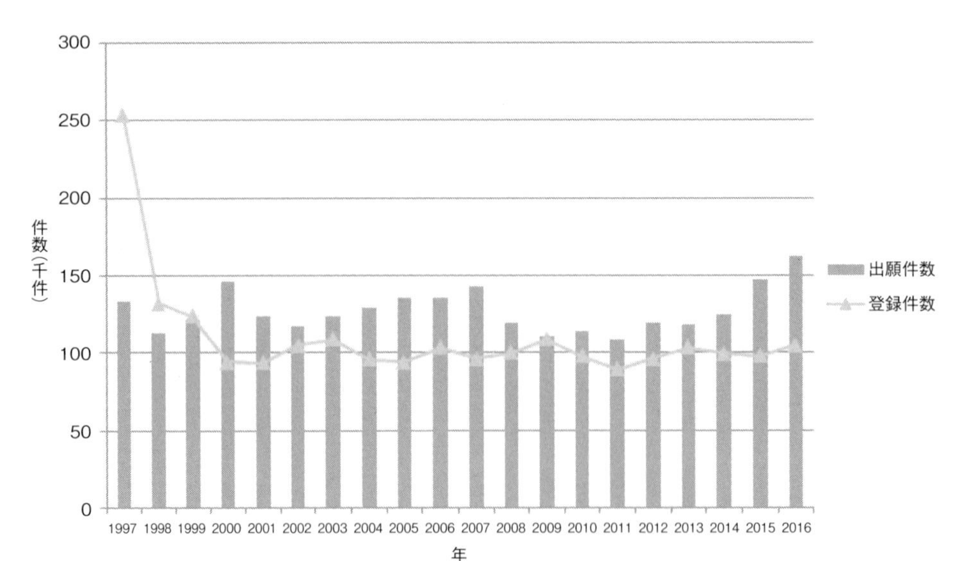


参考：特許庁行政年次報告書 2007 版 (1997～2006)，同報告書 2017 版 (2007～2016)
<統計・資料編>第 1 章　総括統計　6　商標より作成
https://www.jpo.go.jp/shiryou/toushin/nenji/nenpou2007_index.htm
https://www.jpo.go.jp/shiryou/toushin/nenji/nenpou2017_index.htm

図 **1.4**　商標出願，登録の各件数推移．

マークが他者に模倣されると模倣された企業にとってはビジネスに差支え，場合によっては企業としての信用を落とす状況となるおそれもある．このため，企業は商品名・サービス名やロゴマークを商標として特許庁に出願し，認められればその企業に一定期間の使用権利が与えられる．

1997 年から 2015 年までの商標出願，登録件数の推移を図 1.4 に示す．

1997 年から 1998 年への登録件数の大きな落ち込みは 1 件で多区分に出願することができるようになった（一出願多区分制度）ためである [12]．また，2000 年頃の IT バブル崩壊後出願件数が減少したが，その後徐々に増加している．2008 年の出願数が前年比 16.8%減であるが，これは前年の 2007 年 4 月に小売等役務商標制度 [13] が導入され，出願の多い時期の反動とその後のリーマンショックの影響を受けているものと考えられる [14]．2012 年は 5 年ぶりに改正が行われた国際分類第 10 版対応の類似商品・役務審査基準での新たな商品やサービスの分類で権利取得をめざす出願人の動き等により増加したものと考えられる [15]．

### (3) 情報（コンテンツ）

人間の知的創造活動の結果としての情報には様々なものがある．これらは大別してビジネスとして販売の対象となる情報と販売の対象としない，あるいは対象とならない情報である．

販売の対象となる情報としては書籍や音楽，映画等であり，販売の対象としない情報としては企業活動に必要な業務情報，家庭や学校等で作成される情報である．ただし，1.1 節で述べたように現在では一般の人々が作成する情報でも CGM として販売の対象となることもあり，その区別はやや曖昧な形となっている．

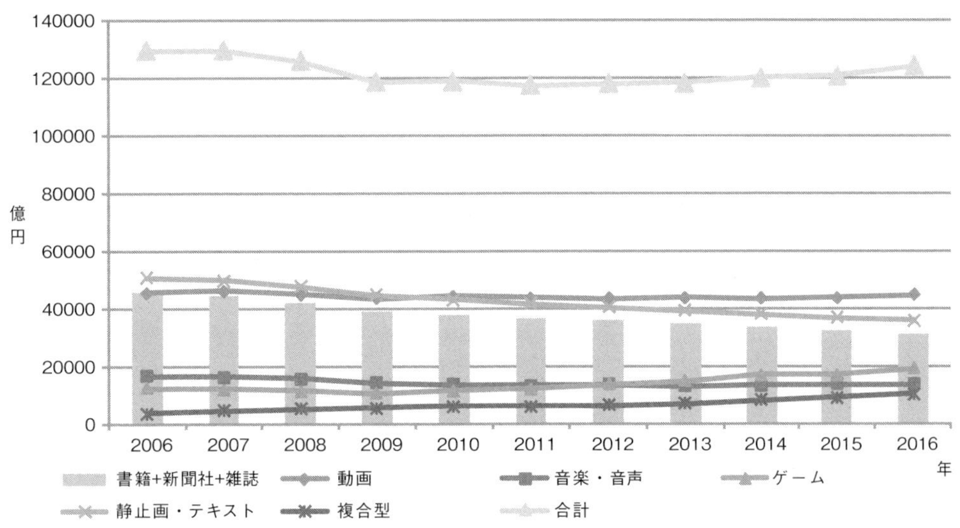


動画　　　　　：TV放送，パッケージソフト，映画興行，ステージ入場料，ネットワーク配信，携帯電話配信
音楽・音声　　：パッケージソフト，カラオケ，ラジオ放送，コンサート入場料，携帯電話配信，ネットワーク配信
ゲーム　　　　：オンラインゲーム運営サービス，アーケードゲーム，ソフトウェア，携帯電話配信
静止画・テキスト：新聞，雑誌，書籍，ネットワーク配信，携帯電話配信，フリーペーパ

複合型　　　　：インターネット広告，モバイル広告

参考：　デジタルコンテンツ白書2017年版　第2章pp34-35
　　　　図表2-a1　コンテンツ産業の市場規模の推移<コンテンツ別>より作成

図 **1.5** コンテンツ産業の市場規模推移.

本書では以降ビジネスとして取り扱う情報を「コンテンツ」と表記することとする．デジタルコンテンツ白書では，コンテンツの定義を「様々なメディアで流通され，動画・静止画・音声・文字・プログラムなどによって構成される“情報の中身”．映画，アニメ，音楽，ゲーム，書籍など」としている．また，これらのコンテンツがICTを利用してデジタル形式で提供されるものをデジタルコンテンツと定義している [16].

コンテンツ産業，およびデジタルコンテンツの市場規模の推移を図 1.5，図 1.6 に示す．

図 1.5 よりコンテンツ産業全体でみると 2008 年，2009 年はこれもやはりリーマンショックによる景気後退で市場規模が減少していると思われる．しかし，図 1.6 よりデジタルコンテンツに限ればリーマンショックによる影響は余り見られず増加の程度も大きいので，アナログコンテンツからデジタルコンテンツに移行しつつあることがわかる．

コンテンツ別にみると，全体では静止画・テキストや音楽・音声が減少しているが，静止画・テキストについては書籍・雑誌・新聞社のここ数年の売り上げ減少がそのまま反映されていると思われる．また，2009 年から 2010 年にかけて動画が大きく増加しているが，中でもテレビ放送・関連サービスの増加と歩調を合わせている．これは，2011 年 7 月の地上波アナログテレビの停止に伴うアナログからデジタルへの移行が大きく影響しているといえる．

今後もコンテンツ産業全体の伸びが小さい中で，デジタルコンテンツの比率が拡大していくことが予想される．

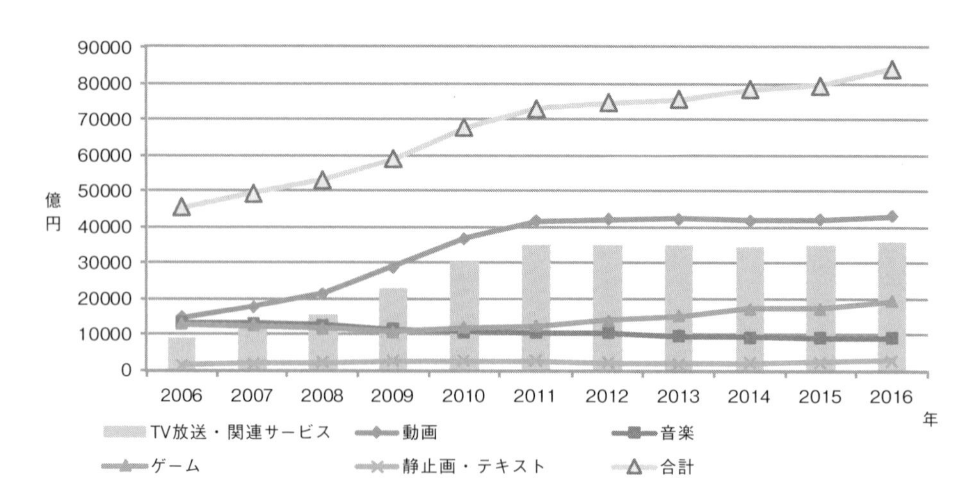


動画　　　　　　：TV放送，パッケージソフト，映画興行，ネットワーク配信，携帯電話配信
音楽・音声　　　：パッケージソフト，カラオケ，携帯電話配信，インターネット配信
ゲーム　　　　　：オンラインゲーム運営サービス，アーケードゲーム，ソフトウェア，携帯電話配信
静止画・テキスト：ネットワーク配信，携帯電話配信
複合型　　　　　：インターネット広告，モバイル広告

参考：デジタルコンテンツ白書2017年版　第2章pp42-43
図表2-a3　デジタルコンテンツの市場規模の推移<コンテンツ別>より作成

図 **1.6** デジタルコンテンツの市場規模推移.

## 演習問題

**設問 1** 前世紀の半ばにデジタルコンピュータが発明されて 70 年以上経過しているが，その間 ICT はどのような発展を遂げたか述べよ.

**設問 2** 知的財産，知的財産権，知的創造サイクルの意味を述べよ.

**設問 3** 知的財産を創造，保護，活用するために我が国で取られている政策とその特徴を述べよ.

**設問 4** 国内における 1997 年から 2016 年までの特許出願件数および特許登録件数の推移から何が言えるか？

**設問 5** 国内における 2006 年から 2016 年までのコンテンツおよびデジタルコンテンツ産業の市場規模推移のグラフからわかることを述べよ.

## 参考文献

[1] e-Stat/統計データを探す／通信利用動向調査／平成 28 年通信利用動向調査／世帯全体編／表番号 6
(https://www.e-stat.go.jp/stat-search/files?page=1&layout=datalist&toukei=002

00356&bunya_1=11&tstat=000001102495&cycle=0&tclass1=000001102516&stat_infid=000031591508&result_page=1&second=1&second2=1)

[2] 総務省/統計調査データ／通信利用動向調査／報道発表資料／平成 28 調査 (平成 29.06.08 公表) ／別添 2： 平成 28 年通信利用動向調査の結果（概要）
http://www.soumu.go.jp/johotsusintokei/statistics/data/170608_1.pdf

[3] e-Stat/統計データを探す／消費動向調査-平成 29 年 3 月調査/統計表/総世帯/主要耐久消費財等の普及・保有状況
(https://www.e-stat.go.jp/stat-search/files?page=1&layout=datalist&toukei=00100405&tstat=000001014549&cycle=0&tclass1=000001095275&tclass2=000001099216&stat_infid=000031563167&second2=1)

[4] 片岡信弘他，インターネットビジネス概論，pp. 56-59，共立出版，東京 (2011).

[5] 知的財産権基本法第 2 条第 1 項

[6] 知的財産戦略会議ホームページ：https://www.kantei.go.jp/jp/singi/titeki/index.html

[7] 知的財産戦略大綱：https://www.kantei.go.jp/jp/singi/titeki/kettei/020703taikou.html

[8] 知的財産の創造，保護及び活用に関する推進計画：
https://www.kantei.go.jp/jp/singi/titeki2/kettei/030708f.html

[9] 内閣府ホームページ：科学技術基本計画，第 5 期科学技術基本計画の概要
https://www8.cao.go.jp/cstp/kihonkeikaku/index5.html

[10] 内閣府ホームページ：科学技術基本計画，第 5 期科学技術基本計画，5. イノベーション創出に向けた人材，知，資金の好循環システムの構築，(3) 国際的な知的財産・標準化の戦略的活用，① イノベーション創出における知的財産の活用促進
http://www8.cao.go.jp/cstp/kihonkeikaku/5honbun.pdf

[11] 特許庁編，特許行政年次報告書 2011 年版第 1 部第 1 章 国内外の出願・登録状況と審査・審判の現状 1．特許 https://www.jpo.go.jp/shiryou/toushin/nenji/nenpou2011/honpen/1-1.pdf

[12] 特許庁編，特許行政年次報告書 2002 年版第 1 部第 2 章 知的創造時代の審査・審判 3. 商標審査 https://www.jpo.go.jp/shiryou/toushin/nenji/nenpou2002_index.htm

[13] 特許行政年次報告書 2008 年版第 2 部第 4 章 3. 小売等役務商標制度の導入
https://www.jpo.go.jp/shiryou/toushin/nenji/nenpou2008/honpen/2-04.pdf

[14] 特許庁編，特許行政年次報告書 2008 年版第 1 部第 1 章 国内外の出願・登録状況と審査・審判の現状 4．商標 https://www.jpo.go.jp/shiryou/toushin/nenji/nenpou2008/honpen/1-01.pdf

[15] 特許庁編，特許行政年次報告書 2013 年版第 1 部第 1 章 国内外の出願・登録状況と審査・審判の現状 4．商標 https://www.jpo.go.jp/shiryou/toushin/nenji/nenpou2013/honpen/1-1.pdf

[16] デジタルコンテンツ協会編，デジタルコンテンツ白書 2017，p. 4，デジタルコンテンツ協会，東京 (2017).

第2章
# メディアの歴史と知的財産権制度の変遷

□ 学習のポイント

知的財産権は，産業の発達や文化の発展など，より上位の目的実現のために設けられた権利だとされる．ところが，実際には，新しい産業やビジネス，科学技術，芸術表現・芸術ジャンルの登場や発展とともに，利害関係の調整のために新たに創設されたり，変容してきた歴史がある．したがって，現在の知的財産権がどうしてこのような姿であるか理解するには，歴史を振り返ることが効果的である

本章においては，知的財産権制度と国家・技術・経済・社会の相互作用について，その起源から現代までを概観する．

- 新しい産業や技術の担い手を保護するため，営業権や特権的独占権として発生した知的財産制度が，発明者やクリエイターを保護する制度へと変容してきた歴史を理解する．
- 産業振興の観点から，工業所有権制度の成り立ちについて各国が試行錯誤してきた歴史を理解する．
- 情報の複製 ·流通技術（メディア）の登場と展開とともに，著作権の保護範囲や対象が拡大してきた歴史を理解する．

□ キーワード

特許の歴史，著作権（コピーライト）の歴史，活版印刷術，検閲，独占特許，ギルド，先発明主義と先願主義，パリ条約，ベルヌ条約，WIPO 著作権条約，WTO/TRIPs 協定，専売特許条例，版権条例，特許条例，不平等条約の改正と外国人の特許 ·著作権，知的財産基本法，知的財産戦略本部，プロパテント政策，著作権管理事業，日本音楽著作権協会 (JASRAC)，プラーゲ旋風

## 2.1 はじめに

表 2.1 は，15 世紀から現代にまで至る政治・社会・技術の歴史と著作権と特許権の歴史とを対照した年表である．とくに，著作権制度は文化の動きや情報の複製・流通テクノロジーの発展と強く関係しているので，文化の動きおよび情報の複製・流通テクノロジーの歴史については，とくに欄を設けている．本章を読むにあたっては，必要に応じてこの年表を参照しよう．

表 2.1　著作権と特許権の歴史年表.

| | 政治・社会・技術の動き | 文化 | 情報複製・流通のテクノロジー | 特許権と著作権の歴史 |
|---|---|---|---|---|
| 15世紀 | 封建制の終わり | ルネサンス | 活版印刷術の誕生(1450年頃) | ブルネレスキの船の特許(1421 年)<br>最初の出版特許(ヴェネツィア，1469 年)<br>最初の特許法（ヴェネツィア，1474 年） |
| 16世紀 | 絶対主義時代の開始 | 宗教改革 | | **出版特権と検閲**<br>輸入技術の独占実施権（イギリス，1521 年）<br>**独占大条例（イギリス，1624 年．近代的特許法の原型）** |
| 17世紀 | ピューリタン革命 (1641-1649)<br>王政復古期<br>名誉革命（1688-1699） | 科学革命 | | **出版特権，検閲の弱体化**<br>言論の自由（ミルトン「アレオ・パジチカ」） |
| 18世紀 | 産業革命開始（イギリス）<br>アメリカ独立革命 (1775-1783),フランス革命 (1789-1792) | 新聞文化の登場<br>近代的図書館制度の起源 | | **イギリス著作権法（1709 年，世界初の著作権法）**<br>ディドロの出版権擁護の議論（フランス，1763 年）<br>アメリカ著作権法(1790 年)<br>アメリカ特許法（1790 年）<br>フランス著作権法(1791 年，1793 年)<br>フランス特許法（1791 年） |
| 19世紀 | 鉄道の普及<br>鋼鉄とガラスの時代<br>ロンドン万博，パリ万博等<br>明治維新（1868 年） | 印紙税・検閲廃止（イギリス）<br>新聞の大衆化<br>新聞小説の流行<br>大衆娯楽，文芸の拡大 | 高速印刷技術（スタインホープ印刷機）<br>ダゲレオタイプ（1839 年）<br>電信の発明と普及(1840 年代)<br>自動ピアノの登場(1850 年代)<br>電話の発明と普及(1880 年代以降)<br>蓄音機の発明(1880 年代)<br>写真の大衆化開始(ロールフィルム，1888 年)<br>映画の誕生（1891 年，1895 年） | **出版社の権利から著作者の権利へ**<br>イギリス著作権法改正(1814 年，著作者の権利)<br>ドイツ著作権法（1871 年）<br>出版条例（日本，1875 年）<br>**パリ条約発効（1884 年）**<br>専売特許条例（日本，1885 年）<br>**ベルヌ条約採択（1886 年）**<br>日本旧著作権法（1899 年）<br>明治 32 年特許法(1899 年) |
| 20世紀 | 第一次世界大戦 (1914-1918)<br>戦間期の繁栄（アメリカ） | コンセプチャル・アートの登場(M. デュシャン「泉」1917) | 大衆レコードの時代(1900 年代以降)<br>ラジオの時代（アメリカ 1920 年，日本 1925 年） | **レコード，ラジオ，映画に対応する著作権法改正**<br>実用新案法(日本，1905 年)<br>明治 42 年特許法(1909 年)<br>イギリス特許法改正(1909 年，審査主義採用) |

| | | | | |
|---|---|---|---|---|
| | 世界恐慌（1929年） | | | 大正10年特許法（1921年） |
| | 第二次世界大戦 (1939-1945) | | テレビ放送開始（ドイツ，アメリカ1940年代） | |
| | 冷戦の開始 (1946) | | コンピュータの発明（1940年代） | |
| | 戦後復興と繁栄（1950年代） | 電子音楽の登場 | テレビ放送開始（日本，1953年） | |
| | ベトナム戦争 (1965-1972)，学生反乱 (1968) | メディアアートの登場 | | 昭和34年特許法（1959年） |
| | | | アルパネット（1969年） | 昭和45年特許法（1970年）<br>日本現行著作権法（1970年）<br>WIPO 設立（1970年） |
| | | | パーソナルコンピュータ（1974年） | |
| | バブル景気の時代（日本，1986-1991） | ヒップホップ，テクノなど | | WTO/TRIPs 協定（1986年） |
| | 冷戦終結 (1989)，人材の軍民転換 | | インターネットの商業利用開始 (1989-1993) | WIPO 著作権条約採択（1996年）<br>**インターネットに対応する著作権法改正開始** |
| | IT バブル，ドットコムバブル（日本 1999-2000，米国 1997-2001） | CD や書籍・雑誌の売上低下 | インターネットや電子商取引 (EC) の普及（1990年代後半—） | デジタルミレニアム著作権法（アメリカ，2000年） |
| 21世紀 | 同時多発テロ (2001)，対テロ戦争 (2001—) | 電子書籍の広がり | ソーシャルメディア隆盛（2000年代—） | 知的財産基本法（2003年） |
| | イラク戦争 (2003-2011) | | | |
| | 東日本大震災 (2011) | | | 先発明主義の弱まり（アメリカ，2011年） |

## 2.2 知的財産権制度の起源と展開

### 2.2.1 知的財産権制度の起源—中世からルネサンスへ

現代の知的財産権制度は，王室が企業家や商人，技術者，出版人たちに与えた特権的な独占営業権に起源がある．政治的・経済的変化や技術の登場と発展とともに，この特権的な独占営業権が現代の知的財産権へと変容していった．

中世ヨーロッパにおいては，産業振興や海外の先進技術導入のため，企業家や技術者に営業特権が与えられた．王室は，国家を栄えさせ王室の経済的収入を増大させるため，鉱山開発のインセンティブとして鉱山開発に最初に成功した者に独占採掘権を与えたり，海外の先進的技術を持ち込む技術者や商人にも，同業者団体（ギルド）の支配に左右されず独占的に営業できる権利を与えたりした．この当時の特許 (patent) とは，営業許可証の意味であった．

近代的な知的財産の思想に近い概念は，ルネサンス期のイタリア諸連邦および絶対王政期のイングランドで生まれた．

1421年，建築家フィリッポ・ブルネレスキ (1377-1466) は，フィレンツェ共和国の政府から，より安価にたくさんの荷物を積んで，アルノ川を航行できる船の発明について，一種の特許ともいえる特権を与えられた．フィレンツェ共和国領内の川で航行する場合，いかなるものであろうと新しい技術を使うならば，3年間の間はブルネレスキの同意を得なくてはならないとされたのである [1].

ブルネレスキに与えられた，① 特権の有効期間・有効地域が定まっていること，② 従来の単なる独占の許可とは違い，新規性の認識があること，この2点が近代的な知的財産思想に通ずるとされている [1].

一方，イングランドにおいては，1521年，イギリス絶対王政最盛期にあたるエリザベス女王の治世において，海外から来た，有用な技術を有する技術者に対して，独占的実施権（独占特許）を与えることとした．窓ガラスの製造（1567年）やガラスコップ製造（1573年）などの技術に対して独占特許が与えられた．これが，もう1つの特許権思想の起源である．16世紀，カトリックとプロテスタントの宗教対立においてカトリック側についたフランスは国内のプロテスタント（ユグノー）を弾圧したため，彼らは海外技術者の受け入れ体制を整えたイングランドへ流入した．前出の独占特許制度とあいまってイングランドの産業と技術の発展に大きく寄与することとなった [2].

イングランドの国王大権による特許制度のもとでは，独占特許を与えられた者は王室に対して上納金を収めることが義務付けられた．そのため，王室は新技術であるかどうかにかかわらず，上納金を目当てに独占特許を乱発し，国民の反発を招いた [3].

### 2.2.2 近代的な特許制度の誕生

#### (1) 最初の特許法—ヴェネチア共和国とイギリス

1474年，初めての成文法による特許法はヴェネチア共和国で成立した．この法律は，海外の新規かつ優れた発明をヴェネチア共和国において実施させるため，共和国司法局に通知すれば，同国内で10年間独占営業できると定めていた [4]．本法は従来通り海外からの先進的な技術を導入するという意図ではあったものの，特許が政府や国王の主権に基づく命令ではなく，成文法として成立した点に重要な意義がある．

1624年には，イギリスにおいて，独占大条例が成立した．この条例は，当時乱発されていた国王大権に基づく独占特許を否定するもので，独占にかかわる国王大権に対して慣習法裁判所の優位を明記する内容であった．しかしながら，その第6条で，独占特許除外規定として，発明および技術導入（「新しいマニュファクチャー」）について14年間発明者に独占的な実施・製造特権を認めた．この条例が近代的な特許制度の制定法的基礎とされる．14年という期間は，当時の徒弟制度における修業年限7年を前提として，発明者は新技術を習得する職人の養成を14年間で2回転実施し，これによって技術の移転定着を期待すると，条例推進の中心的人物とおぼしきエドワード・コーク（1552-1634 イングランドの政治家・法律家．「法の支配」概念の確立者と言われる）は述べている [3].

1711年，ジェイムズ・ネイズミス（1808-1890 スコットランドの発明家・技術者．蒸気ハンマーの発明者）の特許申請にあたって，発明内容の説明を条件にして特許状が発行された．1734年以降，特許申請に対して法務官が発明内容の説明を認可の必要条件とするようになった．発明明細書は大法官裁判所が保管し，公開された．これが特許明細書の始まりとされる．ただし，この当時は審査が行われなかったので，無審査の登録制度であった [3]

### (2) 産業革命期における特許

18 世紀後半から 19 世紀半ばにかけてのイギリス産業革命において，発明家や起業家は新発明や技術的改良に対して特許を得て，これらの特許をもとに発明を事業化した．貧しいかつら職人から身を起こし，水力紡績機を組み込んだ工場システムを構築したリチャード・アークライトや，実用的な蒸気機関を開発した，科学機器製作者だったジェームズ・ウォットが，その例である [5].

産業革命期のイノベーションは特許制度によって促進されたとする論者もいるが，明細書の規定の不備や特許申請手続きの複雑さ，高額すぎる特許申請費用など，当時の特許制度は現在と比較すると不十分な面が多かった．このような問題点を解決しようとウォットやアークライトが運動を行ったものの，1835 年に行われた特許法の改正は極めて小規模で，問題の解決には至らなかった [3].

### (3) 各国における特許制度の登場

18 世紀後半から 19 世紀前半にかけて，欧米各国へ特許法が広がっていった．アメリカやフランスは，18 世紀末までに先行するイギリスに倣って産業振興を目的として特許法の整備を行った．アメリカにおいては，憲法（1787 年）において特許権・著作権を保護する法律の制定を議会の役割と明記した．一方，19 世紀のドイツやロシアは，アメリカやフランスと比較すると，科学・技術・産業の分野で遅れているとの自覚があり，産業の発達に対して特許による独占が望ましいかどうか議論があったうえ，成立した特許法も海外の先進的技術を導入することに主眼を置いたものであった [6,7].

### (4) 近代的な特許制度の確立と展開

イギリスにおいては，1851 年ロンドンで開催された第 1 回万国博覧会をきっかけとして，特許法改正運動が再燃した．万国博覧会における発明展示物を盗用から守ることを主眼とする法案作成を目的として特別委員会が設置され，翌年「発明特許改正法」が成立した．

この法律は，特許手続きの簡素化や情報公開の徹底，特許権適用地域の変更（従来はイングランド，スコットランド，アイルランドに分かれていた特許権適用地域をイギリス全土に変更)，特許料金の値下げ，発明明細書における特許権請求の範囲の明確化，先願主義の確立を内容としていた．ただし，発明内容の審査は高位の官職の法務官が行うとされたので，無審査の登記制度という実質は変わらなかった [3].

さらに，1883 年にも特許法が改正され，「特許，工業意匠および商標法」が成立した．この法律では，発明と並んで，工業意匠や商標の保護の明確化，実務的な審査機能を有する管理運営機構の設置，実質的審査制度の導入，特許料金の再引き下げ，強制実施許諾制度の導入が図られた．強制実施許諾は，特許発明が実施されていないために第三者の利益が損なわれている場合を法律で定め，その場合に該当するとき通商産業委員会の認可によって特許権所有者以外の第三者が利用できることとなった．これは外国人が取得したイギリス特許をイギリスに移転する意味があったとされる [3].

20 世紀に入って，審査制度は実質的なものとなる．イギリスにおいて 1909 年特許法が改正され，審査制度が明文化されたことに見られるように，各国が特許制度に審査手続きを定めることとなった．

ところで，日本などの多くの国々では，同一発明について競合する出願がある場合，先に出願した者が特許権を得るという先願主義が採用されている一方で，アメリカでは，先に発明した者が特許権を得るという先発明主義が採用されているといわれる [8]．アメリカの特許制度における先発明主義的な考えは，1836 年改正法によって形をなした．前出の 1790 年法においては，特許権者が真実・最先の発明者ではない場合，その特許権が取り消されるとの規定があった（第 5 条）．1793 年法にも同様の規定があった（第 6 条）．これらの特許法のもとにおける裁判例で，「真実・最先の発明者」の要件には発明の実用化が含まれるとされていた．1836 年改正法において「実用化」の要件は除かれ，裁判例によって模型などの有体物を制作するか，発明が観念の状態であっても実用化の努力をしていればよいという形に弱められた．こうして先発明主義が形成されたと説明される [9]．なお，2011 年特許法改正によって，アメリカの特許法に特徴的だった先発明主義は弱められたと評価されている [10]．

### 2.2.3 近代的な著作権制度の成立と展開

#### (1) 著作権思想の起源

近代的な著作権思想は，活版印刷術の普及とともに登場した[1]．現存する最古の活版印刷による印刷本は，ヨハネス・グーテンベルクが手掛けた 42 行聖書で，1455 年頃にさかのぼる．活版印刷技術と細密な版画技術による情報の正確な複写の大量生産技術は，ルネサンスや宗教改革，科学革命に大きな影響を与えた [11,12]．

現代の著作権法の起源は，出版特許にある．出版特許は独占的な印刷・出版の特権である．ある分野の書籍や印刷物に関する特権であるときもあったし，特定の書籍や印刷物に関する特権だった場合もある．最初期の出版特許は，著作者に与えられる場合もあれば，出版・印刷業者に与えられる場合もあって，著作者の権利を中心とする近代的な著作権法とは大きく異なっていた．また，著作権の保護期間なども定まっておらず，相続によって永続的に継承できると考えられていた [13–16]．

近代的な著作権制度成立以前には，このように著作権は著作者の権利として確立されておらず，書籍商・出版業者・印刷業者の権利と混同されていた点に注意しよう．

#### (2) 近代的な著作権制度の成立—イギリス

イギリスでは，ロンドン印刷・出版業組合に印刷・出版業の独占的特権が与えられた．この特権は，王権の盛衰とともに強まったり弱まったりしながら，近代的な著作権制度の成立につながった．

1637 年，星室庁（国王に対する反抗・反乱を取り締まる機関）の布告によって，ロンドン印刷・出版業組合の出版権や，出版権を確認するための登録簿への登記といった慣行が確認された．また，不法図書の印刷や無資格者による印刷に対する罰則が強化された [14]．

1641 年ピューリタン革命が始まって内戦状態となり，国王の力が弱まると，出版許可制に対

[1] なお，著作権を含む近代的な知的財産権思想の登場には，個人主義の影響が強かったとする見解も重要だが，本書では触れない．文献 [1] 参照．

する攻撃が強まり，印刷・出版業組合による出版の独占が崩れた．内戦時代には国王による検閲の力は弱まり，国王派と議会派がそれぞれパンフレットを印刷して宣伝戦を行った．チャールズ一世処刑からクロムウェルの独裁に至る共和政時代には，ジョン・ミルトンの『アレオパジティカ』など言論の自由を擁護し，出版許可制を攻撃する論文やパンフレットが出された [14]．

1660年，チャールズ2世が即位して王政復古が起こると，1662年に印刷法が制定され，出版許可権をカンタベリー大司教の下で働く印刷業者のもとに置くとした．ロンドン印刷・出版業組合の印刷・出版独占の特権は復活した．ただし，印刷・出版業組合が行ってきた検閲機能は出版検閲官に任されることとなった [14]．

この法律は3年ごとに更新される必要があり，1679年には一度消滅し，1695年には完全に廃止された． 1695年以降，印刷法の復活を図る法案が提出されたものの，出版許可制はもはや復活する見込みはなかった．1707年，17世紀に出版・印刷業の隆盛とともに発達した卸売業者を中心として文芸的財産権の保護を求める請願が行われ，この法案は1709年の議会で成立した．この法律は「学習奨励のための法律」と呼ばれ，その内容から1709年著作権法（もしくは，その施行年から1710年著作権法）と呼ばれる [13,14]．本書においては，出版者の権利を中心とする法律であったことから，著作者の権利が確立する以前のコピーライトに関する法律はコピーライト法と称する．

1709年コピーライト法は，既存の著作物については著作権所有者に対して21年間権利を認める一方，同法成立後の著作物については14年間保護され，さらに14年間保護される可能性があるという内容のものであった．この法律は書籍業者の請願によってできたもので，既得権益者である出版権所有者の利益を保護するものであった．法案の第一草稿では著者の権利について触れた条文があったが，委員会の審議の中で除去されてしまった [13,14]．

18世紀には，コピーライトは有体物の財産権のように永続的なものか，それとも期限があるかをめぐって，「永久コピーライト論争」と呼ばれる紛争が起きた．この紛争を通して，コピーライトは時間的限界を有するという考えがイギリスのコモンローの中で明確にされることとなった [13,14,17]．

イギリスコピーライト法においてコピーライトが著作者の権利として明示されるようになったのは，19世紀に入ってからである．19世紀，新聞雑誌が流行し，著者たちの力が上昇するに従って，著作権は著者が有するものであるという思想が広まっていった．ディッケンズやカーライルなどの著者の運動によって，1814年にコピーライト法が改正され，著者の権利が認められるようになった．また，著作権の保護期間は28年あるいは著者の生存期間，いずれか長い方とされるようになった．この後も著者たちの積極的な働きかけは続き，1842年に著作権法が改正されると，保護期間は42年間か著者の死後7年のいずれか長い方とされた [13,14]．

このようにして，19世紀には，有限な期間に限って著作者の権利を保護する著作権法が確立することとなった．

### (3) 各国における著作権制度の成立

イギリスに続いて，18世紀の終わりには，フランスとアメリカ，19世紀後半になってドイツが著作権制度を導入した．これらの国の著作権・コピーライトに関する法律は創作者に著作権・コピーライトを認めるものだった．フランスでは従来の特権廃止の代わりに著作者らの権利が認められた．アメリカでは，憲法成立以前からのコピーライト法を改正して，著作権法が生まれた．ドイツは，著作権が産業振興に有害ではないかとの議論を経て，19 世紀後半に著作権法が制定されることになった [13,16,18]．

### (4) 著作権制度の展開

19 世紀以後，著作権制度は，新たな知識・情報の複製・流通技術の登場によって，その対象とする範囲を拡大してきた．著作隣接権の創設に加えて，保護対象となる著作物も拡大してきた．また，著作権の保護期間も延長される傾向が見られる．著作者人格権は，1928 年のベルヌ条約改正において導入され（後述），各国の著作権法に導入されることとなった．

19 世紀後半には，活字の世界においては，出版物の氾濫が生じた．定期刊行物については，政論新聞から大衆新聞への転換が起こった．高速印刷機が登場し，識字率向上や広告掲載による価格低下とともに新聞の発行部数が増大した．書籍の発行および需要も盛んになり，当時の先進国のイギリスでは海外から低価格の海賊本の流入が問題となった（ベルヌ条約制定への大きなきっかけ．後述）[14,19]．

19 世紀から 20 世紀初頭にかけて，新しい情報の複製・流通技術が次々と登場した（表 2.1）．新技術の登場によって，イギリスなどでは判例によって保護範囲を広げていった．フランスでは，1791 年法においてすでに劇場で上演・演奏される演劇および音楽の保護が行われていたが，1902 年に作曲家が著作者として規定された．ドイツでは，1901 年に音楽著作物が著作物とされ，1907 年には造形美術および写真を著作物とする著作権法が制定された [16,18]．

新技術の登場に積極的に立法的対応を行ったのはアメリカである．1831 年の著作権法改正により音楽著作物が保護対象となり，1865 年には写真が保護対象とされた．1909 年には，大きな著作権法改正が行われ，1912 年の著作権法改正で映画が著作物に含められた [16,18]．

ラジオなどの放送における著作物の利用においては，著作権集中処理機関の役割が大きい．著作権集中処理機関は多数の権利者を代理して著作物の利用者と交渉し，包括的利用許諾契約などを結ぶことによって，権利者を保護するとともに著作物の流通・利用を促進する機能がある．著作権集中処理機関の起源はフランスにあるが，アメリカでのラジオ放送の登場によって，放送における音楽の著作物の利用が活発になると，包括的利用許諾契約による著作権使用料の徴収が，著作権集中処理機関の重要な役割となった [20–22]．

フランスの作詞家作曲者音楽出版協会 (SACEM: Société des auteurs, compositeurs et éditeurs de musique) や，SACEM をモデルにアメリカで設立された米国作曲家作詞家出版者協会 (ASCAP: American Society of Composers, Authors and Publishers) などが，海外の著作権集中処理機関として著名である．

現代においては，コンピュータとインターネット，家庭用複製機器の登場によって，大きく著作権法が変貌した．アメリカにおいては，1980 年の米国著作権法改正によってコンピュータプログラムが著作物とされ，劣化の少ない家庭用デジタル音楽複製装置の普及に対応して 1992 年にはオーディオ家庭レコーディング法が制定された．2000 年に施行された著作権法改正は，デジタルミレニアム著作権法 (DMCA: Digital Millennium Copyright Act) と呼ばれ，コピープロテクトおよびアクセス制御手段の回避の違法化やインターネットプロバイダの責任制限など，インターネットやパーソナルコンピュータの家庭への普及に対応する内容であった [16]．DMCA は著作物にかかわる権利者の権利保護を増した一方で，複製を制御する権利として成立したコピーライトを視聴や閲覧というアクセスの制御にまで範囲を広げ，プロバイダや管理者の責任制限に伴って，情報発信者情報の開示や発信制限を定めており，運用によっては言論・表現の自由などに影響を及ぼすという懸念も示されている [23,24]．

### 2.2.4 知的財産権の国際体制の成立

#### (1) パリ条約の成立と展開

① 特許権の国際的取扱いに関する議論の始まり

特許権の国際的な扱いに関する議論は，19 世紀後半に盛んになった万国博覧会に出品された最新技術の保護をどうするかという議論が発端であった．

1873 年，ウィーンで万国博覧会が開催されるにあたり，この万国博覧会における出展品の特許の取扱いに関する議論を目的として，オーストリア政府は同年ウィーンで国際会議を開催した（工業所有権に関するウィーン国際会議）．この会議の議論は，万国博覧会における最新技術の取扱いの問題を越えて，国際的な特許の取扱い全般に及ぶこととなった．この会議では，次の 3 点が議決された．(i) すべての文明国において特許の保護が及ぶべきであること，(ii) 有効で有用な特許法の規定すべき規定の内容（発明者または承継人のみが特許を取得できる，外国人の特許取得を拒否しない，特許の期間は 15 年間とするなど），(iii) 特許保護の国際的協定の形成の各国政府への勧告 [25,26]．

② パリ条約の成立 [25,26]

1878 年，パリ万国博覧会の開催に際して，フランス政府の援助で「パリにおける工業所有権に関する国際会議」が開催された．国際的な統一工業所有権法の作成が当初の目的であったが，国内法規定が多様であることから，新しく設置した専門委員会で国際的な特許取扱いを定める草案作成が行われることとなった．

1880 年と 83 年，フランス政府は上記の草案をもとにして，内国民待遇と優先権制度（同盟国のうちの一国で出願された工業所有権について一定期間内でほかの同盟国に出願された場合に優先権を認める）を柱とした条約草案を提示し，条約締結のための公式会議を呼びかけた．1883 年に 11 ヵ国が条約に署名し，1884 年 7 月 7 日にパリ条約が発効した．

③ パリ条約の展開 [26]

その後，現在までに 9 回の改正会議が行われてきた．

1886 年のローマおよび 90 年のマドリッド会議においては，商標の国際登録に関するマドリッド協定および商品への虚偽の原産地表示の防止に関するマドリッド協定が成立した．

第 3 回改正会議は，1897 年および 1900 年にブラッセルで開催された．この会議では，準同盟国民の要件や優先期間の延長（特許は 6 ヵ月から 1 年へ，意匠および商標は 3 ヵ月から 4 ヵ月へ），特許独立の原則の新設などの改正が行われた．

同年には，工業所有権法の国際的発展のための調査・宣伝活動を行う国際的 NGO として国際工業所有権保護協会 (AIPPI: Association Internationale pour la Protection de la Propriété

Intellectuelle) が設立された．

1911 年，ワシントン開催の第 4 回改正会議では，同盟国民には住所や居所の要件を課してはならないこと，優先権制度の強化などが改正された．

その後，1925 年ハーグ改正会議，1934 年ロンドン改正会議，1958 年リスボン改正会議，1967 年ストックホルム改正会議と開催されて，発展途上国および社会主義国の参加が広がっていった．ストックホルム改正会議で，パリ条約の事務局は新たに設立された世界知的所有権機関 (WIPO: World Intellectual Property Organization) に移された．さらに，1974 年 12 月からは国連の専門機関とされた．第 9 回改正会議は，1980 年にジュネーブで開催され，その後外交会議が開催されてきたが，先進国と発展途上国の利害対立および社会主義国の独特の発明制度の問題から外交会議再開のめどが立たないまま現在に至っている．

**(2) ベルヌ条約と万国著作権条約の成立と展開**

19 世紀後半には情報・物資の流通が盛んになり，出版産業の規模も大きくなったことで，国際的な著作物の保護が問題になるようになった．国際的な海賊版の流通について，最初は 2 国間条約・協定の締結によって著作物の保護が図られたが，その限界は明らかで，国際的な著作権保護制度の設立運動が起こった [14,16]．

① ベルヌ条約の成立と展開 [16,18]

二国間条約・協定の限界は明らかであったので，1878 年，パリで文豪ヴィクトール・ユーゴーが国際文藝芸術協会（国際著作権法学会，ALAI: Association Littéraire et Artistique Internationale）を設立し，国際的な著作権保護制度設立のための運動を開始した．スイス政府がこの運動を支援し，スイス大統領の呼びかけによって 1884 年，1885 年に各国政府の代表者が参加する会議が開催され，1886 年の第 3 回会議で「文学的および美術的著作物の保護に関するベルヌ条約」（ベルヌ条約）が採択された．我が国は，1899 年に同条約を批准した．この条約は，(i) 内国民待遇の原則の確立および (ii) 各国で保護すべき著作権の最低水準の規定であった．その後，ベルヌ条約は，次のような改訂が行われてきた．

1896 年ベルヌ条約の修正会議がパリで開催され，(i) 非同盟国民の著作物の保護，(ii) 翻訳の強制実施（10 年間翻訳がない場合翻訳権は消滅する）が決定された（パリ追加条項）．

1908 年ベルリンで開催された修正会議では，無方式主義を採用したことに加え，翻訳権の保護期間をほかの支分権と同様に 50 年としたことが重要な修正であった（ただし，翻訳権条項の留保が認められた．日本は留保を選んだ）．

アメリカはベルヌ条約の批准を拒んだが，パリ追加条項によりベルヌ条約批准国でアメリカの著作物も保護される．これが不公平であるというベルヌ連合加盟国の声から，1914 年，イギリスの提唱によって，非同盟国で同盟国の著作物の保護が不十分な場合，報復的にその非同盟国の著作物の保護を拒めるという追加議定書が採択された．

1928 年のローマ修正条約では，(i) 著作者人格権および放送権の承認，(ii) 定期刊行物および映画の保護規定の改善，(iii) 口述著作物の保護を改訂した．日本は，1931 年に批准した．

1948 年のブラッセル修正条約においては，(i) 条約上列挙された著作物について同盟国の国内で直接保護されるものとすること，(ii) 著作物の保護期間を最低限生存中および死後の 50 年間と強行法規化すること，(iii) 著作者人格権規定を修正すること，(iv) 条約の解釈運用に関する紛争を国際司法裁判所に付託することを決めた．

世界知的所有権機関設立を目的として，1967年ストックホルム知的所有権会議が開かれ，多岐にわたる条約の修正を行ったが，これらの規定は発効することなく閉鎖された．

1971年パリにおいて開発途上国保護のためのベルヌ条約改正会議および万国著作権条約改正会議が同時に開かれ，両条約における翻訳権と複製権が開発途上国において一定の制限を受けることを決めた．日本は，1975年に批准した．

② 万国著作権条約

ベルヌ条約は無方式主義を採用したことから，方式主義を採用するアメリカおよび南米諸国の多くが加盟しないため，同条約非加盟国は加盟国と個別的に2国間条約を結んできた．この不便を解消するため，国連ユネスコが主導し，1952年ジュネーブで万国著作権条約が成立した．この条約においては，(i) 著作物の種類に関する総括主義（列挙主義を取らない），(ii) 内国民待遇の原則，(iii) 方式主義と無方式主義の架橋（ⓒ表示により方式主義の国でも著作権保護される），(iv) 保護期間の最低基準（著作者の存命中および死後25年以上），(v) 翻訳に関する法定許諾主義，(vi) ベルヌ条約の優先が定められた．1989年，アメリカがベルヌ条約を批准したため，同条約の比重は相対的に低下した [18].

③ 国際的な著作隣接権保護のための条約

国際的な著作隣接権保護のための条約も設立されてきた．1961年には，「実演家，レコード製作者及び放送機関の保護に関する国際条約」（ローマ条約），1971年には「許諾を得ないレコードの複製からのレコード製作者の保護に関する条約」が成立した．前者は，実演家・レコード製作者・放送機関の権利について内国民待遇と不遡及などを定めている．後者は，レコード製作者を海外の海賊版から守るため，保護期間（20年間の保護），無断複製物の作成および輸入・頒布の禁止，方式主義諸国でのレコード製作者の権利表示（Ⓟ）などを定めた [18].

### (3) WTO/TRIPs 協定

1986年に開始されたGATT（関税と貿易に関する一般協定：General Agreement on Tariffs and Trade）ウルグアイラウンドの結果，1994年モロッコのマラケシュで開催された閣僚会議で世界貿易機関 (WTO: World Trade Organization) を設立するマラケシュ協定が成立した [18, 26, 27].

1990年に知的財産権について，通商交渉委員会知的財産権交渉グループの議長原案が作成され，調整が進められた．1993年に草案が示され，1994年マラケシュ協定付属書—C「知的所有権の貿易関連の側面に関する (TRIPs: Trade-Related Aspect of Intellectual Property Rights) 協定」として成立した．

WTO/TRIPs 協定は，外国人の知的財産権の内国民待遇，最恵国待遇の原則，加盟国における知的財産権の最低限の保護基準および行政手続きや救済措置などを定めた．イノベーションの促進や権利者の利益の保護という先進国の主張に加え，技術移転や社会的福利への配慮など発展途上国の主張とを両立させようとしていることに大きな特徴がある．この協定については，通商法上の制裁を認められる紛争解決方法がパリ条約やベルヌ条約の規定の解釈をめぐる紛争に利用できるようになった一方で，知的財産権問題が通商法的な政策的衡量から解決されることを懸念する声もある．

### (4) 世界知的所有権機関 (WIPO: World Intellectual Property Organization)

1967年，パリ条約とベルヌ条約の国際事務局だった知的所有権保護合同国際事務局 (BIPRI: Bureaux Internationaux Réunis pour la Protection de la Propriété Intellectuelle) を発展的に解消し，強化するため，「世界知的所有権機関を設立する条約」（WIPO 設立条約）が作成され，1970年に発効した．この発効によって，世界知的所有権機関 (WIPO) が設立された．1974年，WIPO は国連の専門機関となった [18,26–28]．

1980年代，ベルヌ条約について，デジタル化・ネットワーク化に対応した著作権保護が求められてきたが，南北対立やアメリカの未加盟などの事情から作業が進んでこなかった．アメリカがベルヌ条約に加盟し（1989年），TRIPs 協定の作業が終わったことから，1991年から WIPO 専門委員会でベルヌ条約議定書の作成について検討が始まった．この結果，WIPO 著作権条約 (WCT: WIPO Copyright Treaty) 草案が作成された．また，1993年6月，アメリカの要請を受けて「実演家およびレコード製作者の保護に関する新文書」に関する専門委員会が WIPO に設置され，WIPO 実演・レコード条約（WPPT: WIPO Performances and Phonograms Treaty）草案が作成された．これらの条約案は，1996年に WIPO 外交会議で，条約として採択された．

WCT は，ベルヌ条約20条の特別の取り決めとされ，ベルヌ条約の原則の遵守を前提として情報・通信技術の発展や実務上の変化に対応して，次のような規定が設けられた．① コンピュータプログラムの保護，② データベースの保護（著作物以外の情報で構成される編集物・データベース），③ 頒布権の拡大（譲渡権），④ 商業的貸与権，⑤ 公衆への伝達権，⑥ 写真の著作物の保護期間の拡大（死後50年以上），⑦ 技術的保護手段の回避の禁止，⑧ 権利管理情報の改変等の禁止．我が国は著作権法の改正を行ったうえで，2000年に批准書を WIPO に寄託した．2002年に WCT は発効した．

WPPT は，ローマ条約未加盟のアメリカに配慮し，ローマ条約とは独立した条約として作成された．無方式主義を採用し，① 実演家人格権，実演家の生演奏にかかわる複製権・放送権・公衆への伝達権，② レコードにかかわる実演家・レコード製作者の経済的権利，③ 技術的保護手段の回避の禁止，④ 権利管理情報の改変等の禁止を定める．我が国は2002年に批准し，同年発効した．

### (5) 環太平洋パートナーシップ（TPP）協定

2015年10月，環太平洋諸国12ヵ国が交渉してきた環太平洋パートナーシップ（TPP）協定が大筋合意された．同協定は，モノ・サービスの貿易および国際投資などの自由化をさらに進めるとともに，「知的財産権や電子商取引，国有企業の規律，環境など幅広い分野で21世紀型のルールを構築する経済連携協定」とされる [29]．

同協定においては，知的財産権分野に関しては，次のような合意がなされた．① 医薬品の知的財産権保護を強化する制度，② 商標権取得の円滑化と不正使用に対する賠償制度の強化，③ 特許期間延長と新規性喪失の例外規定義務付け，④ オンラインの著作権侵害防止のためのプロバイダ免責制度，⑤ 知的財産権侵害商品の貿易や営業秘密の不正取得・商標侵害パッケージ等の使用・映画盗撮・衛星放送等のアクセス制限解除などの罰則や取り締まりの強化，⑥ 著作権保護期間の延長・商業的規模の著作権の不正複製を非親告罪化・著作権侵害の賠償制度の強化，⑦ 地理的表示の申請・異議申し立て・取り消しルールの制定 [30].

同協定の知的財産分野に関する合意に対応するため，国内で議論が進められてきたものの，2016 年アメリカ大統領選挙で勝利したドナルド・トランプ（1946-）は，アメリカの TPP 協定脱退と TPP 協定加盟各国との二国間での自由貿易協定の締結を政策に掲げ，交渉から脱退した．残る 11 カ国の合意が進められたが，知的財産関連項目の多くは合意が凍結された．

## 2.3 我が国における知的財産権法の展開

### 2.3.1 工業所有権法の成立と展開

#### (1) 工業所有権法の成立

ここでは，発明の保護に関する制度の展開について主に見る．発明の保護に関する制度は，明治時代初めに発明者に報奨を与えるか，独占的実施を認めるかで揺れ動いていたが，諸外国の制度の調査などを踏まえた明治 18 年（1885 年）の専賣特許條例の成立によって，独占的実施を認める特許制度として定着することとなった．専賣特許條例は，アメリカ特許法をモデルとしていた．

同條例で，審査主義の採用，専売特許を受けることができる発明の要件，専売特許の存続期間（5 年，10 年，15 年のいずれか），軍事的理由による特許取り消し，利用発明の強制実施権などが定められた．発明の要件は，① 有益な事物の発明であること，② 他人が発明したのではないこと，③ 出願以前に公知公用ではないこと，④ 公序良俗に反するものでないこと，⑤ 医薬の発明でないことであった．このうち，② の規定は先発明主義の意味であって，輸入特許を認めない趣旨であると，同法の解説文書では説明された [31].

また，専賣特許條例には明文の規定はなかったが（同條例の解説文書には同條例の適用は内国人に限るとされていた），農商務省は外国人特許の出願を拒絶し，受け付けなかった．当時の裁判例から見る限り，これは農商務省による政策的判断だったと思われる．さらに，明治 21 年以降，外務大臣が井上毅から大隈重信に代わる頃には，高橋是清の発案によって，不平等条約改正のための交換条件として外国人への特許認可を活用するため，外国人の発明や著作権，商標などの知的財産保護に対して，政府が冷淡に対応する状況があったとされる [6,7]．日本で外国人からの特許出願が認められるようになったのは，明治 29 年 11 月のことであった．この時期諸外国と結んだ条約では，工業所有権裁判については日本政府が裁判管轄権を有さない（つまり，領事裁判権を認める）という条件を残したものであった．この状況は，日本のパリ条約加盟まで続いた [6].

明治 21 年（1888 年）11 月，専売特許條例を改正した特許條例が公布され，翌年 2 月から施行された．この特許條例は，① 発明の定義の新設，② 特許を受けることのできる発明の明確化（新規性と有益性），③ 不特許事由の変更・追加，④ 審査主義の明文化，⑤ 先発明主義，⑥

審判制度の制定などの特徴がある [31].

同年12月には，改正商標條例（商標條例は，明治17年（1884年）制定）が公布，翌年2月から施行された．先願登録主義や願書への明細書の添付など明治17年條例を引き継ぎつつ，商標の要部は自他商品を識別できるほど特別顕著である必要があると定めて商標の意義を明らかにし，商標と営業の関係を強化するなどの改正が行われた [31].

同じく同年12月には，勅令第85条として意匠條例が公布された．この條例では，意匠とは物品に応用するものとされ，物品と別に意匠が考えられていた．先願主義，審査主義が取られ，意匠専有年限は，3年，5年，7年，10年の4種類であった [31].

### (2) 先願主義の確立と審査制度の整備—大正10年法まで

ローマ法に基づく民法典の編纂とパリ条約およびベルヌ条約への加盟は，江戸幕府が結んだ不平等条約改正の条件であった．明治31年（1898年）に民法，明治32年（1899年）に商法が施行された．また，明治32年に日本はパリ条約に加盟した [31].

明治32年（1899年），特許條例・意匠條例・商標條例の3條例は，特許法・意匠法・商標法の3法に改正された．これらの3法は，條例制定後の社会・経済情勢の変化およびパリ条約加盟のための条件として制定されたものである [31].

特許法の改正内容についてみると，民法の規定で「物」とは有体物に限られることになったことから，明治32年特許法においては，ドイツ特許法に倣い，特許権を物権に準じるものとして保護することとなった．また，民法で不法行為の規定が設けられたことから，損害賠償に関する規定が削除され，登録規定が設けられた [31].

明治38年（1905年）には，実用新案法が制定された．実用新案法は，工業上の物品のうち，実用性があり，形状・構造または組合せによる新規の考案を保護することを目的としていた．同趣旨の法律は，遅れて工業化が開始されたドイツでも特許法とは別に設けられており，このドイツ法をもとに構想されたものである．明治18年（1875年），特許條例・意匠條例制定後，特許・意匠出願件数が増加したものの，単に形状や構造または組合せの工夫で技術上の創造的アイデアが認められないため発明と認められなかったり，形状が新規であってもそれが美観を与えるよりも利便性を高めるものであって美術的意匠と認められないものが多く，登録率が上がらないという現象があった．このような背景から，「特許法と意匠法の中間に位する部分的な改良や軽易な考案」を保護する実用新案法が誕生したとされる [6,31]．実用新案法は，当時発展途上国であった日本の技術や経済・社会が要求する法律であったといえよう．

明治42年（1909年）には，工業所有権4法の改正が行われた．明治32年法が拙速に制定されたためその条文の整理が主な目的とされるが，いくつかの重要な変更もあった．たとえば，特許法においては，「公知性」が国内における公知であると明記されたほか，先発明主義と先願主義を折衷する規定，職務発明規定が設けられた [31].

その後も議員や関係諸団体による工業所有権法整備の請願や提案が続いた．大正10年（1921年），これらの請願や提案の検討を経て，改正された特許法・実用新案法・商標法・意匠法が成立した．この改正によって，特許法においては先願主義が採用され，職務発明規定が改正されて特許を受ける権利が基本的には発明者に帰属することを定めた．また，拒絶理由通知制度の新設によって出願人の便宜を図り，出願公告制度および異議申立制度を整備して第三者に異議を申し立てる機会を権利設定前に与えた [31].

さらに，昭和9年（1934年）には，ヘーグ改正条約（1925年 工業所有権の保護に関するパリ条約ヘーグ改正条約）に合わせて，不正競争防止法が制定された．この法律では，不正競争行為が同条約に規定された最小限を充足するだけにとどまっていた [31].

上記のように，大正10年（1921年）の改正4法および昭和9年（1934年）の不正競争防止法の制定によって，現在の工業所有権制度につながる法整備がほぼ完了した．

### (3) 戦後における工業所有権法の改正

戦後復興期を経て，高度経済成長期が始まろうとしていた昭和34年（1959年）第31回国会で工業所有権4法が大きく改正され，同年4月に公布され，翌年4月1日から施行された．この改正は，昭和25年（1950年）設置の工業所有権制度改正調査審議会での議論を経て，昭和31年（1956年）2月の答申報告書をもとに，特許庁・内閣法制局などが立法作業を行ったものであった [32].

昭和34年（1959年）の工業所有権4法の改正の趣旨は，① 近時の情勢への対応，② 工業所有権者の保護の強化，③ 逆に第三者の立場からの工業所有権者の過度な保護の調整，④ 特許業務の簡素化であった．とくに，特許法については，① 発明の新規性判断に外国で頒布された刊行物を含める，② 進歩性についての規定の新設，③ 特許対象を「工業的発明」から「産業上利用することのできる発明」とする，④ 特許法の目的規定および発明の定義規定の新設，⑤ 新規性喪失の理由に刊行物および学会での発表を加える，⑥ 職務発明における被用者の保護の強化，⑦ 制限付き移転の廃止と専用実施権の新設，⑧ 間接侵害規定の導入などを行った [32].

その後，特許・実用新案などの出願が増加する中で未処理案件の累積が問題とされるようになって，昭和37年（1962年）に工業所有権制度改正審議会が再開され，審議会答申をもとに2度の国会での議論を経て，昭和45年（1970年）5月公布され，昭和46年（1971年）1月から施行された．特許法については，出願公開制度（特許出願の日から1年6ヵ月経過した場合，出願公告をしたものを除き出願公開する），審査請求制度（出願人または第三者による出願審査請求があったもののみ審査を行う）などを設けて，第三者に研究投資の効率化を促すとともに，審査や審判の合理化を図った [32].

その後，昭和50年（1975年）の特許法改正では，① 物質特許制度の採用（飲食物や嗜好品，医薬，化学物質なども特許対象となった），② 多項制の採用（一発明につき複数項目の請求範囲の記載を認める），③ ストックホルム改正条約への対応などが行われた．昭和53年（1978年）には，同一発明について多数国における保護のための出願および審査を容易にすることを目的とする特許協力条約 (PCT) 加盟に伴う特許法改正が行われた．その後，特許法においては，社会・経済情勢の変化などに合わせて特許料の値上げなどが行われてきた [32].

### (4) 最近の特許法の改正

1990年代以降，頻繁に特許法が改正されてきた．主要な論点は次の通りである [33].

① 国際条約への対応：WTO/TRIPs協定など国際条約への対応．諸外国の制度とのハーモ

ナイゼーションを図ることを目的とする．

② 権利取得の早期化：1990 年代，特許取得までの審査期間は平均 7 年以上かかるとされており，ビジネスのスピードと適合していないとの批判があった．権利取得の早期化のため，審査手続きの迅速化を図った．

③ 特許手続き費用負担の適正化：特許料，申請料，審査請求手数料の均衡を図る．また，中小企業の負担感の高い特許料の値下げ．

④ 特許対象の技術の拡大：コンピュータプログラムの特許による保護や，コンピュータプログラムと強く結びついたビジネスモデル特許の認容など．

⑤ ライセンス契約の保護：ライセンス契約における登録制度や登録不要の対抗要件制度の導入．

⑥ 利便性の向上：発明者自身が学会などで発明を発表した場合，特許権取得を可能にする制度など．

⑦ 迅速・効率的な紛争解決制度の整備：異議申立制度と無効審判制度の統合，訴訟提起後の訂正審判請求禁止，審判請求人以外の者による審判請求の認容など．

⑧ 職務発明制度の見直し：契約・就業規則などで，あらかじめ使用者等に特許を帰属させることを定めた場合は，その特許を受ける権利は，その発生時から使用者等に帰属する．その代わりに，被用者が相当の金銭その他の経済上の利益を受ける権利を有するものとする．

なお，ICT に関連が深い事項としては，平成 14 年（2002 年）の商標法の改正も重要である．この改正によって，ユーザのパソコンや携帯電話の画面上に表示される商標を表示する行為についても，同一商品や類似商品について同一商標や類似商標を使えば商標権侵害になることを明確にした．

### 2.3.2 著作権法の成立と展開

我が国におけるコピーライト法は，諸外国と同様に，検閲や出版許可と結合された出版社・印刷所に対する特許として開始され，やがて著作者の権利を保護する出版登録制度を経て，近代的な著作権法へと成長していった．

#### (1) 出版特許制度から出版登録制度へ

明治 2 年（1869 年），出版許可制を設けるとともに，出版許可を受けた者は官による保護によって専売できるとする出版條例（行政官達）が布告された．明治 5 年（1873 年）文部省布達にこの許可制は引き継がれた．明治 8 年（1876 年）太政官布告による出版條例では，原則的に許可制から届出制に改められるとともに，出版届と版権願を区別した．版権願とは図書専売権であって，願いが認められた場合，30 年間の専売権が認められた．また，版権の譲渡・相続・分版・侵害に対する刑罰等につき詳細な規定が設けられた．また，写真については，明治 9 年（1874 年）に写真條例が制定された [18, 34–37]．

明治 20 年（1888 年）には，出版取締りに関する規定と版権保護に関する規定が分離され，別々の法令に改編された．出版取締りは勅令第 76 号出版條例に，版権保護は勅令第 77 号版権條例によるものとされた．版権條例においては，① 登録を版権取得の必要条件としたこと，② 版権の主体を著作者としたこと，③ 未刊の著作物についても版権を与えたこと，④ 著作者人格権に関する規定を置いたことが特徴とされる [18,35–37].

また，同年，勅令第78号脚本楽譜條例，勅令第79号写真版権條例（写真條例の改正）が公布された [36,37].

**(2) 旧著作権法の制定と展開**

不平等条約改正の交換条件として，ベルヌ条約およびパリ条約への加盟と外国人の特許・著作権の保護が要請されたため，内国民待遇などを定めた両条約に適合する特許法・意匠法・商標法および著作権法の制定が目指された．明治32年（1899年）に，これらの法律の整備が行われ，両条約への加盟を果たしている [36,37].

明治32年著作権法（以後，旧著作権法と呼ぶ）は，水野錬太郎博士の起草によって，明治32年（1899年）3月4日に公布され，同年6月28日第313号をもって，7月15日から施行することとなった．ベルヌ条約およびパリ追加条項への加盟は，同年4月18日であった（公布は7月13日） [36,37].

この法律の主要な内容は次のようなものであった [18].

① 版権條例，脚本楽譜條例，写真版権條例を統合．
② 無方式主義の採用．登録は出訴要件とする．
③ 版権を著作権に改める．
④ 保護範囲を文書演述図書彫刻模型写真その他文芸学術美術に属するものとする．
⑤ 外国人の著作物の保護の明記．
⑥ 保護期間を原則著作者の生存および死後30年とする．保護期間の延長は認めない．団体名義の著作物は，発行興行後30年．
⑦ 翻訳権の規定．ただし，翻訳権の保護期間は発行後10年．
⑧ 著作者人格権の保護の拡張．未発行・未興行著作物の原本の差し押さえの禁止，著作物の改竄，著作者の氏名変更の禁止を著作権の被利用許諾者・譲受人にも禁止．
⑨ 著作権の制限規定の設置．
⑩ 他人の嘱託により著作した写真肖像の著作権は嘱託者とする．
⑪ 孤児著作物（著作権者不明の著作物）は未発行・未興行のものは命令の定めるところにより発行興行できることとする．
⑫ 編集著作権の規定．

その後，旧著作権法は表2.2のような改正が行われた [18,36].

**(3) 現行著作権法の制定**

昭和37年（1962年），文部大臣の諮問機関として著作権制度審議会が設置され，同年5月16日同審議会に対して，文部大臣から著作権法の全面的改正を企図して「著作権法の改正ならびに実演家，レコード製作者および放送事業者の保護（いわゆる隣接権）の制度に関し基礎となる重要事項」について諮問が行われた．著作権法改正が課題となった背景には，① 著作物の複製・利用手段の多様化と高度化，② ベルヌ条約改正および実演家等保護条約などの著作権にかかわる国際的制度の進展に対する対応が求められたことがある [36].

表 2.2 旧著作権法の改正過程.

| 改正年 | 内容 |
|---|---|
| 明治 43 年（1910 年） | ベルリン修正条約への対応．保護対象に建築を加え，登録を著作権侵害に対する出訴要件とした規定を削除し，相続の対抗要件とするなどの規定を挿入． |
| 大正 9 年（1920 年） | 保護される著作物に演奏・歌唱を加える．他人の著作物を音の機械的複製を行う機械に「写調スル者ハ偽作者ト見做ス」という規定を設ける． |
| 昭和 6 年（1931 年） | ベルヌ条約ローマ規定に対応．著作者人格権強化，映画の保護，ラジオ放送権，放送権に関する強制実施許諾制度，新聞雑誌の転載引用権など． |
| 昭和 9 年（1934 年） | 版権の拡充，創作年月日の登録制度の確立，著作権の一部譲渡の可能性の明記，著作権審査会の設置，蓄音機レコード規定の整理，脚本楽譜の興行または興行の放送の自由に関する規定，レコード興行，放送および官庁の用に供するための複製の自由化など． |
| 昭和 33 年（1957 年） | 海賊版防止のため，偽作罪の罰則に自由刑を加え，罰金額を引き上げ． |
| 昭和 37 年（1962 年） | 新法制定までの暫定的措置としての著作権保護期間延長． |
| 昭和 40 年（1965 年） | 新法制定までの暫定的措置としての著作権保護期間延長． |
| 昭和 42 年（1967 年） | 新法制定までの暫定的措置としての著作権保護期間延長． |
| 昭和 44 年（1969 年） | 新法制定までの暫定的措置としての著作権保護期間延長． |

審議会は 6 つの小委員会を設けて関係各方面の意見聴取を行い，慎重に審議は進められた．昭和 43 年（1968 年）1 月に最終案が作成された（なお，同年 6 月，文部省文化局は文化財保護委員会とともに文化庁となり，著作権法案は同庁文化部著作権課の所管事項となった）．2 度の国会審議を経て，昭和 45 年（1970 年）4 月 28 日にこの法案は成立した．同法（以下，現行著作権法もしくは単に著作権法と呼ぶ）は，同年 5 月 6 日に公布され，翌昭和 46 年（1971 年）1 月 1 日より施行された [36]．旧法と比較したこの法律の特徴は，半田によれば，次の通りである [18]．

① 著作家者人格権の保護強化：著作者人格権の名称を用いて，公表権・氏名表示権・同一性保持権を定め，著作者人格権の侵害措置を詳細に規定する．
② 保護期間の延長：原則的に著作者の死後 50 年までの保護を規定．ブラッセル規定加入条件の 1 つをクリア．
③ 映画著作権の帰属：映画の著作物の著作者を「映画の著作物の全体的形成に創作的に寄与した者」とする一方で，映画制作会社と約束して映画を制作した場合，著作権者をこの映画制作会社とする規定を設ける．
④ 翻訳権 10 年留保を放棄：翻訳権の保護期間を 10 年とした規定を放棄．
⑤ 著作隣接権制度の創設：実演家・レコード製作者・放送事業者の 3 者に著作隣接権を認める．

### (4) 著作物利用および流通の変容に対する対応

現行著作権法は，国際条約への加盟および著作物利用および流通の変容への対応を目的に，次のような改正が行われてきた [18,38]．

① コンピュータプログラムの著作物化（昭和60年（1985年）改正）
② データベースの著作物の保護強化（昭和61年（1986年）改正）
③ 著作物のクリエイターである著作者に加え，著作物を享受者（市場を介する場合は消費者）に対して届ける流通事業者や実演家の権利に対する配慮の高まり（昭和63年（1988年）改正，平成3年（1991年）改正，平成14年（2002年）改正など）．
④ 著作権および著作隣接権の保護強化．写真著作物（平成8年（1996年）改正）や映画著作物（平成15年（2003年）改正）の著作権保護期間の延長，著作権・著作隣接権侵害に対する罰則の強化（平成8年（1996年）改正）．
⑤ 貸与権（昭和59年（1984年），平成16年（2004年）改正）や譲渡権（平成11年（1999年）改正）の創設とその保護対象の拡大に見るように，有体物に固定された著作物の流通の変容に対する対応．貸レコード・貸CDビジネスの拡大に対する対応（昭和59年（1984年）改正）．逆に，WIPO CPTへの対応のため，貸与権を全著作物に拡大したことで，大規模なレンタルブックビジネスが登場した（平成16年（2004年）改正）．
⑥ 新しい複製手段への対応．公衆利用目的の自動複製機器による複製の私的複製からの除外（昭和59年（1984年）改正），私的録音録画補償金制度の創設（平成4年（1992年）改正），技術的保護手段の回避の違法化および回避技術の提供の違法化（平成11年（1999年）改正）．
⑦ 情報通信ネットワークによる著作物流通に対応する権利や円滑化手段の整備．公衆送信権・送信可能化権の創設（平成9年（1997年）改正），放送の同時再送信の円滑化のための措置（平成18年（2006年）改正），音楽・映像の違法コピーのダウンロードの違法化（平成21年（2009年），24年（2012年）改正）など．
⑧ 障害者の情報アクセスのための著作物利用拡大のための配慮（平成18年（2006年）改正）．
⑨ 著作物の図書館における電子化やウェブ情報の研究や検索サービスなどの著作者に対する経済的損害よりも社会的利益が大きく上回ると思われる分野での利用促進のための著作権の制限規定の導入（平成21年（2009年）改正）．

### (5) 著作権管理事業の起源と展開

日本における著作権管理事業は，昭和14年（1939年），当時著作権を所管していた内務省の認可を受けた社団法人大日本音楽著作権協会の設立に始まる．同協会の設立にあたっては，放送・演奏における外国音楽著作物の利用料金支払いにかかわる問題が大きく影響していた [39]．

ベルヌ条約のローマ改正条約批准のため，日本は昭和6年（1931年）に著作権法改正を行った．同改正は，昭和8年（1933年）から施行された．この法律によって，日本においては，音楽著作権について，楽譜の複製に加えて，音楽のレコードへの固定，演奏，演奏のラジオによる放送にも著作権が及ぶこととなった [39]．

この改正に合わせて，イギリス・フランス・ドイツ・イタリアの音楽著作権団体は Cartel des Sociétés D'Auteurs de Perceptions non Théatrales（「カルテル」と呼ばれる）を結成し，昭和6年（1931年），当時旧制府立高校・旧制第一高等学校でドイツ語を教えていたヴィルヘルム・プラーゲ (Wilhelm Plage) を音楽使用料徴収の代理人とした．同年，プラーゲは，

BIEM (Bureau International de L'edition Musico-Mécanique) の使用料徴収の委任も受けた [40].

プラーゲは，社団法人日本放送協会 (NHK) によるラジオ放送や，宝塚歌劇や松竹少女歌劇，各地の音楽会による音楽や歌劇の演奏・上演，レコード会社による録音などについて，海外音楽の使用料金請求を求める交渉を行い，当時の日本人の感覚からすれば極めて高額の音楽使用料金を徴収していった [39].

一方で，昭和 12 年（1937 年），プラーゲは，日本人弁護士とともに，外国において日本音楽の著作権管理を行う団体として大日本音楽作家出版社協会を設立した．有名作曲家の山田耕筰から音楽著作権の信託譲渡を受け，山田は海外から相当額の著作権使用料を受けたとされる．

このように，プラーゲによる音楽著作権使用料金の積極的な徴収活動は，「プラーゲ旋風」と呼ばれ，音楽利用者に恐れられるとともに，プラーゲに対する不信や不満を募らせることとなった．プラーゲの活動について詳細な研究を行っている大家によれば，プラーゲに対する音楽利用者の不信・不満は次の 3 点にあった [39].

① 使用料の金額がまちまちで基準があいまいである．
② 著作権の消滅した著作物にも使用料を請求した事例がある．
③ プラーゲの管理楽曲の一覧表が示されていないので，利用者は音楽利用にあたって彼に許諾を得るべきかどうかが不明である．

プラーゲの活動に対する不信・不満から，音楽関係者は政府にロビイングを行い，次のような施策が取られた [39].

① 昭和 9 年（1934 年）の著作権法改正．この改正によって，音楽の放送を生演奏とレコードによる再生に分け，後者の場合出所明示すれば演奏権は及ばないとした．これは，放送局の保護策であった．この規定は，昭和 45 年（1970 年）現行著作権法への切り替えまで生きていた．
② 昭和 14 年（1939 年）の社団法人大日本音楽著作権協会の設立．山田耕筰がヨーロッパ旅行で収集したドイツの著作権管理団体の定款と著作権管理契約書，分配規程をもとに同団体の定款や規程は作成された．さらに，同年 1 月「著作権に関する仲介業務に関する法律」（仲介業務法）を設立し，主務大臣（当時は内務大臣）に仲介業務を行う団体の許可権を与えた．また，音楽分野には一団体に限るとの方針を示し，音楽業務の仲介業務の許可は大日本音楽著作権協会にのみ与えられた．

結局，② の施策によって，プラーゲの団体は 3 か月の猶予期間をおいて非合法化されることとなった．昭和 15 年（1940 年）にはドイツ軍のフランス侵攻によって第二次世界大戦が激化し，ヨーロッパへの著作権使用料の送金ができなくなった．昭和 16 年（1941 年）太平洋戦争の開始とともに，プラーゲは帰国した [39].

戦後，昭和 23 年（1948 年），大日本音楽著作権協会は「日本音楽著作権協会」と名称を改め，業務を継続した．ただし，占領期から昭和 49 年（1974 年）までは NBC 東京支局のジョージ・

トーマス・フォルスターが設立したフォルスター事務所が外国著作物の管理業務を行った．同年，同事務所の廃業によって，日本音楽著作権協会が外国の著作物についても音楽著作権の唯一の管理団体となった．また，昭和40年（1965年）には，作曲家・作詞家に加えて，同協会に音楽出版社が参加した [39]．

平成12年（1999年）には，著作権等管理事業法が制定公布され，翌年10月1日から施行された．この法律によって仲介業務法は廃止され，管理事業は登録制となり，最低限の適格事由を満たせば原則として管理事業ができることとなった．こうして，音楽分野について複数の著作権管理団体が並立する体制に移行した [41]．

### 2.3.3 知的財産戦略本部の創設

#### (1) アメリカにおけるプロパテント政策への転回

1980年代初め，長期的なスタグフレーションに悩まされ，産業競争力の凋落を認識したアメリカ政府は，意図的な通貨高と減税，規制緩和などを軸とする供給側を重視する経済政策を採用し，経済と産業の回復を図った．併せて，1970年代まで，大企業による独占による市場秩序の歪曲を防止する反トラスト法に基づき，特許を利用する大企業の市場支配を警戒する政策が緩和されるとともに，大学や研究機関が創造した知的財産の保護を行うとともに，それらを企業が活用しやすくする政策を採用した．このように，知的財産保護を重視する傾向を有する政策を「プロパテント政策」と呼ぶ [42–44]．

1980年代アメリカのプロパテント政策は，バイ・ドール法とヤングレポートの2つの文書によって象徴的に説明されることが多い．

1980年に制定されたバイ・ドール法（この名称は，法案を提出した2人の議員にちなむ）と呼ばれる大学と企業の産学連携による研究開発の促進を目的とする法律がある．この法律は，政府資金による研究成果について大学や企業が知的財産権を取得できるようにして，大学や企業による技術開発を促進する一方，政府資金を活用する産学連携による研究開発やイノベーションを可能にした [45]．

1985年にレーガン政権に提出された，産業競争力に関する大統領委員会報告書であるヤングレポートは，正式名称を「グローバル競争–新たな現実」(Global Competetion—The New Reality) というものである．この報告書の通称は，同委員会の長を務めた当時ヒューレット・パッカード社の社長であったジョン・ヤングにちなんでいる．この報告書では，アメリカの研究開発力・技術力は高いものの，知的財産権保護が不十分なためにその優位性が生かされないと分析された．この報告書は，大統領通商政策アクションプラン（1985年）や米国通商代表の知的財産政策に影響を与えたとされる [42,46,47]．

一方，1980年代には，日本企業とアメリカ企業との間で知的財産権紛争が起こり，日本企業が多額の賠償金や特許料を支払わされるケースが注目を浴びた．

1982年には，IBM社製の大型汎用機（メインフレーム）互換機を開発するためIBM社のメインフレームの技術文書を不正に入手したとして，おとり捜査によって，日本メーカの従業員が逮捕される事件が起きた．その後，日本メーカは，著作権侵害による訴訟を避けてIBMメインフレームの互換機を開発するため，同社と秘密交渉を行い，相当な対価を支払ったことが

わかっている [48,49].

1987 年には，米ハネウェル社が同社の自動焦点装置（オートフォーカス）の基本特許を侵害しているとして，日本のカメラメーカのミノルタ（現在，コニカミノルタホールディングス）を訴え，1992 年に約 165 億円を支払って和解する事件が起きた．その後，ほかの日本のカメラメーカにも特許使用料の支払いを求め，各社数十億円の支払いを行った [43,44].

1990 年代に入って，アメリカ政府は巨大な財政赤字を抱えながらも，テクノロジー人材の軍民転換や高株価政策などによって，クリントン政権時代には長期の好況を実現することに成功した．1990 年代の好況はアメリカの研究開発力の優位性を生かすプロパテント政策の効果であるとも解釈された．さらに前述のような知的財産権訴訟による日本企業の危機の記憶も，日本政府や企業には強烈だった．

### (2) 日本におけるプロパテント政策への移行——知的財産戦略会議と知的財産戦略大綱

1990 年代，日本においてはバブル崩壊後の長期不況が続く一方，韓国や台湾，そして少し遅れて中国の製造業が国際的な競争力を獲得してきたことで，産業競争力の凋落が懸念されてきた．低迷する経済と相対的凋落傾向にある産業競争力をどのように回復するかが，重要な政策的課題とされた．知的財産権の創造・保護・活用を重視する政策思想が浮上するのは，こうした背景があったためである．1990 年代半ば頃までに，特許権等の産業財産権の保護強化のための特許法等の改正や産業財産権の活用促進のための特許流通事業が行われていた [50].

平成 9 年（1997 年）には，特許庁長官の私的諮問機関「21 世紀の知的財産権を考える懇談会」は，知的財産政策について国家的な取組みの必要性を指摘した．平成 10 年（1998 年）には，「大学等における技術に関する研究成果の民間事業者への移転の促進に関する法律」（TLO 法）が制定され，平成 11 年（1999 年）制定の産業活力再生特別措置法には，政府資金による委託研究開発から発生した特許権を民間企業などに帰属できる日本版バイ・ドール条項が置かれた（同法第 30 条）[50].

平成 12 年（2000 年）から平成 14 年（2002 年）には，政府や政党，民間団体において，産業競争力強化のため，科学技術の創造・活用を支える知的財産制度の確立が重要な政策課題であるという認識が広がっていた．平成 13 年（2001 年）制定の科学技術基本計画は，科学技術の創造や活用を支える適切な知的財産制度の必要性を指摘した．同年，経済産業省経済産業政策局長と特許庁両者の私的懇談会「産業競争力と知的財産を考える研究会」が設置され，知的財産権と産業・経済にかかわる幅広い問題が論じられた．この頃，自由民主党や民主党の政策報告書，民間団体の「知的財産国家戦略フォーラム」が，知的財産権の保護活用のための政策提言を行っている．平成 14 年（2002 年），総合科学技術会議は知的財産戦略専門調査会を設置し，研究開発の成果を知的財産化して国際競争力の強化につなげる戦略の議論を行い，文部科学省も研究開発成果の取扱いに関する検討会を設置した [50].

平成 14 年（2002 年）2 月，小泉純一郎総理大臣の所信表明演説では，「世界最高水準の『科学技術立国』の実現に向け」，戦略的分野の研究開発に重点的に取り組むなどの政策を行う一方，「研究開発や創造活動の成果を，知的財産として，戦略的に保護・活用し，我が国産業の国際競争力を強化することを国家の目標とする」と述べられ，この所信表明演説に基づき，総理決裁によって内閣府に知的財産戦略会議が設置された [50].

知的財産戦略会議は，平成14年（2002年）3月に第1回会合を開き，同年7月第5回会合で「知的財産戦略大綱」が決定された．この骨子は，次の通りである [51].

① 我が国の産業競争力低下への懸念の高まりに対して，発明や製造ノウハウ，ブランド，コンテンツなどの知的財産を戦略的に創造・保護・活用することが重要である．また，知的財産創造サイクルの確立に向けて，「情報」の特質を勘案した保護と活用のシステム構築が必要である（第1章）.

② 基本的方向は，創造と保護，活用の3つの戦略に加えて，人的基盤の充実，実施体制の確立とされる（第2章）.

(ア) 創造戦略：大学・公的研究機関における知的財産創造のため，その動機付けや研究評価への配慮が必要．企業における戦略的な知的財産の創造・取得・管理のため，法制度や職務発明規定の整備が必要．創造性をはぐくむ教育や人材育成のための施策の必要性.

(イ) 保護戦略：迅速かつ的確な特許審査・審判．著作権の適切な保護．営業秘密の保護強化．紛争処理にかかわる基盤の強化（特許裁判所の確立や裁判外紛争処理手続きの整備）．海外および水際における保護の強化.

(ウ) 活用戦略：大学・公的機関における知的財産の活用の推進（大学発ベンチャーなど）．知的財産の評価と活用（金融資産・担保としての知財の評価など）.

(エ) 人的基盤の充実：知財弁護士および弁理士の拡充．MOT人材の拡充

(オ) 実施体制の確立：本大綱を強力かつ着実に実施する知的財産戦略本部（仮称）の設置と，この根拠法である知的財産基本法（仮称）の作成・提案.

このような基本的構想に基づき，政府各機関や省庁における具体的な施策について，同戦略大綱では述べられている.

### (3) 知的財産基本法と知的財産戦略本部

平成14年（2002年）7月，内閣官房に内閣官房副長官補を室長とする「知的財産基本法準備室」が設置され，知的財産基本法案の準備作業が開始された．法案は衆議院・参議院の議論を経て，同年12月4日に知的財産基本法が公布され（法律第122号），翌年3月1日に施行された.

知的財産基本法は，「知的財産の創造，保護及び活用に関し，基本理念及びその実現を図るために基本となる事項を定め」る法律で，次の事項を扱っている [52].

① 上記目的のため，国，地方公共団体，大学等および事業者の責務を明らかにする.

② 知的財産の創造，保護および活用に関する推進計画の作成について定める.

③ 知的財産戦略本部を設置し，知的財産の創造，保護および活用に関する施策を集中的かつ計画的に推進する.

知的財産の創造・保護・活用に関する施策の大きな目標は，① 国民経済の健全な発展と豊か

な文化の創造（第3条）および ② 産業の国際競争力の強化および持続的な発展（第4条）であるとされる．

同法第4章は「知的財産戦略本部」について，その所掌事務（第25条），組織（第26条〜第29条）について定め，同本部を内閣に置き，総理大臣が本部長を務め，「推進計画」の作成と実施推進や施策のための調査審議や調整作業などを行うものとした．

この法律に基づき，知的財産戦略本部の設置について検討が進められ，全閣僚をメンバーとして10人以内の民間有識者が加わった本部の構想が進められた．内閣官房に「知的財産戦略推進事務室」の設置が決定され，同法施行とともに，知的財産基本法準備室が知的財産戦略推進事務局に改組され，拡充のうえ業務を開始した．知的財産戦略本部の初会合は，平成15年（2003年）3月18日であった [50]．

知的財産戦略本部は，知的財産戦略大綱をベースにして，毎年推進計画を作成し，発表してきた．平成23年（2011年）6月発表の「知的財産推進計画2011」においては，シームレスに世界がつながるグローバル・ネットワーク時代において，東日本大震災を踏まえて長期的な成長基盤として同計画を位置づけた [53]．

平成25年（2013年）には，知的財産基本法の施行10年を期して，知的財産計画の見直しが行われ，「知的財産政策に関する基本方針」が閣議決定された．この基本方針では，世界最先端の知財システムの構築に加え，アジアをはじめとする新興国の知財システム構築の支援を通じて，前述の日本の知財システムが各国で準拠されるスタンダードとなるよう浸透を図るとともに，創造性と戦略性をもつこの知財システムの担い手を育成することを目標として掲げた．そのため，4つの柱として，(i) 産業競争力強化のためのグローバル知財システムの構築，(ii) 中小・ベンチャー企業の知財マネジメント強化支援，(iii) デジタル・ネットワーク社会に対応した環境整備，(iv) コンテンツを中心としたソフトパワーの強化に取り組むとされた [54]．

その後，「世界最速・最高品質」と称する特許審査体制の実現や，職務発明制度の改正・営業秘密保護の強化，国際標準化・認証，中小企業支援も含む産学連携機能の充実，デジタル・ネットワークの発展に対応する法制度整備（著作権集中管理制度の拡充や，デジタル教科書・人工知能・3Dプリンティングなどの新しいニーズや技術への著作権制度の対応など），アーカイブの利活用促進に向けた整備の推進，国際的な知財保護・協力の推進，知財人材の戦略的な育成・活用などが取り組むべき課題として示され，取り組みが続いている [55–59]．

## 演習問題

**設問1** 次の①～⑧までの出来事について，それが起こった年と国を回答しなさい．

① 発明に対する世界初の原始的な特許権の付与
② 世界初の著作権法の制定
③ 世界初の特許法（「独占大条例」）の制定
④ 特許権と著作権に関する立法を議会の役割とした憲法の制定
⑤ バイ・ドール法の制定
⑥ 知的財産基本法の制定
⑦ 特許権に関する国際条約に関する最初の会議
⑧ ベルヌ条約の締結

**設問2** 次の (1)～(5) の用語について，簡潔に説明しなさい．

(1) パリ条約
(2) ベルヌ条約
(3) WIPO 著作権条約
(4) プラーゲ旋風
(5) 知的財産基本法

**設問3** コピーライトの初期の歴史について検閲制度との関係に注意しながら説明しなさい．

**設問4** 情報の複製・流通技術の登場と展開と著作権制度の変容について説明しなさい．

**設問5** 日本における著作権管理事業の歴史について説明しなさい．

**設問6** 特許法の歴史に関する次の3つの問いに回答しなさい．

(1) 国王による特権から近代的な特許法の制定に至る歴史について簡潔に説明しなさい．
(2) 日本において実用新案法が制定された経緯とその理由について説明しなさい．
(3) 1990年代，日本においてプロパテント政策が取られる経緯について説明しなさい．

**設問7** 最新の知的財産推進計画をインターネットで探し，その概要についてまとめなさい．

## 参考文献

インターネットソースはすべて 2018 年 1 月 2 日時点でアクセス可能．

[1] Christopher May, "Antecedents to Intellectual Property: the European Pre-history of the 'OwnershIP' of Knowledge", History of Technology, Vol.24, pp. 1-20 (2002).
[2] 小林達也，「技術移転　歴史からの考察　アメリカと日本」，文眞堂，東京 (2002).
[3] 大河内暁男，「発明行為と技術構想　技術と特許の経営史的位相」，東京大学出版会，東京（1992）.

[4] Randy, Alfred, “March, 19, 1474: Venice Enacts A Patently Original Idea,” WIRED, March 19, 2012.
（https://www.wired.com/2012/03/march-19-1474-venice-enacts-a-patently-original-idea/）.

[5] 荒井政治, 内田星美, 鳥羽欽一郎編,「産業革命の世界 2　産業革命の技術」, 有斐閣, 東京（1981）.

[6] 特許庁工業所有権制度史研究会,「特許制度の発生と変遷」, 大蔵省印刷局, 東京 (1982).

[7] 石井正,「知的財産の歴史と現代　経済・技術・特許の交差する領域へ歴史からのアプローチ」, 発明協会, 東京 (2005).

[8] 松本直樹,「『先発明主義』の内容」, (2009)
（http://matlaw.info/SENHATUM.HTM）.

[9] 川口博也,「基礎アメリカ特許法」, p.17-23, 発明協会, 東京 (2005).

[10] 松本直樹,「米国特許法改正は先願主義なのか？」(2011)
（http://matlaw.info/us2011.htm）.

[11] 別宮貞徳監訳,「印刷革命」, みすず書房, 東京 (1987)（原著, Elizabeth L. Eisenstein, “Thc Printing Revolution in Early Modern Europe,” Cambridge University Press, Cambridge (1983)）.

[12] 井山弘幸・城戸淳訳,「知識の社会史」, 新曜社, 東京（2004）（原著 Peter Burke, “A Social History of Knowledge: From Gutenberg to Diderot,” PolityPress (2000)）.

[13] 白田秀彰,「コピーライトの史的展開」, 信山社出版, 東京 (1998).

[14] 箕輪成男訳：イギリス出版史, 玉川大学出版部, 東京 (1991)　（原著 John Feather, “A History of British Publishing,” Routledge (1988)）.

[15] 宮澤溥明,「著作権の誕生　フランス著作権史」, 太田出版, 東京 (1998).

[16] Gillian Davis, “Copyright and Public Interest, second edition,” Sweet & Maxwell, London (2002).

[17] 山田奨治,「＜海賊版＞の思想―18 世紀英国の永久コピーライト闘争」, みすず書房, 東京 (2007).

[18] 半田正夫,「著作権法概説　第 14 版」, 法学書院, 東京 (2009).

[19] 吉見俊哉, 水越伸,「改訂版 メディア論」, 放送大学教育振興会 (2005).

[20] 宮沢溥明訳,「音楽著作権の歴史」, 第一書房, 東京 (1988)（原著 Phillip Pares, “Histoire du droit de reproduction mecanique,” La Compagnie du Livre, Paris (1953)）.

[21] Russell Sanjek, “American Popular Music and Its Business,” Volume III From 1900 to 1984, Oxford University Press, Oxford (1988).

[22] 水越伸,「メディアの生成 アメリカ・ラジオの動態史（第 3 版）」, 同文館出版, 東京（2001）.

[23] Neil Weinstock Netanel, “Copyright’s Paradox,” Oxford Univ Press, Oxford (2008).

[24] William W. Fisher, “Promises to Keep: Technology, Law, and the Future of Entertainment,” Stanford University Press, Stanford (2004).

[25] 石井正,「歴史のなかの特許―発明への報奨・所有権・賠償請求権」, 晃洋書房, 京都 (2009).

[26] 木棚照一,「知的財産法の統一に関する沿革的考察」, 小野昌延先生古稀記念論文集刊行事務局, 小野昌延先生古稀記念論文集　知的財産法の系譜, pp. 3-30, 青林書院, 東京 (2002).
[27] 著作権情報センター,「外国の著作物の保護は?」,
(http://www.cric.or.jp/qa/hajime/hajime5.html).
[28] World Intellectual Property Organization,「WIPO と日本」,
(http://www.wipo.int/about-wipo/ja/offices/japan/).
[29] 内閣官房,「TPP 政府対策本部」(http://www.cas.go.jp/jp/tpp/).
[30] 知的財産権戦略本部検証・評価・企画委員会「TPP 知的財産章 (18 章) の概要 (知的財産推進計画 2016 策定に向けた検討　知的財産戦略本部検証・評価・企画委員会産業財産権分野・コンテンツ分野合同会合 (第 1 回) 資料 4)」.
(http://www.kantei.go.jp/jp/singi/titeki2/tyousakai/kensho_hyoka_kikaku/2016/dai1/siryou4.pdf).
[31] 特許庁,「工業所有権制度百年史　上」, 発明協会, 東京 (1984).
[32] 特許庁,「工業所有権制度百年史　下」, 発明協会, 東京 (1985).
[33] 特許庁,「法令・基準」(http://www.jpo.go.jp/index/houritsu_jouyaku.html).
[34] 浅岡邦雄,「書籍流通以前の諸問題」, 立命館言語文化研究, 20 巻 1 号, pp. 153-159 (2008)
(http://www.ritsumei.ac.jp/acd/re/k-rsc/lcs/kiyou/pdf_20-1/RitsIILCS_20.1pp153-159ASAOKA.pdf).
[35] 吉村保,「明治初期の著作権事情」, 小野昌延先生古稀記念論文集刊行事務局, 小野昌延先生古稀記念論文集　知的財産法の系譜, pp. 397-416, 青林書院, 東京 (2008).
[36] 文化庁監修,「著作権法百年史」, 著作権情報センター , 東京 (1999).
[37] 大塚重夫,「版権条例, 版権法から著作権法へ」, 小野昌延先生古稀記念論文集刊行事務局, 小野昌延先生古稀記念論文集　知的財産法の系譜, pp. 417-446, 青林書院, 東京 (2002).
[38] 文化庁,「最近の法改正等について」,(http://www.bunka.go.jp/chosakuken/index_5.html).
[39] 大家重夫,「JASRAC 誕生の経緯と法的環境」, 紋谷暢男編, JASRAC 概論——音楽著作権の法と管理, p.1-28, 日本評論社, 東京 (2009).
[40] 大家重夫,「著作権を確立した人々」, pp. 184-219, 成文堂, 東京 (2004).
[41] 著作権法令研究会,「逐条解説　著作権等管理事業法」, 有斐閣, 東京 (2001).
[42] 大森陽一,「日米知的財産権戦争」, pp. 47-80, 集英社, 東京 (1992).
[43] 守誠,「特許の文明史」, 新潮社 (1994).
[44] 井上岳史,「特許が世界を塗り変える　技術覇権 250 年の攻防」, NTT 出版, 東京 (1995).
[45] 宮田由紀夫,「プロパテント政策と大学」, pp. 49-95, 世界思想社, 京都 (2007).
[46] 宮田由紀夫,「アメリカのイノベーション政策　科学技術への公共投資から知的財産化へ」, pp. 52-53, 161-163, 昭和堂, 京都 (2011).
[47] 長谷川俊明,「日米パテント・ウォー」, pp. 2-11, 弘文堂, 東京 (1993).
[48] コンピュートピア,「IBM スパイ事件の全貌　日米コンピューター戦争の舞台裏」, コンピュータ・エージ社, 東京 (1982).

[49] 松崎稔,「解説」, 伊集院丈『雲を掴め　富士通・IBM 秘密交渉, pp. 169-189, 日本経済新聞出版社, 東京 (2007).

[50] 通商産業政策史編纂委員会編, 中山信弘編著,「通商産業政策史 11　知的財産政策　1980-2000」, 独立行政法人経済産業研究所, 東京 (2011).

[51] 知的財産戦略会議,「知的財産戦略大綱」, 2002 年 7 月 30 日 (2002)
(http://www.kantei.go.jp/jp/singi/titeki/kettei/020703taikou.htm).

[52] 知的財産基本法（平成 14 年法第 122 号),
(http://www.kantei.go.jp/jp/singi/titeki2/hourei/kihon.html).

[53] 知的財産戦略本部, 知的財産推進計画 2011, 2011 年 6 月 (2011)
(http://www.kantei.go.jp/jp/singi/titeki2/kettei/chizaikeikaku2011.pdf).

[54] 知的財産政策に関する基本方針（平成 25 年 6 月 7 日閣議決定)」
(http://www.kantei.go.jp/jp/singi/titeki2/pdf/kihonhousin_130607.pdf).

[55] 知的財産戦略本部（2013)「知的財産推進計画 2013」2013 年 6 月 25 日
(http://www.kantei.go.jp/jp/singi/titeki2/kettei/chizaikeikaku2013.pdf).

[56] 知的財産戦略本部（2014)「知的財産推進計画 2014」2014 年 7 月 4 日
(http://www.kantei.go.jp/jp/singi/titeki2/kettei/chizaikeikaku20140704.pdf).

[57] 知的財産戦略本部（2015)「知的財産推進計画 2015」2015 年 6 月
(http://www.kantei.go.jp/jp/singi/titeki2/kettei/chizaikeikaku20150619.pdf).

[58] 知的財産戦略本部（2016)「知的財産推進計画 2016」2016 年 5 月
(http://www.kantei.go.jp/jp/singi/titeki2/kettei/chizaikeikaku20160509.pdf).

[59] 知的財産戦略本部（2017)「知的財産推進計画 2017」2017 年 5 月
(http://www.kantei.go.jp/jp/singi/titeki2/kettei/chizaikeikaku20170516.pdf).

第3章

# 知的財産法制全体の概観

## □ 学習のポイント

無体の情報が経済的価値を持つ知的財産として取引されるようになったのは，近代に入ってからである．アナログ情報の時代には知的財産は製品や冊子等の有体物に化体し‘モノ’として認識できる部分が大きかった．1990 年代以降のインターネットの急激な普及は，デジタル情報としての知的財産の法的保護を要請している．本章では，国際条約とも関係づけ，憲法を頂点とする法体系のなかで知的財産法がどのような位置づけにあるかを解説し，知的財産権の法的特質と種類について説明を加える．

- 知的財産権は一般に所有権を擬制した独占権として構成されるが，権利主張のあり方によっては，日本国憲法に定められている表現の自由，学問の自由，教育を受ける権利や職業選択・営業の自由など，基本的人権と対抗，抵触する部分があることを理解する．
- 知的財産権がパッケージ型商品に化体されていた場合には，市場で消費者に譲渡されれば権利が消尽していたが，デジタル情報の知的財産権は使用許諾（ライセンス）されるもので，権利の法的取扱いが異なり，以前にもまして法的規制が要請される部分を持つことを理解する．
- 知的財産基本法に掲げられた各種の知的財産権について明確なイメージを持ち，その基本的な法的特性を理解する．
- 知的財産権一般と各種の知的財産権に関して，行政組織とのかかわりについて理解する．
- 知的財産権の法的構成はミニマムを定める国際条約によって規律されつつも，それぞれの国情に応じてバリエーションをもつことと，やがてはその多くはパブリックドメインに編入されるものであることを理解する．そして知的財産権の本質が無許諾の模倣，複製，利用を禁止するものであり，科学技術の進歩，産業構造の高度化等を阻害しないよう調整されるべきものであることを認識する．
- 知的財産権の存続期間の意義を認識するとともに，知的財産権の有効性や具体的な権利内容は社会の変化とともに変わりうるものであることを理解する．

## □ キーワード

知的財産，憲法的価値，デジタル・ネットワーク社会，ファーストセール・ドクトリン，知的財産基本法，所管官庁，知的財産権の本質，存続期間，パブリックドメイン

## 3.1 憲法的価値と知的財産権制度

### 3.1.1 所有権を擬制した知的財産権

わたしたちが生活している国民主権の現代民主主義社会は，選挙により選ばれた議員の多数により決せられた法律が国民の総意を表しているとの擬制（フィクション）[1]のもとに成り立ち，わたしたち国民の自然状態で物理的に可能な振舞いが一定程度規律され，法的な権利義務が定められる法治主義によって支配されている．この法の支配の根幹に位置するのが憲法である．わたしたちにとっては，日本国憲法（昭和 21 年 11 月 3 日憲法）がそれにあたる．その 13 条には，「すべて国民は，個人として尊重される．生命，自由および幸福追求に対する国民の権利については，公共の福祉に反しない限り，立法その他の国政の上で，最大の尊重を必要とする」とあり，なによりも国民一人ひとりの円満な生活と豊かな人生の実現こそが究極の目標とされている．円満な生活を楽しみ，豊かな人生を享受するには，衣食住の基盤の確保が不可欠であり，着る物や食べるものを所有し，住処（すみか）を所有ないしは占有しなければならない．これらの個人ないしは家庭生活の基盤を維持するには，憲法 27 条に定める勤労の権利が適切に行使でき，勤労の義務を果たすことができなければならず，勤労の前提をなす生産手段の私的所有と労働力商品の適切な価格での販売が可能とされなければならない．私的所有権の絶対という神話が合理性を主張できる根拠である（この脈絡からすれば，究極において知的財産権もまた市民一般の幸福に資するものでなくてはならないもののように思える）．

このような法論理に沿って，憲法 29 条 1 項に「財産権は，これを侵してはならない」と定められている．本書が対象とする‘知的財産権’は，創作者が一定期間排他的独占権を享受しえる財産権として構成されている．財産権と擬制される以上は，モノに対する物理的支配を実体とする真正の財産権と同様，公共の福祉に適合するように法律で定められなければならないし（29 条 2 項），正当な補償の下に公共のために用いることができ（同条 3 項），公用収用ができるはずである．

### 3.1.2 知的財産の生産と憲法

ひるがえって，特定個人の知的営みによって産み出される知的財産の生産過程もまた憲法によって保護されなければならない．知的創造は真空状態のなかで行われるものではない．先人のこしらえた素晴らしい知的財産を継承し，それに学ぶところからはじまり，そこには一定程度模倣の契機が前提とされたうえで，新たな知的創意を付加するプロセスにほかならない．学習内容まで規制された学校教育あるいは当該個人の主体的意欲にまかされた社会教育を通じて，しかも最近では生涯学習が唱えられている環境において，能力に見合った教育を受ける権利（26 条）が保障されなくてはならず，とくに高度な学術的知的財産の創出には，金銭的にはともかく，のびやかな研究環境のなかでの学問の自由（23 条）の確立が強く望まれる．産業構造の高度化に資し，豊かな経済社会の維持建設につながる知的財産の組織的生産は，そのときどきの

[1] 擬制 (fiction)：［法律用語］実質の異なるものを，法的取扱いにおいては同一のものとみなして，同一の効果を与えること（Goo 辞書などを参照されたい）．

政府，国家権力もまた大いに期待するところである．その一方で，独創的な知的財産の創出には，国家権力の干渉の極小化を要請する場合がある．創作者の「思想及び良心の自由は，これを侵してはならない」（19条）であろうし，創作者の内面的世界を構成する信教の自由（20条）に特定の制度的宗教観をもつ国家権力が介入することもはばかられるべきであろう．

知的財産権を構成する実体は無体の情報，知識である．情報，知識は放送や通信，そして書籍や雑誌の流通を通じて伝達され，公衆や関係者の間で共有される．それらの知的財産の性質を帯びた情報をそのままの形ないしは変形加工して利用し，新たな知的財産を創造しようとしたとき，利用された既成の知的財産権に抵触する．その知的財産が表現物であるときには，憲法21条に定められた表現の自由を制約することになりかねない．憲法学の常識は，表現の自由を包含する精神的自由権が知的財産権を尊重する経済的自由権と比較して，優先させるべきだとする‘二重の基準の理論’を教えてくれる．

日本もそうであるが，知的財産法制は憲法的価値とかかわる側面を大きくもちつつも憲法には知的財産権に直接言及する文言はおかれず，関係国際条約の枠組みのなかで，国会制定法により国情に合った具体的制度がつくられる．もっとも，ごく少数であるが憲法で知的財産制度に関する規定を設け，人類社会の進歩発展に知的財産制度の整備が大いに役立つものであると確認している国がある．その1つがアメリカ合衆国である．アメリカの連邦憲法において，合衆国議会について定めた1条の8節，合衆国議会の具体的権限を列挙したところに，その8号で「著作者及び発明者に，その著作物及び発明に対する独占的な権利を一定期間保障することにより，学術及び有益な技芸の進歩を促進すること」[2)]が合衆国議会の権限の1つとして明記されている．アメリカ法においては，この憲法規定が知的財産制度に明確な憲法的基礎を与えている．

## 3.2 デジタル・ネットワーク社会の知的財産

### 3.2.1 パッケージ情報商品から無体のデジタル情報商品へ

1990年代以降，インターネットが急激に普及し，情報端末機器の高度化，高機能化が進み，伝送路の容量も格段に肥大したものとなり，短期間に外部記憶装置の形態が変化し，そのメモリは飛躍的に規模を拡大した．デジタル技術の進展，地球規模で張り巡らされた無線有線のネットワークを流れる情報はいたるところにその複製を作成し，増殖してゆく．現在は，スーパー・コピー社会である．そこには無償のパブリックドメイン（公有）におかれる情報およびオープンな利用にまかされた情報と，アクセス制限，コピー・コントロールされた有償の情報商品が陳列されている．

20世紀後半までの情報商品では，特許権であれ，著作権であれ，知的財産権は，その情報が化体された製品，商品が市場におかれ，それが消費者の手に渡ったとたんに知的財産権は消尽し，消費者はそれを自由に使用することができ，またその利用や貸与から収益をあげることができ，気に入らなければ自由に処分，譲渡，売却することができた．当該製品，商品は，アイデ

2) 当該規定の邦訳は，高橋和之編『新版世界憲法集』岩波文庫（2007）によった．

アないし表現である知的財産をくるんだ物理的な存在，有体物（モノ）であって，モノの側面については支配，所有の対象となりえたのである．つまり，知的財産権が付着した製品や商品は，市場で最初の消費者の所有に帰したとき，通常の利用・収益・処分行為については，その製品ないしは商品の知的財産の側面はまったく意識する必要がなかったのである．このファーストセール・ドクトリン (first-sale doctrine) は，事業者に対して一定数量の知的財産権化体商品の製作，製造でその知的財産の開発に要した経費の回収と，今後の研究開発，知的財産の再生産に必要とされる資金を利潤として確保することを要請したのである．これらの製品，商品は，一定期間利用されたのち，知的財産権保有者の意向には関係なく，中古市場の形成に役立つものとなった．また，それらの所有者が必要に応じて適法に行うオリジナルの複製や，犯罪とされる違法に生産されるコピー商品は，一般にオリジナルと比較し，格段に品質が劣り，性能が低いものであった．そのようなアナログ技術の時代においては，一般の市民，消費者は知的財産に関する法制度を知らなくても一向に差し支えはなかった．関係業者だけが承知しておけばよい‘業界法’にすぎなかった．

### 3.2.2　デジタルコンテンツの特質と法的規制の要請

紙やフィルムやテープの上に記録されず，従来のように有体物商品としてパッケージに包装されないデジタルコンテンツは，直接ネットワークを通じて流通，公衆送信される．そこでは，たった1つのコピーガードされていないデジタルコンテンツが特定のウェブページにアップロードされるだけで，そこにアクセスするすべての人たちがそのデジタル複製物を入手でき，半ば永遠にサイバースペースの内外に拡散し，存在することになる．権利者が自覚的にそれを行う場合にはまったく問題はない．しかし，本来有償のデジタルコンテンツが特定のウェブページに違法にアップロードされた場合には，当該のオリジナルのデジタルコンテンツに関する知的財産ビジネスの当事者は，極端な場合をいえば，対価を得られるのは1回限りで，あとはすべて違法複製が跋扈（ばっこ）するということになりかねない．ビジネスで十二分の利潤を得ようとする知的財産の権利者がサイバースペースにおける知的財産権保護に過剰なまでに敏感になるのには合理的な根拠が存在する．有体物であるモノの窃盗は，古来，犯罪であり，日本の刑法でもその235条に「他人の財物を窃取した者は，窃盗の罪とし，10年以下の懲役又は50万円以下の罰金に処する」とされているが，情報窃盗は一般に横領や背任にあたるようなことがなければ違法とされることはない．しかし，コピーの連鎖を作り出すサイバースペースにおいては，情報窃盗的行為を知的財産法制の枠内において一定程度犯罪を構成するものとせざるを得ない部分がある．

伝統的な法の世界には，‘法の謙抑（けんぎょう）’という理念が存在し，公権力の発動を伴う取締りや規制措置は個人の内面や私的領域，家庭には立ち入らないものとされてきたが，著作権制度を取り上げると，公開の空間としての性格をもつサイバースペースに接続する密室に設置された個々人のPCやプライベートな通信をになうスマートフォンなどの情報端末のメモリには，官民のサイバーポリスが土足で踏み込むだけでなく，現実に令状なき立ち入り調査を行っている．2013年，エドワード・スノーデン（Edward J. Snowden）は，アメリカ国家安全保障局（NSA）が内外の政府要人，テロリストなどにとどまらず，広く市民の受発信する情報通信を盗聴している事実を暴露している．

## 3.3 知的財産法の体系

### 3.3.1 個別法の集積から体系化へ

財産は現金，預貯金や有価証券のほか，身の回りに存在する‘動産’と土地建物といった‘不動産’，そして本書が対象としている‘知的財産’などに分かたれる．知的財産に関する法については，従来，特許法や著作権法など個別の法律が特許権や著作権など対象とする特定の知的財産権を規律してきたが，2002年に知的財産基本法（平成14年12月4日法律第122号）が制定され，後追い的に知的財産制度全体が体系的に整序されることになった．この時点でにわかに知的財産制度全体が見直された理由については，同法1条の目的規定に明らかにされている．21世紀に突入し，「内外の社会経済情勢の変化に伴い，我が国産業の国際競争力の強化を図ることの必要性が増大」しており，国内優良企業が続々海外に流出し，国内産業が空洞化してゆくなかで，「新たな知的財産の創造及びその効果的な活用による付加価値の創出を基軸とする活力ある経済社会を実現する」必要が強く意識されたのである．

### 3.3.2 知的財産の種類

知的財産基本法2条の定めに従って，知的財産法の全体像を解説する（後掲図3.1を参照）．「知的財産」と総称される財産の内訳としては，「発明，考案，植物の新品種，意匠，著作物その他の人間の創造的活動により生み出されるもの」のほか，「商標，商号その他事業活動に用いられる商品または役務を表示するもの，および営業秘密その他の事業活動に有用な技術上または営業上の情報」があげられている（1項）．‘モノ’，すなわち具体的な一定の空間を占める有体物については，それを排他的，独占的に所有する者に対して，自由に利用・収益・処分をすることが認められるが，知的財産制度においてはその‘モノ’の所有に対するアナロジーがこれら種々の知的財産についても法的に成立するものと擬制される．所有権の対象は原則的に同じものが2つとこの世に存在しない，かけがえのない経済的価値をもち得る物理的存在を前提としているので，実態にもかなうが，ここで取り上げる‘知的財産’の実質はアイデアや表現，標識などで，単なる‘情報’（モノから独立した情報，モノに化体された情報）にすぎないので，ほんとうは自然の状態では空気のように流通し，みんなが共有して利用することが可能である．にもかかわらず，法制度的に‘自然の摂理’にそむいてまで経済的価値を帯びた物理的存在であるかのように造型する理由は，一定の研究開発投資等を余儀なくされ，調査研究，実験を繰り返し，多大の時間とエネルギーを費消した末にようやく当該知的財産を産出した発明者や創造者などに対して，その経済的，精神的労苦に報いるということと，一定の富を与え，さらにその能力の発揮を誘導し，高度で素晴らしい新たな‘知的財産’の創出に仕向けようとインセンティブを与えるところにある．また，市場において一定のシェアを獲得するために，消費者に対して，周知のあるいは著名な表示や標識として認識してもらうには，小さくない宣伝広告費を投入しなければならない．このような知的財産を法的に保護するには，優れた価値ある創造物・創作物を構成する情報，周知のあるいは著名な表示，標識を特定の悪意の第三者が利用・盗用することによる，市場における公正な競争にそむき，いわれのない不労所得を得るただ乗り，フリーライドする行為を取り締まらざるを得ない．

発明に対しては特許法に定められた‘特許権’，小発明とでも呼ぶべき考案に対しては実用新案法に定められた実用新案権，植物新品種に対しては種苗法に規定される‘育成者権’，工業デザインについては意匠法の定める‘意匠権’，著作物に対しては著作権法が定める‘著作権’，（登録）商標に対しては商標法が定める‘商標権’（2 項）というように，その創造・創作に携わった者に自らの独創的創造・創作物を構成する情報の利用に関して独占的排他的な権利が賦与され，許諾なくその創造・創作物を構成する情報を利用した第三者に対して民事訴訟によって損害賠償や差止めを求めることができ，悪質な無許諾利用については刑事罰が課され得る仕組みになっている．2014 年には地理的表示法（特定農林水産物等の名称の保護に関する法律）が制定され，関係地域の生産業者の利益の保護を図り，登録された特定農林水産物等に付された地理的表示に関する権利が認められた．

そのほかにも，著作権法は，著作権以外に，優れた著作物を社会に広く伝達・流布させる人や企業（実演家，レコード製作者，放送事業者，有線放送事業者）に対して，‘著作隣接権’と総称される知的財産権を認めているし，企業の名称である商号については‘商号権’が認められており，この権利は商法，会社法および商業登記法と不正競争防止法によって保護されている．不正競争防止法は，商号のほか，広く社会に周知され，それを見た人たちがなかば反射的に高い評価をし，信頼を寄せ，購買行動等を誘発しうる契機となる著名表示等やインターネットで利用される良く知られたドメインネームを当事者以外の者が利用することを禁じている．また，同法は，特定の企業が長年にわたる企業活動を通じて内部に蓄積してきた商品やサービスの生産や営業にかかわる情報で，同一業種に属する企業との競争上の優位をもたらす‘営業秘密’（トレードシークレット）をも法的に保護している．ちなみに，不正競争防止法以外の知的財産を保護する法律が認めている創造者・創作者に対する権利が，物の支配に基礎付けられた所有権をなぞった‘物権的構成’をとるのに比較すると，不正競争防止法は同法が禁じた行為をする者を対象として‘債権的な構成’を採用している．

これ以外にも，半導体集積回路の回路配置に関する法律は，半導体集積回路における回路素子およびこれらを接続する導線の配置，すなわち創作的な‘回路配置’を創作した者以外の当該回路配置の利用を禁止している．創作的回路配置を登録した者に，知的財産の 1 つ，‘回路配置利用権’を与えている．

## 3.4　知的財産制度と所管官庁

一般に特定の制度を定めた法律があれば，その法律を運用する特定の行政機関が存在し，関係事務を担当する部署がおかれ，職員が配置され，事務事業の遂行に必要な公的資金が配分される．知的財産制度の運用に関しても同様である．特許法，実用新案法，意匠法，商標法は，経

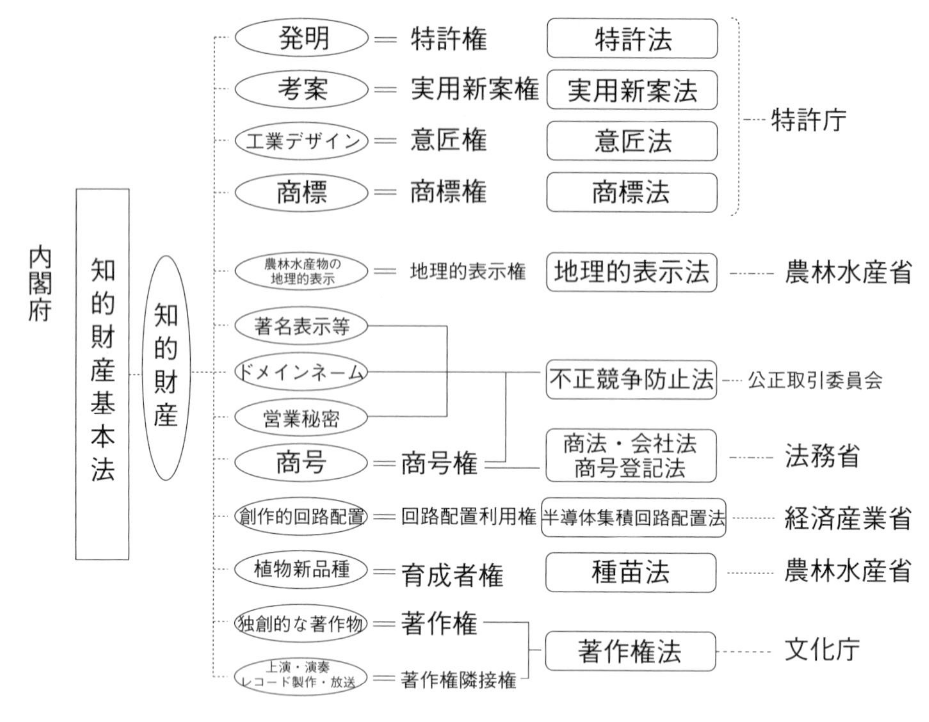


図 3.1 知的財産法の構成.

済産業省の外局[3]である特許庁が所管しており，特許権，実用新案権，意匠権，商標権の出願を受け付け，審査，登録にあたっている．従来，これら特許権，実用新案権，意匠権，商標権を‘工業所有権’と呼んできたが，最近では‘産業財産権’と呼ぶことが少なくない．半導体集積回路の回路配置に関する法律は，経済産業省が所管する．

不正競争防止法は，内閣府の外局である公正取引委員会が運用にあたっており，不正競争防止法と並んで，商号権を定める商法，会社法，商業登記法は法務省の所管に属する．種苗法，地理的表示法は農林水産省で，著作権法は文部科学省の外局である文化庁が運用している．

これら関係各省庁に権限分配された各種知的財産に関する制度の全体を，知的財産基本法に基づき，国家的見地より包括的に調整・運営するのは，内閣に置かれ，総理大臣を本部長とする知的財産戦略本部である（図 3.1）．

## 3.5 知的財産権の内容

### 3.5.1 人間存在と知的財産権

現実に物理的に存在するモノを対象とする所有権，占有権などとは異なり，知的財産権の場合は，実体は情報，アイデア，イメージで，一定の経済社会の合理性に基づき，排他的独占，所有が理念的に擬制，制度化され，文化的社会的合意によってその制度が維持されている．した

[3] ‘外局’というのは，内部部局と異なり，組織図的には特定の府省のもとにおかれるが，独自の事務事業をもち一定程度独立性を享受するとされる行政組織のことをいう．

がって，ステークホルダーのせめぎあいのなかで，新たな一定のコンセンサスを得ることができれば，その権利の存否と内容はいかようにも変えられるもののはずである．知的財産制度は属地主義にのっとり，それぞれの国が固有の事情に応じてそこにふさわしい制度を構築できることになっているが，基本的な枠組みは国際標準であるパリ条約やベルヌ条約，さらにはWTO設置条約等が規律しており，現実には一国の思いによってどのようにでも変えられるというものではない．

‘知的財産’となりうるのは，特定個人によって意図的，人為的に創作されたもの，人工物である．人が関与したものであっても，何の意図することなく無意識のうちに偶然できてしまったもの，人の関与なく自然発生的にうまれでたものは，‘知的財産’とは認識されず，知的財産制度による法的保護の対象とはならない．もっとも，知的創造に用いる方法，手段，道具，装置，施設設備は科学技術の進歩により高度化し，それを操作する特定個人の生来的能力からはかけ離れた素晴らしい知的創作物が生産されたときには，その個人はその得られた結果を当初より一定の範囲で予想していたわけで，それは操作した個人の知的財産となる．

### 3.5.2 知的財産権の本質と制度化

知的財産権の本質は，自らの知的営為の積み重ねのうえに成功的に生み出された創作的，創造的な性質をもつ無体の情報，アイデア，イメージ，表現物について，その知的創造者ないしは関係当事者に対して，① 法が定める一定期間，② 独占的に利用させる法的権利（独占的利用権）を与え，③ 本人もしくは代理人の許諾なく他の第三者がその知的創作物を模倣，利用することを禁止，もしくは所定の対価支払いを求めることができる法的権利（利用許諾・対価請求権）を与えるところにある．① の一定期間については，それぞれの知的財産権の種類に応じて，個々に定められている権利の存続期間が経過すれば，独占が廃止され，無償公開の情報共有が実現される（次頁表 3.1）．② の独占的利用権の付与については，著作権，著作隣接権と営業秘密等をのぞき，所管行政庁に関与させ，一定の基準をあてはめ，それぞれの知的財産権の種類に応じた独創性等について審査を加え，明確な範囲をもった権利の発生を認める．このとき異なった社会経済的文脈のもとに相互に依拠するところがない開発・作成過程をたどったものであっても，一般に，同一の内容をもつ知的財産権については，先使用権は認めつつも，一番初めに所管官庁に出願した者に単一の権利が成立するという‘先願主義’がとられる．著作権のみが，同一・類似の表現物であっても，異なった環境の下で相互に依拠せず，‘偶然一致’の結果をみた場合には，相互に独立した複数の権利の主張が認められる．特許権等については，従来，実質的に発明等をするのは自然人にほかならず，その集合体である組織団体，法人は研究開発環境を整備提供する虚構の存在であるから，特許権等の権利者はもともと従業員等を含む自然人としてきたが，2015年の特許法の改正により，職務発明に関して特許を受ける権利を原始的に使用者に帰属させることを可能とした．著作権に関しては，職務上の創作的著作物については当該法人等そのものがこしらえた職務著作として，その法人等自体が著作者の法的位置づけを得るものとされ，著作（財産）権にとどまらず，著作者人格権までも享受できるものとされている．③ の利用許諾・対価報酬権については，創作者以外の他の第三者が業として当該知的財産を利用しようとしたが，創作者の拒絶にあい，社会経済的に有効な利用が妨げられ

表 3.1 知的財産権の存続期間.

| 知的財産権の種類 | 権利の存続期間 |
|---|---|
| 特許権 | 出願から 20 年（農薬・医薬品は 5 年の延長可能） |
| 実用新案権 | 出願後 10 年 |
| 意匠権 | 設定登録から 20 年 |
| 商標権 | 設定登録から 10 年，更新可能 |
| 回路配置利用権 | 設定登録から 10 年 |
| 育成者権 | 品種登録から 25 年，樹木等は 30 年 |
| 著作権 | 自然人は死後 50 年，職務著作は公表後 50 年，映画の著作物は公表後 70 年 |
| 著作隣接権 | 公表後 50 年 |

る場合には強制許諾の仕組みが定められている.

### 3.5.3 知的財産権の存続期間と社会的環境変化に伴う権利の生成変動

表3.1に示すように，一般に知的財産権の独占は一定期間に限定されなければならない[4]．その趣旨には，公正な競争が展開されなければならない市場においては，知的創造物に対する独占的権利といえども，研究開発，制作に要した投下資本の回収と一定の利潤の保障を越えてまで法的保護を続け，権利者に利益を享受させることは，不当な利益保障に転化するとの考えがある．私的独占の禁止および公正取引の確保に関する法律（独占禁止法）（昭和 22 年 4 月 14 日法律第 54 号）21 条は，独占禁止法が「著作権法，特許法，実用新案法，意匠法又は商標法による権利の行使と認められる行為にはこれを適用しない」と定めており，公正取引委員会は「知的財産の利用に関する独占禁止法上の指針」（平成 19 年 9 月 28 日，平成 28 年 1 月 21 日最終改正）を作成，運用しているが，その独占認容の合理的範囲は十分に意識されなければならない．既存の知的財産権の過大な法的保護は革新的な知的創造物の出現を阻害する結果を招き，産業構造の新陳代謝と高度化にとって決して望ましいものではない．

また，旺盛で活発な活動を続ける歴史的経済社会は，本章で取り上げた種々の具体的な知的財産権を産み出し，国際的な条約に基礎づけられながら，次第に精緻で複雑な制度をつくりあげてきた．既存の各種の知的財産権の制度内容は，科学技術の発展，政治経済の動向をうけ，変動を余儀ないものとされ，しかもその変化は継続拡大している．実用新案権や回路配置利用権のように法定された知的財産権でありながら利用されないものがある一方で，技術革新，ビジネスモデルの盛衰は，新しい知的財産を産み出し続けており，法と裁判の承認を得なくても，事実上の知的財産として取引されているものもある．書体，文字のデザインである‘タイプフェイス’については，裁判所は美術の著作物と同視し得るような美的創作性が感得できない限り，知的財産（著作権）にはあたらないとした[5]が，ソフトウェアとしては商品として取引されているし，気象や海象等に関する大容量データはデータベースの著作物とは認められないが，経済的価値をもつものとして関係者の間で取引されている．法と裁判所が知的財産権として認め

[4] 商標権については，存続期間は 10 年としつつ，更新を繰り返すことができる．もっとも，継続して 3 年以上使用されない商標権は取消の審判に服し，更新できない．

[5] 最一小判 平成 12.9.7（判時 1730 号 123 頁，判時 1046 号 101 頁）裁判所ウェブサイト掲載判例.

ていなくても，現実の世界では事実上の知的財産として取り扱われるものはますます増加するように思われる．

## 演習問題

**設問 1**　わたしたちが大学において教育を受け，研究活動に従事していることが，憲法の基本的人権とどのようにかかわっているのか，また演習や実験を通じて産み出す知的創造物の具体例を指摘し，どのような種類の知的財産権に該当する余地があるのか検討しなさい．

**設問 2**　インターネット上で音楽配信サイトから楽曲を，電子書籍販売サイトから電子書籍をダウンロードする場合と，レコード店で CD を，書店で本や雑誌を購入する場合とでは，法的にどのような相違があるか考えなさい．

**設問 3**　以下にあげた知的財産権について，その権利の内容を簡潔に説明するとともに，その法的権利の発生に関与している行政機関があればその名称をあげなさい．

① 特許権　② 商標権　③ 育成者権　④ 著作権

**設問 4**　知的財産制度は，基本的にデッドコピー，模倣，複製の生産・流通を禁止することを中核としている．知的財産権の種類によって求められる独創性の程度は異なるが，独創性のある知的創作物をこしらえた人にその利用の諾否の権利を与え，許諾と引き換えに経済的利益の獲得を認めている理由について考えなさい．その考え方が通用する範囲についても言及しなさい．

**設問 5**　なぜ知的財産権の多くは，それぞれ定められた期間しか法的保護が与えられないとされているか．その理由を考えなさい．

# 第4章
# 産業構造の高度化を支える知的財産権

□ 学習のポイント

'知的財産権' という概念には, 'industrial property rights' と呼ばれる部分, 側面がある. 従来は, '工業所有権' と訳され, 現在では '産業財産権' などという訳語があてられる場合もある. 本章では, 産業財産権のうち, いわゆる消費者に向けて大きな効果を発揮する 'ブランド' の中心的部分を構成する商標権をのぞき, 産業振興, 産業構造の高度化に直接関係する特許権, 実用新案権, 意匠権, 回路配置利用権, 育成者権, および営業秘密について解説する.

- 特許発明の種類や特許要件, そして特許権取得手続きについて学び, 特許が企業活動にどのように活用されているかを理解する.
- 特許権との比較を通じ, 実用新案権の概念を理解し, 近年, 実用新案権が利用されていない事実を知る.
- 意匠法上の意匠の概念を理解するとともに, 意匠審査手続きについて一定のイメージを得る.
- 半導体チップ保護法の制定の経緯とこの制度が利用されていないことを理解する.
- 農林水産植物の新品種の育成の過程とそこに認められる育成者権の特質, および工業分野の知的財産権との相違について理解する.
- 営業秘密成立の要件と現代の熾烈な市場競争における営業秘密の意義, 法的保護のあり方について理解する.

□ キーワード

産業構造の高度化, 特許権, 実用新案権, 意匠権, 回路配置利用権, 育成者権, 営業秘密

## 4.1 知的財産権と産業構造の高度化

現代社会では, 市民生活を一層便利なものとし, さらに充実したものとする商品やサービスを提供するとともに, そのような高度な商品, サービスをつくりだす新しい装置や仕掛けを創出することにより, 産業経済を活性化することが期待される. それぞれの企業および大学などの研究機関とそこに働く研究者, 技術者等の創意と努力によって産み出された知的資源が国内外の企業間競争の優勝劣敗の決定要因となる場合も少なくない. 知的財産法を構成する諸法律のなかには, そのような市場競争上で正当に生み出された優越的地位の確保を保障し, 将来に向けての研究開発活動を促進誘導するものがある. これらの法律は, 産業発達促進機能をもつ

ものと競業秩序維持機能をもつものに大別される．

高付加価値を帯びた商品，サービスの創出を支援する産業発達促進機能をもつ法律としては，特許法，実用新案法，意匠法，さらには半導体集積回路配置法や種苗法があげられる．商法，会社法は個別企業の名称を保護する商号権を定め，消費者に信頼感を抱かせる特定の登録された標識を法的に保護する商標法はフェアな市場競争の土俵を確保する競業秩序維持機能を果たし，不正競争防止法もまたその法律題名にも明らかなように競業秩序維持機能の発揮が期待されている．本章では，主として，前者の産業発達促進機能をもつ法制度を中心に見てゆくことにする．

## 4.2 特許法と特許権

特許法（昭和 34 年 4 月 13 日法律第 121 号）は，その目的規定である 1 条に定められている通り，多数の優れた‘発明を奨励’し，‘発明の保護とその積極的利用’を促進することによって，国内にとどまらず世界に進出する‘産業の発達’を実現するために存在する．この特許法が対象とする‘発明’は，「自然法則を利用した技術的思想の創作のうち高度のもの」（2 条 1 項）と定義されている．特許発明は，① コンピュータプログラム等を含む，従来知られていなかった物質や装置などの‘物の発明’，② 従来知られていなかったプロセス（工程の順序），測定方法などの‘方法の発明’，そして ③ 特定の物質を生産するにあたって従来知られていなかった合成方法や触媒の利用などの‘物を生産する方法の発明’の 3 種に分類される．

### 4.2.1 特許要件

法的に保護される発明には，① 新規性，② 進歩性，③ 産業的利用可能性が備わっていなければならない．‘新規性’というのは，その技術知識が国内外においてすでに公然と知られることなく，また公然とその技術が用いられておらず，そこに未知の技術性が存在することをいう．もっとも，刊行物や特許庁長官が指定する学会で予稿集に掲載し，発表した場合や，発明者の意に反して当該発明に関する情報が流出した場合には，6 ヵ月以内に特許出願すれば救済される（30 条）．‘進歩性’というのは，同一業種のライバル企業に勤める研究者など，その分野の技術に習熟しているものであれば容易に思いつくようなものではなく，一定の独創性が認められることをいう．また，‘産業上利用することができる発明’（29 条 1 項柱書）でなければならないが，ここでいう‘産業’とは鉱工業に限らず，農林業や漁業，酪農業もふくまれ，サービス業を舞台とするビジネスモデル特許も認められる．医薬品や医療設備・機器等は特許発明とされ，法的に保護されるが，医療現場で直接患者に施される手術手法や診断方法などは人道的な配慮もあって，特許発明の成立が認められない．そして，公序良俗に反する発明や公衆衛生上害悪を招来する発明には，特許権は与えられない（32 条）．

### 4.2.2 特許を受ける権利と特許の実施

発明は特定個人あるいは複数の個人の共同作業から生まれる．その発明が新規性，進歩性，産業上の利用可能性を備え，所定の手続きをふめば特許権が認められそうな場合，そこに法的に保護される単独もしくは共有の‘特許を受ける権利’(33条)が成立する．この特許を受ける権利も知的財産権であって，有償無償を問わず，譲渡・移転・相続することができる．現代社会においては，多くの発明は企業活動の中で産まれる．

従来は，企業活動等に関連して行われる職務発明については，特許を受ける権利は現実に発明をした自然人である従業員に認められてきた．ところが，当該企業の営業に多大な貢献を果たす‘青色発光ダイオード’のような素晴らしい発明をめぐって，当該従業員に企業が支払わなければならない‘相当な対価’に関する争いが頻発するようになった．この国の産業界はこの制度を円満な企業活動にとって不都合と認識するようになり，政府に強く法改正を働きかけた．その結果，2015(平成27)年に特許法が改正され(翌16年4月実施)，職務発明に関しては，特許を受ける権利につき，従来通り原始的に従業員に帰属するか，職務発明規程を改め原始的に使用者帰属とするかの選択が可能とされた．また，使用者(企業等)は，その発明を行った従業員の貢献に報いるに際して，金銭的な‘相当の対価’ではなく，‘相当の利益’を与えるものとされた．この‘相当の利益’は金銭に限られず，昇給や待遇の改善といった人事考課や，ストックオプションの提供，海外等への留学なども含みうる．また，‘相当の利益’を金銭給付で行う場合，あらかじめ上限額を定めておくこともできる．企業がこのような特許を受ける権利の原始使用者帰属を採用しようとする場合には，「特許法第35条第6項に基づく発明を奨励するための相当の金銭その他の経済上の利益について定める場合に考慮すべき使用者等と従業者等との間で行われる協議の状況等に関する指針」(平成28年4月22日経済産業省告示131号)に従い，使用者は従業員との間で協議を行わなければならず，整えられた職務発明規程は従業員に容易にアクセスできるものとしなければならない．

当該企業等が，2015年特許法改正で新設された35条3項を活用し，従業員が行った職務発明につき原始的に使用者帰属とする職務発明規程を整備しない場合には，従前通りの取扱いとなる．特許を受ける権利は従業員に帰属し，使用者企業にはその職務発明に対して通常実施権が発生するにすぎない．当該企業等は事後的に特許を受ける権利あるいは特許権の譲渡を得ようとすれば，その職務発明を行った従業員と交渉し，従業員に認められる‘相当の利益’を提供し，個別に契約を結ばなければならない．

### 4.2.3 特許権取得手続き

次頁の図4.1を参照しつつ，特許権取得手続を解説する．発明の秘密性，先行技術の有無をチェックしたうえで，特許を受ける権利を保有し，特許権を取得しようとする者は，特許庁に対して，特許出願をすることになる．特許出願には，① 特許出願人と発明者の名称・氏名，住所を記した‘願書’，② 発明の名称と詳細な内容説明と添付図面の簡単な説明を付した‘明細書’，③ 当該発明の技術的範囲を画定するために箇条書きされた請求項ごとの簡潔な記載を記した‘特許請求の範囲’(クレーム claim)，④ 必要な図面，⑤ 当該発明の概要を記した要約書を整え，特許庁に提出する．

提出された発明は，① ～⑤ の出願書類に形式的な不備がないかどうかの方式審査を経て，出願日から1年6ヵ月経過後に「特許公報」に掲載し公開される．出願から3年以内に特許出願についての出願審査の請求が行われ，審査官の(実体)審査に付される(出願から3年経過し

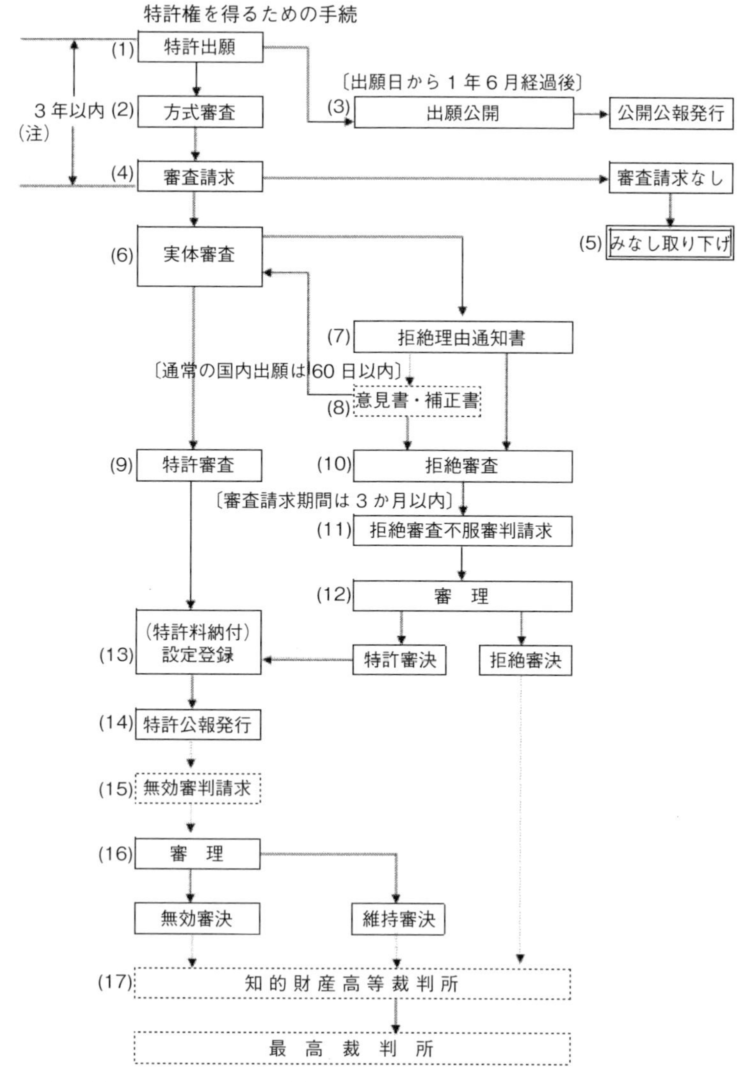


http://www5b.biglobe.ne.jp/~ip-mind/I.P.councel-deta/JPO-18/JPO-18-B005.files/tokkyo1.htm

図 **4.1** 特許権を取得するための手続き．

ても出願審査の請求がなければ，取り下げたものとみなされる)．審査請求料を支払い出願審査を請求できる者は特許出願者に限られず，競業関係にある者等にも開かれている．特許制度においては，著作権制度のように偶然一致により別個の社会的文脈で産み出された同一ないしは酷似の著作物にはそれぞれ別個の権利の成立が認められるという制度論理をとらない．同一の発明には 1 つの特許権しか認めず，先願主義により，先行して特許出願をしたものに独占排他的な特許権を認める．そうすると，同一分野の開発競争においてたまたま別個の文脈で同一の発明を成し遂げ，特許出願することなくその発明を用いてすでに生産・販売を行っている場合があり得る．そのような場合，特許庁長官は正当に開発経費を負担し競業している者に対する優先審査を指示し，審査官に当該発明について先使用権を認める通常実施権を肯認することができる．

審査官の行う実体審査によって，上に述べた特許の要件が備わっていれば特許査定がなされ，特許料の納付を経て，特許権の設定登録が行われる．特許要件が備わっていなければ，拒絶査定がなされる．特許庁によって行われる特許権の付与は行政処分であり，不利益処分である拒絶査定については理由付記が求められ，拒絶理由通知書が出願人に送付される．出願人は審査官に再考を求める意見書，補正書を提出することができる．

出願人が拒絶査定に対して不服のある場合には，拒絶理由通知書を受け取ってから 3 ヵ月以内に拒絶査定不服審判の請求をすることができる．不服審判は，3 名または 5 名の合議体で行われる．不服申立を認容する特許審決が出され，3 年分の特許料が納付されれば，特許権設定登録がなされ，法的権利が発効する．一方，審判により判断が覆ることがなければ，拒絶審決となる．この場合，さらに争うとすれば，拒絶審決の文書を受けて 30 日以内に東京高等裁判所に特別の支部としておかれた知的財産高等裁判所に提訴することになる．不服申立前置とされ，不服審判を経なければ裁判に訴えることができない．また，地方裁判所を経由することなく，審級が省略され高等裁判所に係属するのは，不服審判が特許庁という行政組織内部の行政不服申立手続きであるにもかかわらず，専門技術性が評価され実質的証拠法則が働き，事実認定に法的拘束力を認めているからにほかならない．

特許庁によっていったん認められ，特許権が付与された特許発明であっても，後に問題があることが判明する場合がある．特許権の範囲の見直しなどで済む場合には訂正審判という手続きが用意されており，いったん認められた特許発明が後に特許権の要件を満たしておらず，権利者とされたものに不当な利益をもたらし，産業の発達を阻害するような場合には，無効審判が用意されている．無効審決が出されると出願にさかのぼって特許権はなかったものとされる．

### 4.2.4 医薬・農薬の開発と特許権

特許権は設定登録により法的効力が発生するが，その存続期間は出願の日から 20 年とされる．新たな医薬品や農薬の発明には，ねらいとした薬効をもつ製品ができあがるかどうかの企業リスクが大きい．新薬開発には多大の経費と時間を要し，安全確保のための薬事審査等も厳しいことなどから，医薬・農薬については特許権の存続期間の 5 年以内の延長手続が法定されており，最長で出願から 25 年の存続期間が認められる．医薬品の発明については，特許法の保護とは別に，「医薬品，医療機器等の品質，有効性及び安全性の確保等に関する法律」（旧・薬事法）が「新医薬品等の再審査」（14 条の 4）の制度によって，医薬品の種類によってデータ保護の期間は厚生労働省への当該医薬品の市販承認申請を起点として 4 年から 10 年と異なるが，その一定の期間，特許発明である先発薬の臨床試験データが法的に保護される．そのことにより，ジェネリック薬（後発薬）開発企業は独自に臨床試験データを作成しなければならず，膨大な作業とコストの負担を強いられ，特許権を認められた先発薬開発企業の市場独占が確保できる．つまり医薬品の特許権の存続期間が満了しても，データ保護の期間がいまだ有効な場合には，市場におけるその医薬品の独占的な製造販売が一定の間享受しうるわけである．もっとも，安価なジェネリック薬の登場，普及を阻むわけであるから，発展途上国や貧しい人たちにとっては，救える命や健康が損なわれることを放置する結果にはなる（後述するが，国際条約でグローバルな市場をもつ製薬企業の利益を守るか，あるいは公共の利益を優先させ通常実施権設定の裁定制度を強行するかについてはその国政府の人間観が反映されている）.

特許法によって特許権が認められれば 20 年の存続期間が定められているが，法的権利として維持するには，毎年一定の料金を支払わなければならず，商品化されれば特許権に見合った利潤があがるはずとの考え方から料金は逓増するものとされている．しかし，現実には，特許技術の陳腐化が早く，企業規模等も関係するが，所定の料金を支払って 20 年間いっぱい特許権を維持することにメリットが見いだせない場合もあり，途中で特許権が放棄されることも少なくない．また，大学や研究開発型の中小企業には，特許料などの減免措置がある．

### 4.2.5 特許権の国際出願制度

知的財産権は一般に属地主義がとられ，その国内だけで法的権利としての効力を認められる．したがって，特定の特許発明についての特許権を外国においても主張したい場合には，その外国においても個別に出願をし，特許審査を受けなければならない．たえず国境を越えて高度な技術を化体した商品が流通し，技術移転が進められている現在，煩瑣な特許手続きを関係者に強いるのは国際的な産業政策としても望ましいことではない．2016（平成 28）年 12 月現在，特許協力条約 (PCT：Patent Cooperation Treaty) に加盟している日本を含む 151 ヵ国の間では，特定の加盟国でこの条約に基づき出願願書を提出すれば，すべての加盟国において同時に出願したとの法的効果が与えられる．それぞれの国において個別に特許権が付与されるかどうかについては，その後に継続される当該国の国内手続きにより決することになるが，膨大な特許事務と煩瑣な手続きの一定部分はこの PCT 国際出願制度により軽減される．

### 4.2.6 特許権と企業活動

特許技術は，市場においてライバル企業と張り合い有利に企業活動を展開するうえでの必須不可欠の要素であるが，ばらばらに特許権を保有するのではなく，特定の商品の生産や同種分野の相互に関係し合う特許発明を一群のもの，‘特許ポートフォリオ’として複合的に権利化し，同一市場への新規参入を防御したり，ライバル企業とクロスライセンスすることにより，市場シェアの安定化を図ることが多い．また，複数の企業が相互に関連する特許発明を持ち寄り，簡便な手続と比較的安価なコストでクロスライセンス契約を締結できるようにする‘パテントプール’が形成されることがある．一方，第三者の発明にかかる特許権を自らの商品の製造・販売に活かそうとせず，当該特許発明に抵触する技術を利用している企業に対して特許権侵害訴訟をしかけると脅したり，実際に特許権侵害訴訟を提起し損害賠償を得ることを目的としたり，特定の特許権を安く購入し，これを高価な価格で転売したり，使用許諾を与えて法外な利潤を得ようとする‘パテントトロール’の存在が問題とされることも少なくない．

特許発明はその技術が適切に利用され，活発な産業活動につながり，わたしたちの生活に役立ってこそ意味がある．特許発明にかかる高度な技術を死蔵することは望ましくないし，同様の効果を実現する技術を開発するために重複投資を強いられる社会的損失も避けたほうが良い．特許制度には，特許権者の意向にかかわらず，その特許発明を実施することができる仕組み，裁定通常実施権が用意されている．1 つは，特許出願の日から 4 年を経過しながら継続して 3 年以上日本国内においてその特許発明が実施されておらず，権利者に通常実施権の許諾の協議を求めたにもかかわらずその協議がまとまらない場合，特許庁長官に対して裁定を請求することができる．また，特許権は認められたもののその特許発明を実施しようとしたとき，すでに権利として成立している特許権や実用新案権，意匠権などに抵触する場合，これら既存の権利の保有者の許諾が必要となるが，その許諾が得られなければ特許庁長官の裁定を求めることができる．いま 1 つは，不治の病に対する特効薬のように当該特許発明を化体した商品を一定量市場におき，社会公共のために適切な価格で頒布する必要がある場合を想定すればよい．このような例外的ケースでは，高度な公益実現のために必要な特許発明を実施しようとするものは誰でも，特許庁長官の上級行政庁である経済産業大臣に裁定を申し出ることができるとされている．

## 4.3 実用新案法と実用新案権

実用新案法（昭和 34 年 4 月 13 日法律第 123 号）は，‘考案’の法的保護を定めている．考案とは，自然法則を利用した技術的思想の創作で，実用新案権が認められるには，特許発明同様，新規性・進歩性が求められるが，特許法によって保護される特許発明ほどの高度な技術性は要求されず，いわば‘小発明’とでもいうべきものが対象とされている（産業の発展に資するアイデア保護ということでは，特許制度と共通し，特許法の規定の多くが実用新案法では準用されている）．しかし，特許発明とは異なり，物質そのものやコンピュータプログラムはのぞかれ，創意工夫の見られる「物品の形状，構造または（物品の）組合せ」で，第三者が実施できる程度に具体化された‘モノ’に限られており，‘方法’は対象とされない．先願主義がとられ，公序良俗に反する考案が保護されないことは，特許権と同じである．

いわゆる小発明を保護する実用新案権は，所定の関係書類（願書，明細書，実用新案登録請求の範囲，図面または要約書）を特許庁に提出すれば，簡易な手続きで権利が成立する．提出書類が形式的な要件を満たせば実体審査は行われず，特許庁に出願してから 4 ヵ月程度で所定の料金が支払われれば実用新案権の設定登録がなされ，逓増する毎年の料金支払いを怠らなければ出願から 10 年間その考案を独占的に利用できる．権利が容易に認められ，存続期間が短いところから，ライフサイクルの短い商品に向いているとされる．

通常実施権，専用実施権の区別があり，裁定実施権の規定なども，特許法と同様おかれている．しかし，実用新案権侵害を争うときには，実体審査を経ずに実用新案権の設定登録が行われていることから，真に実用新案権が備えるべき新規性・進歩性が備わっているかどうかが確認されなければならず，権利侵害者に対する警告には実用新案技術評価書の提示が必要である．実用新案技術評価書の作成は，所定の手数料を支払い，特許庁長官に求める．しかし，この特許庁長官の作成する実用新案技術評価書で新規性・進歩性などの点で無効の可能性があるとされれば，実用新案権が行使できないだけでなく，逆に相手方に生じたとされる損害の賠償を請求されるおそれがあり，法的権利としての不安定性が問題となる．

2015 年の特許出願件数が 32 万件であるのに対して，実用新案権については，2015 年の出願は 6,860 件，そのうち登録されたものが 6,695 件，技術評価書請求は 451 件にとどまり，近年，あまり利用される状況にはない．

## 4.4 意匠法と意匠権

### 4.4.1 意匠法上の意匠

和英辞典で‘意匠’と引くと‘design’,‘意匠権’は‘design right’とされている.「岩波国語辞典第7版」で‘デザイン’を引くと‘設計,図案,意匠’とある.日本の社会の一般的な言語感覚でゆけば,‘意匠＝デザイン’となるように思われる.ところが,知的財産権の1つである‘意匠権’を定める意匠法（昭和34年4月13日法律第125号）では,‘意匠’を物品もしくはその一部分の‘形状,模様もしくは色彩またはこれらが結合’したものでひとの‘視覚を通じて美感を起こさせるもの’（2条1項）と定義されている.また,そこで定義された‘意匠’には,その物品に本来期待されている機能を発揮させるために行う操作を促すように,その物品自体またはその物品と一体として利用される物品に付されている‘画像’が含まれる（2条2項）.この定義からもわかるように,意匠法上の‘意匠’は物理的有体物である特定の‘物品’と離れては存在しえず,当該物品の外観に表現されたものであり,抽象的なデザインとは観念されていない.しかも,無機的な形象を超え,特定個人を離れた一般的な‘視覚的美感’を備えるものでなくてはならない.物品に備わる美感を伴わない技術的形状は実用新案法の対象にはなり得るが,意匠法の対象ではない.

ここで‘物品’という意匠法上の概念について言及しておきたい.意匠法施行規則7条をうけた別表第一に物品の区分が定められている.別表第一は,‘一　製造食品および嗜好品’という製品・商品の大分類のもとに‘製造食品’という小分類がなされ,その小分類のなかに‘物品の区分’が施され,‘ソーセージ’からはじまり,‘六十五　その他の基礎製品’という大分類のもとに‘配管用管’という小分類があり,‘配管用支持金具’という物品の区分で終わっている.このように‘物品’は,具体的に一定の商品・製品（群）が想定されている.

### 4.4.2 意匠審査

現在,意匠審査実務においては,「日本意匠分類表」（平成19年4月1日施行版）が用いられている.たとえば,‘H6—6 電子計算機用中央処理機’のように記載されている.グループ（物品分野）（H…電気電子機械器具及び通信機械器具）,大分類（物品群）（6…電子情報処理・記憶機械器具）,小分類（物品（もしくは物品群））（6…電子計算機用中央処理機）のように構成されている.小分類は5桁まで付すことができ,その分類の展開は0から9のアラビア数字を用いる十進分類法によって行われている.物品もしくは物品群を表す小分類の下位に,当該意匠に画像を含む画像意匠分類が展開される（アルファベット1桁‘W’で表される）.

別表第一および意匠分類表を紹介したところでもわかるように,これらは工業製品であり,登録意匠として認められるものは工業上利用できる新規な工業的意匠である（3条1項）.

ちなみに,特定の用途のために同時に使用する2個以上の物品,たとえばキャンプ用鍋セット,応接家具セットなどはそれらのセット全体の統合的な意匠について,登録意匠の出願ができる.‘組物の意匠’（8条）として認められるもので,意匠法施行規則別表第二に56の組合せが定められている.意匠法が対象とする‘物品’には,1個の完成品に限らず,部品,半製品,仕掛品(しかかりひん)が含まれる．また，物品には‘物品の部分を含む’（2条1項括弧書き）とされ，スプーンの柄やハンドバッグの留め金など，物品の一部を対象として出願することができる（部分意匠制度）．

また，意匠登録の出願は，上に述べた物品の区分に従って行わなければならないだけでなく，同一の物品においても，法的保護をうけたいとする個々の意匠ごとに出願し，審査をうけなければならない（一意匠一出願，7条）．

意匠法の目的は，特定の物品に表された新規な意匠を創作した者に対して，一定期間，意匠権という排他的独占権を付与し，それと同一，酷似，類似の意匠を施された商品，製品の生産・流通等を規制するところにあり，審美性を備えた物品を開発，商品化し，市場で消費者の購買意欲を刺激することに成功した者の経済的利益を保護するものである．フリーライダーを排除し，生産の増大と市場の拡大に貢献した意匠権者にさらなるインセンティブを与える．

‘物品’とは有体物である動産であり，夜空に浮かぶネオンサインや光線，花火がいかに美しくとも，意匠法上は物品ではない．容器に封入すれば，容器の形状に従う気体や液体も意匠法上は物品にあたらず，紙やプラスチック，フィルムなどで包装した形態も中身のありようにより変化するので，物品としての意匠法上の保護の対象にはならない．

創作された‘意匠’につき，独占的排他権を取得し，第三者に対して，業としてその意匠およびそれと類似する意匠をもつ物品の製造，使用，譲渡等，‘実施’とされる行為（2条3項）を禁止しようとする者が，特許庁に出願し，審査官の審査を受け，一定の要件が満たされたとき，‘意匠権’という法的権利が成立する．‘意匠権’を認められた意匠を‘登録意匠’と呼ぶ．その登録要件の1つが‘視覚的美感’であるが，その判断は長年の審査実務を通じ蓄積された事実上の基準を踏まえた審査官の裁量に属する．そういう意味では，特許庁という‘組織の美意識’にほかならない．審美性のない単なる技術的形状は実用新案権の対象となり得るものであり，審美性を備えた技術的形状は意匠法と実用新案法の境界領域となる．

特許庁に出願し，審査を経て，創作的な意匠との評価を得て，所定の手続きを践めば，その意匠は法的に‘登録意匠’と位置づけられ，当該意匠を創作した者は‘意匠権者’となる．意匠権者は当該意匠を自ら利用することもできるが，第三者にその意匠を施した物品を独占的に生産・流通することのできる‘専用実施権’を許諾することができる．意匠権者あるいは当該登録意匠の専用実施権者は，他の者に対して，当該登録意匠のデッドコピーもしくは酷似，類似する意匠の施された物品を生産し，流通させる等の業務行為を禁止することができる（23条）．

‘CUP NOODLE’と読める装飾文字がカップヌードルの表面に描かれているものについては，意匠権が認められない．理由は，物品に描かれた特定の文字列を意匠権の対象とすれば，特定の商品群につき商標権類似の機能を許容してしまうことになるからとされる．

最近の意匠制度の改正について付言しておく．2015（平成27）年5月以降，ハーグ協定ジュネーブ改正協定に基づき，WIPO国際事務局への1つの出願手続で，複数国（締約国）に同時に意匠出願した場合と同様の効果が得られる制度が利用できるようになった．これにより，グローバルな規模で模倣品を排除し，取り締まることが可能となった．2016年12月現在，ジュネーブ改正協定には64の国・機関が加盟している．また，2017年（平成29）年には，意匠の新規性喪失の例外規定の適用に係る運用の明確化が実施される．意匠登録を受ける権利を有する者の行為に起因して意匠を公開した場合（意匠法 4 条 2 項），意匠を公開した日から 6 月以内に「特記事項」の欄に 4 条 2 項の規定に基づく出願であることを明記して出願し，出願から 30 日以内に，「新規性の喪失の例外証明書提出書」とともに，公開意匠が当該規定の適用を受けることができる意匠であることを「証明する書面」を提出しなければならない．

## 4.5 半導体集積回路の回路配置に関する法律と回路配置利用権

### 4.5.1 マスクワーク法制定の経緯

産業用機器に限らず，市民の日常生活を支えるケータイやスマートフォン，パソコンや家庭用ゲーム機，電子レンジや炊飯器，洗濯機，テレビなどの家電製品の心臓部には LSI (Large Scale Integration)，これまでも‘産業のコメ’と呼ばれてきた半導体集積回路が用いられている．半導体集積回路は，シリコンの単結晶基盤表面に 0.15 ミクロン単位の大きさで作りこまれた何百万個のトランジスタと，それらのトランジスタを電気的に接続する金属配線から構成され，樹脂やセラミックスで完全に覆われた製品で，中のトランジスタ等の回路素子や配線の配置（マスクパターン）は目にすることはない．1970 年代の終わりから 80 年代のはじめ頃にかけて，日本の半導体メーカ各社は技術的に大きく先行していたアメリカの半導体メーカの製品を購入し，マスクパターンを解析し，それを参考にして国産半導体を生産していた．日本の国産半導体製品がアメリカの市場でアメリカ製の半導体製品と競合し，国産半導体にはアメリカ産の半導体のマスクパターンと酷似するものが少なくなかった．アメリカの連邦議会では，多大の経費の投入が必要とされるマスクワークの開発につき，その模倣排除のために著作権法の改正で対応しようとする動きがあったが，マスクパターンは著作権制度にはなじまないということで，1984 年に半導体チップ保護法 (Semiconductor Chip Protection Act) が成立した．

アメリカは日本に対しても同様の立法を制定するよう働きかけた．半導体チップ保護法は，同様の日本法を制定すればアメリカ国内においても日本の半導体メーカの創作的マスクワークがアメリカ産と同様に保護されるとの相互主義をとっていたこともあり，1985 年に半導体集積回路の回路配置に関する法律（マスクワーク法）（昭和 60 年 5 月 31 日法律第 43 号）が制定された．

この法律は，創作的な回路配置をこしらえた企業に対して，その回路配置に関して回路配置利用権という独占的利用権を与えるものである．しかし，すでに 1985 年頃には半導体の集積度が進み，製造プロセスも複雑化し，半導体製品のライフサイクルも極めて短くなり，他社の半導体製品をコピーするよりも独自創作をしたほうがはるかに低コストで，マスクワーク法は実効性をもつものではなくなっていた．現在では，回路設計は HDL (Hardware Description Language) という機能記述言語を用いて行われており，専用のプログラムによりマスクパターンに変換されている．回路配置利用権は，経済産業大臣から機関登録を受けた一般財団法人ソフトウェア情報センター (SOFTIC) に申請し，登録されることによって与えられるもので，回路配置利用権登録の申請件数は，2014（平成 26）年 4 月現在，累計で 9,177 件を数えるが，通減傾向が続き，近年は大きく減少しており，2013（平成25）年は5件にとどまる [1]．現在，マスクワーク法は廃止はされていないが，すでに無用の長物となっている．高度に進歩性，新規性等を備えている場合には特許権が成立する余地があり，マスクワークにかかわるプログラムが創作性を備えていれば著作権法による保護も受け得る余地があることは疑いをいれない．現実に，回路配置利用権侵害として法的紛争が発生したことはこれまで一度もないし，これからも考えられない [2]．

このような回路配置利用権の現実を確認したうえで，マスクワーク法の概要を一瞥することにする．

### 4.5.2 マスクワーク法の概要

この法律が法的に保護しようとするのは，独自に開発された半導体集積回路配置（マスクワーク）である．回路配置の開発は一般に個人で行われるものではなく，一定の施設設備とマンパワーを前提とすることから，企業等において職務として開発されるので，独自にマスクワークを開発した者の位置は原始的に企業等の法人が占める．創作的なマスクワークを開発した法人は，申請・登録することにより回路配置利用権を取得する．登録に際しての審査は，形式的な方式審査で，特許にみられる実質審査は行われない．また，特定の先行するマスクワークに依拠することなく，独自に開発した結果，偶然，同一・酷似・類似のマスクワークが開発された場合には，後発であっても独自に回路配置利用権が登録され，権利を享受することができる．

回路配置利用権者は，登録した回路配置を用いて半導体集積回路を業として製造し，またはその半導体集積回路を業として譲渡，貸渡，展示，輸入する排他的権利を有する．この回路配置利用権は，創作的回路配置を開発してから2年のうちに申請すればよく，登録された回路配置利用権の存続期間は登録後10年間とされる．

回路配置利用権者は，権利侵害者に対して，損害賠償請求権，差止請求権を行使することができる．もっとも，回路配置利用権を認められた半導体集積回路を通常の取引等で得た場合には，それを転売したり，部品としてあらたな商品を生産・販売する場合には，回路配置利用権は消尽したものとされ，自由に利用や処分をなすことができる．

## 4.6 種苗法と育成者権

### 4.6.1 農林水産植物の新品種の育成

種苗法（平成10年5月29日法律第83号）は，‘農林水産植物’につき，新たな‘品種’を作り出した者に対し，‘育成者権’という知的財産権を認めている．育成者権の保有者とその者から当該品種の栽培，利用を認められた者以外は，原則として種苗を用いての新品種の育成，収穫物の利用，加工品の利用・販売等が禁止されるのである．

この権利の対象となる‘農林水産植物’とは，「農産物，林産物及び水産物の生産のために栽培される種子植物，しだ類，せんたい類，多細胞の藻類」（2条1項）をいい，食卓にのぼり，わたしたちが日常口にする米や麦などの主食，野菜や果物，海藻の類のほか，庭や花壇，ベランダで育てる樹木，観葉植物などが含まれる．すなわち，米穀，青果や花卉，魚市場などの市場で取引される市民生活にとって価値ある経済的商品だけを対象としており，すべての植物を対象としているわけではない．具体的には，植物を大きく11に分類（食用作物，工芸作物，桑，野菜，果樹，飼料作物，草花類，鑑賞樹，材木，海藻，きのこ類）したうえで，さらに666区分に細分し，植物分類学上の属，種，亜種のいずれかの段階から838種類の植物を省令で指定している．科学的な植物学分類上の分類とは異なるもので，実用的な商品分類としての性質をもつ．この省令で指定された農林水産植物につき，伝統的な育種技術である交配や遺伝子組換えなどのバイオテクノロジーによって人為的に，あるいは自然の突然変異の発見利用などにより，新規性のある品種が生み出されたとき，法的な保護を受けることができる．‘品種’とは，重要な形質にかかわる特性の全部または一部によって他の植物体の集合と区別することができ，かつ，その特性の全部を保持しつつ繁殖させることができる一定の植物体の集合をいうとされる（2条2項）．植物は雄蕊と雌蕊の交わり，交配という有性生殖に限らず，挿し木や接ぎ木などにみられるように栄養体生殖，無性繁殖によっても増殖する．したがって，これまでにない形質を備えた新品種を法的に保護するとしたときには，具体的には新品種植物を繁殖させることができる当該植物体の全体とその一部である‘種苗’を対象とすることになる．種子，胞子，茎，根，苗，苗木，穂木，台木，種菌その他政令で定めるものを‘指定種苗’とし，その流通販売とその過程で大きな役割を果たす種苗業者の規律を制度の射程に含む．在来品種から新品種を識別する際の指標となる重要な形質としては，たとえば稲の場合には，草の型，玄米の大きさ，水稲，陸稲，うるちともちの別，玄米の成分など20数個の形質があげられている．

### 4.6.2 育成者権取得の手続き

品種を育成した人，またはその権利の承継人を‘育成者’と呼ぶ．育成者は農林水産大臣に願書に加えて，出願品種の植物体の特性，明確区別性，繁殖方法，育成過程，主たる用途，栽培上の留意事項等の農林水産省令所定の事項を記載した説明書のほか，明確区別性の判断できる特性を撮影した出願品種の植物体の写真を添付し，当該新品種にかかる種子・菌種を提出し，出願料を納付しなければならない．品種登録の出願審査には，通常，出願から2，3年を要し，その新品種が登録されれば，その品種の生産，加工，流通，販売に関して，一定期間の独占排他的な権利である育成者権が認められる．当該新品種について，出願の日から1年を遡った日以前に栽培を業とする第三者に譲渡されたものでなく（未譲渡性，4条2項），種苗法3条の定める明確区別性，均一性，安定性が満たされることが必要で，固有の名称を付与して（5条1項3号），登録出願する．出願した新品種に関し，審査において現地調査または独立行政法人種苗管理センター等で栽培試験が実施され，在来品種との明確区分性，均一性，安定性が確認される．均一性については，重要な形質において類似しない個体の発生率が3％以下として運用されている．品種登録の出願件数は漸増傾向にあり，稲や麦などの主食となる食用植物の新品種に関しては国の試験研究機関（独立行政法人など）や都道府県の農業試験場が出願することが多く，野菜や花卉の新品種は多くは種苗会社，食品会社，個人育種家などの出願が多い．品種登録の出願が拒絶されることはほとんどなく，品種登録が公示されてから30日以内に第1年目の登録料を納付してはじめて‘育成者権’が発効する．育成者権の存続期間は一般に25年であるが，永年性の木本植物の場合には30年である（19条2項）.

ある登録品種を親品種として，主として主要な形質の多くが当該登録品種に由来し，わずかな形質，特性を変化させて育成され別途品種登録された従属品種の違法利用（20条2項1号）や，当該登録品種を親とし別途新品種として登録された交雑品種の育成については，当該登録品種にかかる育成者権の追及をうける（20条2項2号）.

また，新品種として出願し登録された種苗を栽培し，得られた収穫物から直接生産された加工品で，政令で定められたものについては育成者権の追及が及ぶとされている．具体的には小豆につきその豆を水煮したもの（砂糖を加えたものを含む）および餡，‘いぐさ’につき‘ござ’，稲につき米飯，茶について葉または茎を製茶したものとされる（種苗法施行令2条）.

つるなしインゲン豆の品種に‘さつきみどり’や小松菜の品種に‘小松みどり’など，登録品種の名称については出願者が任意に造語するわけであるが，種苗に関しては商標登録することも可能なので，品種登録との重複登録を回避する規定がおかれている（種苗法4条1項2号・3号，商標法4条1項14号）．コシヒカリやササニシキなどは登録品種名称であるが，パールライスというのは農協の登録商標で農協が取り扱うブランド米に対して付されるものである（水晶米もブランド米の別称であるが，商標登録はされていない）．登録品種名称も登録商標もともに顧客誘引力を備えたブランド機能としては同様の働きをする.

### 4.6.3 育成者権の法的特質

品種登録を受けた育成者権を認められた者（育成者権者）は，趣味的かつ非営利的に利用される場合をのぞいて，登録品種およびこれと重要な形質にかかる特性により明確に区別されない品種を業として利用する権利を専有するものとされる．種苗法は，特許法と同様，先願主義を採用し，同一類似の品種を異なる社会経済的文脈の下で先に育成していた者には先育成を認めるが，先願者に育成者権が認められ，絶対権としての法的性質をもつ．異なる社会的文脈の下に同一類似の著作物を創作すれば，それぞれに別箇独立の権利，相対権が認められるとする著作権制度とは異なる．種苗法は，多くの点で，特許法をなぞった制度である．特許の職務発明と同じように，種苗会社の従業員研究者等が職務育成品種を育成した場合には当該企業に登録品種にかかる通常利用権が認められ，就業規則等であらかじめ専用利用権の設定を定めておくこともできる．このとき，特許権と同様，当該社員研究者は企業側（使用者）に対して相当な対価の支払いを請求できる（8条2項）.

新品種を育成するには自然的に発生した変異を固定し利用する方法と，伝統的な育種技術である交配により望ましい方向での人為的変異を促すやり方，さらには放射線照射，薬品処理，細胞融合，遺伝子組み換えなどの技術を用いる方法がある．これまでにない植物を人智によって作り出した場合，たとえば細胞融合により地中部にジャガイモを育て，地上部にトマトをたわわに実らせる‘ポマト’（1985年のつくば科学万博に出品された）のようなものを‘発明’したり，自然界に存在するバクテリアの遺伝子を人為的に改変して石油を分解する人工バクテリアを‘発明’したりするような場合には，自然の摂理を利用した高度な技術的思想を実現したものとして，‘特許権’が認められ得る．農林水産物の新品種を産み出したときに認められる育成者権には，そのような植物等に認められる特許権に要求される‘進歩性’は必要とされていない．先端的なバイオ技術を用いるのではなく，新品種の育成に伝統的な交配などの手法を用いるときには根気よく作業を続けなければならず，その‘額に汗’の努力は結果的に制度的にも十分に評価される仕組みになっている．種苗法の定める育成者権という知的創造物に対しての法的権利は，なによりも野菜や花卉，樹木などの商品価値，付加価値を高め農林水産業の振興に資すものが期待されており，新品種の育成奨励という農林水産行政の制度的装置の 1 つである．日本の種苗法の制度的基礎である国際標準の UPOV 条約 (Union internationale pour la protection des obtentions végétales) が‘植物のすべての属および種’(all plant genera and species) を対象としていることにかんがみれば，日本の種苗法はいささか実務に傾斜した矮小な制度との印象は免れない．

### 4.6.4 生命体を対象とする法的権利

知的財産制度のなかで，この種苗法が定める育成者権という法的に造型された権利のもつ特性についてひとこと言及しておきたい．それは発明，考案，意匠，標識，表現は，その本体が特定個人の作出による情報，イメージであり，一般に乾いて固定したものである．それらに成立する知的財産権を機械的に実施すれば，権利者の意図した通りの‘複製’商品がこしらえられる．ところが，育成者権の対象は人工的に産出した生命体（の作り方）である．常に人為を必要とする交雑品種でなければ，生命体である以上，小さな造物主である人間の意図，意欲を離れて，独自にあらたな‘進化’をめざす．人為的に作り出された新品種は，世代を重ねて交配するうちに，形質の均一性を失い，安定性を維持することが困難になることが少なくない．また，経済性の高い一層の高付加価値を備えた競合する新品種が開発され，既存の登録品種がその商品性を失い，登録を取り消されるものが多い．登録を取消されても，地上に生育する株が残る限り，人間の支配を離れて独自に進化を遂げる余地をもつ．特許発明にも生物特許が含まれ，生物特許の実施が生産する生命体には同様のことがあてはまる．特許発明でも，医薬，農薬の開発の場合には，人間の生命健康の維持と農産物の生産拡大を目的とするもので，人間社会の都合，便益増進に資する単なる商品にとどまる．

## 4.7 不正競争防止法上の営業秘密

### 4.7.1 営業秘密と市場競争

1886 年，ジョージア州アトランタで，ジョン・ペンバートン (John Pemberton) は，‘フレンチ・ワイン・コカ’を創製した．当時は，モルヒネ依存症，消化不良，神経衰弱，頭痛，無気力症に効く薬品として販売された．今日，世界の 200 ヵ国以上で売られている清涼飲料水，コカコーラの出現である．このコカコーラの成分は秘密とされ，秘密管理のもとに製造された原液が供給され，希釈されたものがビン詰めや缶，ペットボトルに入れられて国内で販売されている．100 年以上，その成分が秘密とされ，同業者との競争に耐え，国際的清涼飲料水として勝ち残ってきたのである．

コカコーラには限らない．わたしたち消費者が特定の商店や企業が提供する商品やサービスが，同業他社とは異なり，大いに優れていると感じ，購入するときには，その企業しか備えていない秘訣，秘密，ノウハウ，老舗の場合には一子相伝の秘儀が存在することが少なくない．そのような生産・販売にかかる技術・作法は，熾烈な企業間競争の中で育てられてきたもので，法的保護に価するものとされてきた．国際的にはトレードシークレット (trade secret) と観念され，日本の不正競争防止法（平成5年5月19日法律第47号）では‘営業秘密’と呼ばれている．一般には，‘企業秘密’といわれることもある．不正競争防止法は，‘営業秘密’を「秘密として管理されている生産方法，販売方法その他の事業活動に有用な技術上又は営業上の情報であって，公然と知られていないもの」（2条6項）と定義している．

### 4.7.2 営業秘密成立の要件

第三者の侵害行為から法的に保護される‘営業秘密’は，① 秘密管理性，② 有用性，③ 非公知性の3要件を具備しなければならない．‘秘密管理性’というのは，その営業秘密とされる情報が誰の眼にも‘秘密’として映るものでなくてはならない．たんに ㊙ というハンコが押されているだけでは足りない．そこで働くアルバイトが容易に知りうるような知識は営業秘密には該当しない．営業秘密そのものが書かれた文書にアクセスできるのは特定少数の従業者に限られ，営業秘密を利用する生産現場に入るときには厳しい認証手続が必要とされたり，事業所内のほかの場所とは異なる色彩環境や室内の仕様になっていたり，当該営業秘密が関係者に守秘されるべきものとの認識をもたせるものでなければならない．‘有用性’というのは，その生産技術や顧客データベースなどの営業情報を用いれば，当該企業に限らず，同業他社あるいは新規参入しようとするものに対して，ただちに確実に利益を産み出すことが正当に期待できることをいう．社長の私生活上の非行をネタとするゆすりや環境汚染物質の未処理垂れ流しなどの反社会的な事実や逸脱的な措置は，当座は第三者もしくは当事者に少なくない利益をもたらすかもしれないが，このような情報には営業秘密を構成するまっとうな有用性は認められない．‘非公知性’は，文字通り公然とは知られていないことで，書籍や業界紙誌等に掲載されていたり，放送や講演で語られたりしたことがなく，同業者が関係技術や知識，経験を踏まえれば容易に認識できるような性質のものではなく，一定程度の進歩性，新規性を備えている状態をいう．大手企業において，営業秘密としたものを維持することは比較的たやすいものと思われるが，比較的少数の従業員を雇い，外部の少なくない企業と取引をしなければならない中小企業でその企業活動の根幹をなす営業秘密を漏洩から守ることは現実には容易なことではない．また，特定の製品に化体されている営業秘密については，適法に入手した現物を分解，解析するリバース・エンジニアリングが認められるので，法的保護に値する営業秘密性が長期にわたり維持されることはなかなかに困難である．

現代の企業社会では，特定の製品，サービスを新規に開発するにあたって，技術研究組合[1]を組織したり，ジョイントベンチャーを組織したりすることがある．そのとき，知的財産権の取扱いが問題になる．特許権や意匠権などは公開されているが，営業秘密の提供については特段の配慮が必要であり，提供した営業秘密の延長上にさらに高度なノウハウが形成される場合の

[1] 技術研究組合法（昭和36年5月6日法律第81号）を参照．

法的利益の帰属を契約によりあらかじめ定めておかなければならない.

### 4.7.3　営業秘密の保護

不正競争防止法は，営業秘密を窃取，詐欺，強迫その他の不正の手段によって営業秘密を取得する産業スパイ的行為を禁じており，また不正に得られた営業秘密を自ら利用したり，第三者に提供することを禁じている．また，不正に得られた営業秘密と知って利用，提供すること，通常の注意を払えば営業秘密と知りうる場合にその営業秘密を利用，提供することなども禁じている．‘不正取得行為’を禁じ，その不正取得行為を通じて得た営業秘密を第三者に提供したり，自ら利用することを禁じている（2条1項4号）．また，‘不正取得行為’によって得られたものと知りつつ，あるいは重過失がありその事実を知らずに，当該営業秘密を利用したり，提供した場合も許されない．日本の裁判では公開の法廷で審理が行われるのが原則であるが，営業秘密はどのような場合でも第三者に知られうる状況になれば営業秘密としての性質を失うので，真理に到達するためには，その審理は非公開で行われなければならない．遅ればせながら，2004年の法改正により，営業秘密についての尋問については　裁判官全員一致の決定により非公開とできるとされた（13条）.

営業秘密を当然に知りうる立場にある企業の取締役については，その営業秘密を外部に漏洩したり，ライバル会社に提供したり，またその営業秘密を利用してライバル会社をこしらえたり，ライバル会社に就職した場合には，取締役の競業避止義務，利益相反行為を禁じた会社法356条に違反することになり，同法960条に定める特別背任罪に問われかねない.

一般の従業員については，入社時に誓約書の中で，勤務している間は就業規則や服務規程によって，その企業にとって新規性のある高度な営業秘密が生成する部署に異動したときには個別の雇用契約を結ぶことにより営業秘密を漏示・漏洩しないことが義務付けられる．また，退職後も競業避止義務を課す契約が結ばれ，当該営業秘密を利してのライバル企業の創設もしくは再就職の阻止が試みられる．このような措置は，市場競争の過程で合理的に築き上げられた，市場での比較優位を保障する営業秘密を保持する企業側からみれば当然のことと映るかもしれない．しかし，長年にわたり特定の業種に属する特定の企業で働いてきた労働者の立場に立てば，そこで得られた知識と技術こそが退職後の生活を確保するための差別化された資源にほかならない．憲法22条が保障する職業選択の自由，営業の自由という基本的人権尊重の立場からすれば，かつての従業員に対する企業の営業秘密の保護に関する主張は限定されなければならず，一定期間に限られなければならないし，商圏や営業地域の競業の可能性の有無等についての慎重な配慮が求められる.

## 演習問題

**設問 1** 「図 4.1 特許権を取得するための手続き」を参照しつつ，特許出願，出願公開，特許審査の過程を説明しなさい．

**設問 2** 権利の内容，存続期間，権利取得手続き，権利の実施，紛争解決の解決方法などに関し，特許権と実用新案権の法的概念としての類似点と相違点について整理しなさい．

**設問 3** 特許電子図書館（http://www.IPdl.inpit.go.jp/homepg.IPdl）にアクセスし，'初心者向け検索' をクリックし，思いついた企業名や語句を検索窓に入力し，絞り込んだうえで，一覧表示をディスプレイ上に表示し，そこに示された具体的な技術がどのようなものか考えなさい．

**設問 4** 農林水産省品種登録ページ（http://www.hinsyu.maff.go.jp/）にアクセスし，品種登録に関する統計資料をダウンロードし，そこから読み取れる事実を指摘しなさい．

**設問 5** 企業に勤める従業員としての立場に立ち，就職するとき，人事異動のとき，転職・退職するときなどのケースに分け，労働者の権利と営業秘密の関係について検討しなさい．

## 参考文献

[1] http://www.softic.or.jp/ic/ic-layout/index.html

[2] 高橋雄一郎,「回路配置利用権登録制度の現状と課題」情報管理 48（8）pp. 509-517.

# 第5章
# 消費生活に浸透し消費行動を誘引する知的財産権

□ 学習のポイント

知的財産権法には，前章で取り上げた特許法をはじめとする産業発達促進機能をもつ一群の法制度のほかに，市場競争の主体として比較優位の地位を確保するに至った企業の正当な努力の積み重ねを評価するとともに，消費者を保護する競業秩序維持機能を発揮する一群の法制度がある．本章では，一般に品質やデザイン性などに優れていることを表すブランドを構成する商号や商標，著名な，あるいは周知広知の商品等の表示や商品形態，ドメインネームなどの法的保護および規制など，後者の競業秩序維持機能をになう仕組みについて解説する．

- 一般に消費者に‘ブランド’と意識されているものの具体的な内容について，一定の理解を得る．
- 企業の名称（商号）のつけ方，社会経済的機能について理解する．
- 商標登録制度に関して学習し，商品商標，役務商標の別，立体商標，その他の新しい商標，そして団体商標，および地域経済の振興を目的として創設された地域団体商標についても理解する．地域団体商標と類似の機能をもつ農産物等に関する地名表示制度についてもふれる．
- 不正競争防止法により，消費者によく知られた商品・サービスを想起させる第三者の混同・類似行為は規制されている．周知広知の商品等表示の使用，著名表示冒用行為，不正なドメインネームの使用，著名な商品形態の模倣に関する法的規制について理解する．
- 文化施設やスポーツ施設など，多数の市民が利用する公共的施設に対して，特定企業が当該施設の管理者との間で，宣伝広告の目的から，契約によってその企業名や商品名を施設の名称とするネーミングライツ（命名権）について理解する．

□ キーワード

ブランド，商号権，商標権，地域団体商標，商品等主体混同行為，著名表示冒用行為，ネーミングライツ，ドメインネーム，商品形態の模倣，地名表示制度

## 5.1 ‘ブランド’とは

わたしたちの生活では，同種の商品が数多くあるにもかかわらず，いわゆる‘ブランド品’が尊重される傾向が強い．そこから，ブランドという概念が，市場における相当程度の‘競争優位性’を意味することが認識できる．企業の側からすれば，他社または競合する商品，サービスとの明確な‘識別化’および‘差別化’を演出しようとして，固有のロゴ，マーク，シンボ

ル，パッケージ・デザインなどの標章を多大の宣伝広告費を投じて消費者への浸透を図る．アメリカ・マーケティング協会は，‘ブランド’を「ある売主の商品またはサービスを他の売主の商品，サービスと明確に異なるものと識別させる名称，文言，デザイン，シンボル，あるいはその他の特徴．ブランドを表現する法的用語としては，商標 (trademark) がある．特定のブランドは，ある売主の1つの商品，一群の商品，もしくはすべての商品を識別，確認する．ブランドが特定企業の全体を表現するために用いられた場合には，商号 (trade name) に該当する」[1] と定義している．このアメリカ・マーケティング協会の定義にもうかがえるように，企業とわたしたち市民の商取引，消費生活にとって大きな役割を果たしている‘ブランド’という実務上の概念は，商号，商標等を含むものとされ，直接的に法的用語としては定義されていない．このような事情は，日本法においても変わるところはない．「ブランドと法」（第二東京弁護士会知的財産権法研究会編，商事法務，2010）のはしがきにおいても，‘ブランド’は実定法上の明確な定義はなく，‘商標法および不正競争防止法プラス $\alpha$’としている．

## 5.2 商法，会社法と商号権

### 5.2.1 商号の登記

手許にある辞書を引くと‘会社’という言葉は，「商行為その他の営利行為を業とする目的で設立した社団法人（人の集合体）」[2] と定義されている．‘商号’(trade name) というのは，その会社または特定の商人の名称のことである（会社法6条，商法11条）．会社には，株式会社，合名会社，合資会社，および合同会社の4種類がある（会社法2条1項）．世の中の会社のほとんどは株式会社で，商号のなかには，一般に前後のいずれかに‘株式会社’という組織形態の名称が入れられていなければならない．商号には，漢字，ひらがな，カタカナ，アルファベット（大文字，小文字），アラビア数字（0〜9），符号（「&」「`」「,」「-」「.」「・」）が使用でき，スペースはアルファベットの単語を区切る場合にのみ使用できる（商業登記規則50条）．商号は，義務的に付す会社の種類の部分をのぞき，会社の設立にあたった人たちが自由に付けられるものであるが，たとえば銀行でない会社が‘銀行’とは名乗れないし，信託業を行わないものが‘信託’と付すことはできない．というのは，銀行法6条2項や信託業法14条が銀行や信託業者でないものにその名称を名乗ることを禁ずる‘名称独占’が定められており，業種によっては同様の規定がおかれている場合があるからである．

先に触れたように，会社の名称である商号も‘ブランド’を構成する大きな要素であるし，法人登記される商号は商標登録することができる．1つの会社は複数の商標を登録することができるが，商号（会社の名称）は1つに限られる．会社の名称（商号）を新しくしようという場合には，古い名称を捨てて変更登記することになる．この商号は会社設立の際，営業所ごとに所定の書類を整えて，法務局に届け出る．商号，会社のネーミングは原則自由であるが，以前は，同一市区町村のなかに同一または類似の商号がすでに存在する場合には，その商号の登記は認められなかった．しかし，関係手続きの迅速化をも目指した会社法が2005年に制定され，類似商号を規制する制度は廃止され，法的には，同一市区町村内でも既存の企業と同じ商号を登記することはできる（同一の住所に同一の商号の会社は登記できない）（商業登記法 27 条）.

### 5.2.2 商号の機能と役割

ここで会社の名称，商号の社会的に果たしている役割を振り返ってみよう．カーマニアがマイカーを乗り替えるとき，個々の車種の性能よりも，トヨタ，ニッサン，ホンダといった企業イメージに大きく影響される．また，主婦が電気洗濯機を新しいものに買い替えるとき，やはり同じように特定の会社を想定するのはふつうであろう．このことは，サービス業，飲食業でも変わるところはない．企業にとっても，‘株式会社鈴木商店’というよりも‘味の素株式会社’，‘東京通信工業株式会社’というよりも‘ソニー株式会社’，‘株式会社高千穂製作所’よりも‘オリンパス株式会社’のほうが顧客誘引力に優れていると評価するかもしれない．商号は商人，企業にとって大きな経済的資産，知的財産の 1 つであり，財産権と観念され，有償で譲渡したり，その使用を許諾したりすることができる（商法 15 条，会社法 9 条）.

譲渡に限らず，有償無償を問わず，自分の会社の商号を第三者が使用することを許諾することも認められる．いわゆる‘名板貸’で，自己の商号の使用を許諾する側を‘名板貸人’，第三者の商号を自己の営業に使用する側を‘名義譲受人’という．なんらかの取引上の事故が発生した場合，名板貸人の信用（good will）を信頼し，名義譲受人の営業を名板貸人の営業と誤信，誤認して取引をした者に対しては，名板貸人は名義譲受人と連帯して，当該取引によって生じた債務を弁済する責任を負わなければならない（商法 14 条，会社法 9 条）.

コンビニエンスストア等の小売業，ファーストフードやラーメンなどの外食産業，不動産販売，自動車整備，学習塾など種々の業種において，独占的な権利を有する親企業が，加盟店に対して一定地域内での独占的販売権を与え，加盟店が特約料を支払うフランチャイズ契約が広く行われている．そこでは，一般に商標の使用許諾，関係ノウハウの供与，関係商品の納入などが約定されているが，このときフランチャイザー（本部）が商号の使用許諾を行えば名板貸人としての責任が発生する余地がある.

### 5.2.3 商号の法的保護

会社の名称である商号は，会社法や不正競争防止法によって法的に保護されている．商号を登記した企業は，第三者に妨げられずにその商号を利用する権利（商号使用権），ならびに他人が自己の商号と同一の商号または類似の商号用いるなど，自己の商号を不正使用した場合に差止めおよび損害賠償を請求する権利（商号専用権）を有する．そのことは，ひいては当該企業の信用を保護するだけでなく，商号を信頼して取引をする消費者の保護にもつながる．したがって，商号を登記する場合には，会社法，商業登記法上は自由に好ましいと思われる商号を登記することが許されているが，他の著名な，市場が競合する可能性があり，地理的に近く企業イメージが影響しあう可能性がある企業がすでに同一ないしは類似の商号を使用している場合には，その商号登記を回避することが強く望まれる．つまるところ，同一の市区町村内に限らず，著名な企業の商号とまぎらわしい商号はつけるべきではなく，法務局などでの商号調査が必要とされる（現在では，有料ではあるが，インターネット登記情報提供サービスが行われている）.

商号についての紛争事例としては，2012 年 2 月，関西の大手私鉄である阪急電鉄が阪急電鉄のグループ企業を想起させ，誤認・混同のおそれが生じるとして，阪急住宅という京都市内にある対中国人不動産販売を事業とする会社を相手取り，商号の使用差止め，損害賠償を請求し提訴した．また，三菱地所と三菱建設（現ピーエス三菱）が‘三菱建材株式会社’（東京地判平12.6.30）を，積水化学が‘積水開発株式会社’と名乗る不動産会社（大阪地判 昭46.6.28）を，商号の使用差止めを求めて訴えた事件があり，それぞれ三菱地所・三菱建設，積水化学が勝訴している．

## 5.3 商標法と商標権

### 5.3.1 商標とは

‘商標’という言葉だけでは，すぐには理解できない人がいるかもしれない．しかし，わたしたちの身の回りをみてほしい．目の前のパソコンにはメーカの固有のマークが付けられ，商品名を表すちょっと凝ったロゴが目立つ部分に印刷されている．ファーストフード店でもらってきたコーヒーカップの側面には，ドーナツ屋さんのマークとロゴがついている．街中に出ると，車がメーカと車種，型式を表すエンブレム，マークとロゴをきらめかせて走り，歩道には白い服を着た太っちょのおじいさんの人形が置かれた店舗で鳥の空揚げを売っており，空を見上げると銀行やデパートなどのマークやロゴに彩られた看板，ネオンサイン等が歩行者を見下ろしている．わたしたちは，特定の企業や商品，サービスを表す，あふれんばかりのシンボルやマーク，ロゴに囲まれて日常生活を送っている．これらのすべてが‘商標’(trademark)である．身近な商標は，それを見たわたしたちにその商品やサービスの素晴らしさを思い出させ，特定企業を表す商標（一般に‘ハウスマーク’と呼ばれる）は消費者に対してその企業が信頼できるものであることを教えてくれる．企業にとっては，その固有の商標を通じて，販売する商品，提供するサービスがライバル企業のものより優れていることを訴えかけるとともに，新たなマーケット開発のための宣伝広告活動を行っていることになる．すなわち，よく知られた商標は当該企業の‘信用，のれん’(good will)を化体しており，商標はその商品，サービスに関する出所表示機能（自他商品識別機能），品質保証機能，および広告宣伝機能の3種の機能を発揮している．それらの商標のなかで，特許庁の審査を受け，登録された商標が排他的な独占権である‘商標権’を獲得する．商標権が認められた商標には‘登録商標’と書かれていたり，‘®’とか‘TM’というマークが付されていることもある．

### 5.3.2 商標の種別

商標権の法的保護を任務とする商標法もまた，その1条に定められているように，商標を使用する者の‘業務上の信用’の維持を図り，生産活動の拡大を促すことによって，‘産業の発達に寄与’し，そして‘需要者（＝消費者）の利益を保護’することを目的としている．商標法では，商標法2条1項柱書きに，「商標」とは，「人の知覚によつて認識することができるもののうち，文字，図形，記号，立体的形状若しくは色彩又はこれらの結合，音その他政令で定めるもの」と定められており，それを‘標章’と呼ぶとしている．‘平面商標’に加えて，1996（平成

8）年の商標法改正によって，日本でも立体商標の登録が認められた．特定商品や商品の包装そのものの形状，サービスを提供する店舗や設備に設置することにより使用され，商品やサービスを提供する特定の事業者の名称とイメージを消費者に伝達する人形など，固有の立体的な形状も商標登録の対象に加えられた．ヤクルトのプラスチック製容器や，カーネル・サンダース像，教育サービスを提供する早稲田大学の大隈重信像などが立体商標として認められている．

諸外国ではすでに非伝統的商標として認められている動きを踏まえ，2014（平成 26）の「特許法等の一部を改正する法律」によって，新たに‘音’，‘色彩のみからなる商標’，‘ホログラム’，‘動き’，そして‘位置商標’（商標法施行規則 4 条の 7）が商標登録の対象として加えられた（実施は 2015（平成 27）年 4 月）．これによって，「おーいお茶」（伊藤園）や「ファイトーイッパーツ」（大正製薬）そして，「Yes! 高須クリニック」などの音の商標，紫色の包みから「菊正宗」の酒びんが現れるシーンの動きなどの‘動きの商標’，セブンイレブンの店舗やトンボ鉛筆の消しゴムなどの‘色彩のみからなる商標’が認められている．

商標法が対象としている商標には 2 種類ある．1 つは商品や製品に付された商標（2 条 1 項 1 号）であり，いま 1 つは役務（＝サービス）の提供に際して使用する商標で，‘サービスマーク’と呼ばれる（2 条 1 項 2 号）．

### 5.3.3 商標登録手続き

市場において，特定の商品，サービスを生産し，インターネットを含む流通過程にのせ，またそれを販売する者，およびそのような商行為に従事しようとする者は，当該商品，サービスに付された，あるいはそれらを表す固有の標識に関して，関係書類を整え，特許庁に出願することができる．その標識はすでに使用されているものと，いまだ使用されず，近い将来において使用されようとしているものの 2 種が存在する．出願にあたっては，その標識が使用されている，あるいは使用されることが予定される商品・サービスの範囲を示さなければならない．その商品および役務の区分については，商標法施行令（昭和 35 年 3 月 8 日政令第 19 号）の別表が定められている．‘第一類 工業用，科学用又は農業用の化学品’から‘第四十五類 冠婚葬祭に係る役務その他の個人の需要に応じて提供する役務（他の類に属するものを除く），警備及び法律事務’まで 45 種に区分されている．出願にあたっては，この 45 の区分から 1 つないしは複数の区分を選ぶことになる．デパートのようにほとんどすべての分野の商品を包装したりして，販売する場合には，かつては大多数の商品・役務の区分で出願し，商標権を広範囲に確保しておく必要があった．そのデパートの包装紙でくるまれた商品が高級品であるとの幻想を消費者に抱かせる必要があるからである．ところが，現在では，デパートについては，小売業者，卸売業者の商標を保護するために登録を認める小売等役務商標制度によって，‘第三十五類 広告，事業の管理又は運営，事務処理及び小売又は卸売の業務において行われる顧客に対する便益の提供’という 1 つの役務区分で出願，登録できるようになっている．また，自らが進出することを考えていない市場において自らの使用しているものと同一，類似の商標を利用され，信用を棄損されることを懸念する場合には，防護標章登録制度が用意されている（64 条）．

上に触れた通り，商標権の出願登録は，現に使用している商標だけでなく，近い将来に使用するつもりのものにも可能であるが，自ら使用する意図なく出願登録し，第三者に当該商標権を移転・転売することを目的とするような，制度の趣旨を潜脱しようとする者を排除するために，その登録した商標が国内で3年以上使用されない場合には，利害関係者にとどまらず，すべての人が特許庁に対して商標登録の取消しの審判を求めることができる（50条）．

商標権の存続期間は設定登録の日から10年であるが，商標権者が更新登録を申請すれば更新することができ（使用されていない商標権は更新手続きにのらない），当該企業・商品・サービスが存続する限り，半永久的にその商標権を享受することができる．SONYやトヨタ，味の素など，世に広く知られた多くの商標は更新登録が繰り返され，数世代にわたって親しまれており，ライバル企業，新規参入企業は類似の商標を使用できない．

商標登録の出願が特許庁になされれば，出願公開が行われ，審査官が審査にあたる．拒絶理由に該当しなければ，商標登録が認められ，指定した商品・役務区分および類似の商品・役務区分において，ライバル企業や当該企業の信用・のれんにフリーライドしようとする事業者に対して，同一ないしは酷似，類似する商標の使用を禁止する権利，商標権が与えられる．

商標についても，マドリッド協定議定書に基づき国際出願ができる．2017年現在98カ国の加盟国から商標権を享受したい国を指定し複数国に一括して手続きを行うことができる．

### 5.3.4 商標登録できない標章

商標法が登録を認めない，審査官によって拒絶される標章が定められている．‘商標登録の要件’（3条）には，当該商品・サービスに言及するときに一般に用いられる‘普通名称’[1]や，日本酒に対して‘正宗’と付すような特定の種類の商品・役務に慣用的に用いられている商標を単独に用いる場合，当該商品の産地，販売地，品質，原材料，製法や当該役務の提供の場所，質，効能などを意味する標章のみからなる場合，ありふれた氏名や名称などは，商標登録の対象にはならないとされている．しかし，これらのありふれた名称や当該商品の製法などでも，その商標が使用されるうちに，消費者が一定の商品・役務の範囲で，特定企業や特定商品をイメージするに至った場合には，そこに育てられた信用・のれんを法的に保護する必要から，そのありふれた商標を審査登録手続きに載せることができる．‘トヨタ’や‘一番搾り’など，少なくないものが脳裏に浮かぶと思われる．

すでに一般市民がその標章を見て確実に特定の組織団体をイメージできるものも，商標登録を受けることができない．国際機関や特定の国や地方公共団体を表す旗やシンボル，紋章，勲章などと同一，類似の標章は，これに該当する．また，暴力団の代紋など公序良俗を害するおそれがあるものや，もっぱら私的営利を図って歴史上の著名な人物の氏名等を商標に利用することも認められていない（4条）．

### 5.3.5 団体商標・地域団体商標

一般社団法人や事業協同組合は，その構成メンバーに使用をさせる商標に関し，‘団体商標’として商標登録を受けることができる（7条）．この団体商標登録制度を活用することにより，特定の業界が独自ブランドを育成することができる．たとえば，全国農業協同組合連合会の‘パー

[1] モノを運ぶサービスについて‘宅配便’は普通名称なので出願が認められないが，‘宅急便’は特定企業の宅配便サービスとして出願・登録が認められた．

ルライス’がそうである.

もっと直接的に地域産業の振興を狙いとしているものが 2005（平成 17）年の法改正で導入された‘地域団体商標登録制度’（7 条の 2）である. 従来，産地や販売地を示す一般的地名と一定の商品やサービスを表す普通名詞を組み合わせた文字商標については，商標法 3 条 1 項の定めや，一事業者にそのような地域特産品を代表するかのような名称独占を認めることは許されないという理由から，特許庁への出願登録が認められないと理解されていた. しかし，地方の経済が停滞するなかで，伝統的な地場産業の賦活，活性化や‘まちおこし’への処方箋の 1 つとして，制度化が強く望まれ，実現した. この‘地域ブランド化’への取組みは，地域の自然的社会的条件を活かした農林水産物や食品などの特産品，地域に歴史的な関連のある伝統的工芸品，地域において提供される特色あるサービスなどを，地域の複数の事業者が地域名を付した共通のブランド名（= 地域団体商標）を用いて販売・提供し，他の地域の同種の商品やサービスとの差別化を図り，その付加価値を高め，全国的市場を得ようとするものである.

具体的には，地域団体商標の出願登録は，当該地域の事業協同組合その他の特別法に基づき設置された組合，商工会，商工会議所，NPO 法人によって行われ，その組合等の構成メンバーが従前より一定程度知られていたその呼称を効果的に使用することにより，一層の商品・サービスの普及を目指すことができる. 地場産業の全体的底上げを意図するものであるので，地域団体商標の直接の権利主体である当該組合への地元業者の任意の新規加入に開かれていなければならないとされている.

地域団体商標として認められたものとしては，すでに越前竹人形（越前竹人形協同組合），静岡茶（静岡県経済農業協同組合連合会・静岡県茶商工業協同組合），博多人形（博多人形商工業協同組合），関さば（大分県漁業協同組合）など数多く存在する.

団体商標や地域団体商標が登録されれば，その登録商標を実際に使用するのはその団体を構成する構成メンバーであるが，一般的な商標権が認められた登録商標についても，他の知的財産権と同様，商標権を保有する法的主体が自ら使用するだけでなく，専用使用権（30 条）や通常使用権（31 条）を設定し，指定区分の商品やサービスの範囲内で，有償ないし無償で第三者に使用させることができる.

商標法による法的保護と他の知的財産制度との調整については，定めがある. 育成者権の対象となる植物新品種にかかる品種登録の名称と同一ないしは類似の名称については商標登録ができないとされ（4 条 1 項 14 号），商標登録出願以前に他人の特許権，実用新案権，意匠権，または著作権，著作隣接権と抵触するときは，抵触する部分については，登録商標を使用することができない（29 条）とされる.

### 5.3.6 地域団体商標と地理的表示

TRIPs 協定（知的所有権の貿易関連の側面に関する協定）の 22 条以下に特定の地理的原産地で生産された商品がその品質，社会的評価等を獲得している場合，その地理的表示を保護する旨を定めている. それを受けて，上に触れた地域団体商標制度とは別に，2014（平成 26）年に一般に‘地理的表示法’と呼ばれる「特定農林水産物等の名称の保護に関する法律」が制定された（2015 年 6 月施行）. そして，環太平洋パートナーシップ協定（TPP）の交渉で一応の合意が得られたことにより，地理的表示に関して日本と同等の保護を行っている国との間で相互に農林水産物のブランド保護の国際協定を締結できることになった．この法改正で，不正表示がなされた特定農産物が日本に輸入された場合，当該輸入業者の不正表示商品の譲り渡しが禁止された．

農林水産省が所管する地理的表示保護制度は，特定の地域で育まれた伝統と特性を有する農林水産物食品のうち，品質等の特性が産地と結び付いており，その結び付きを特定できるような名称（地理的表示）が付されているものについて，その地理的表示を知的財産として保護しようとするもので，生産業者の利益の増進と需要者の信頼の保護を図ることを目的としている．

地域経済の振興に資する制度として，地域団体商標制度と地理的表示保護制度は共通するので，ここで両制度を対比しながら論じておきたい．また，重複して申請，登録することは排除されていない．地域団体商標はすべての商品・サービスを対象として，農協や漁協などの組合，商工会や商工会議所，NPO 人が特許庁に出願し，審査を受け，登録できる．地域団体商標の不正使用や模倣品の輸入阻止については，登録主体自らが権利行使にあたり，裁判所に対して損害賠償請求や差止め請求を行う．国際登録制度によって海外に商標出願し，外国でも保護が可能である．地域団体商標は登録主体である特定の団体の構成メンバーがブランドとして独占できる．地域団体商標を維持するには，10 年ごとに更新手続きをしなければならない．

一方，農林水産大臣に申請する地理的表示制度については，その指定商品はおおむね 25 年継続して生産された実績を誇る農林水産物，酒類等を除く飲食料品等とされる．登録申請にあたっては，品質基準を定めなければならず，その品質基準は公開される．地理的表示の登録申請は生産・加工業者の団体で法人格の有無は問われない．登録が認められれば，構成員（生産者）の生産する農林水産物等に対して生産行程管理業務が義務付けられる．地理的表示として登録されれば，特定の生産団体とその構成メンバーには独占排他的な使用が許されず，新たな生産者の参入に開かれ，そのブランド価値は地域社会共有の財産となる．登録された地理的表示の不正使用については国が取り締まってくれる．平成 29 年 3 月現在，日の丸と富士山を構成要素とする GI マークの使用が許される地理的表示の登録産品は，夕張メロン，神戸ビーフなど 28 を数える．この地理的表示は一度登録されれば更新手続きは不要とされている．また地域団体商標と地理的表示が重複登録された場合には，地理的表示の正当な使用については商標権の効力は及ばない．

## 5.4 商品等主体混同行為の規制

### 5.4.1 偽物・まがいもの商品

特定の商品や製品を購入しようとするとき，わたしたち消費者，ないし需要者は，広く知られた，‘ブランド’を表す周知の商品等表示，すなわちメーカの名称やマーク，ないしはそれらしきものに魅かれて，その商品を購入する．それが少しでも通常売買されている価格よりも安いものであれば，しめたと飛びつくように購入するかもしれない．ところが，包装を解いてそれを食べたり，身に着けたり，使用してみると，案に相違して品質が悪く，その商品に対して抱いていたイメージが地に落ちたり，ときにそれが偽物，まがいものであることに気が付くかもしれない．このような事態が真正の商品ではないものの販売や輸出入，ないしはインターネットを通じて提供されて引き起こされた場合には，公正な市場競争が大きく損ねられていることになる．真正商品と混同を生じさせるものが商標であるとき，その商標は必ずしも登録商標である必要はなく，一定程度の周知性を備えていればよい．商標の登録は特定の商品・役務区分の範囲で類似商標の排除・禁止を実現しうるが，必ずしも現在の周知性を意味せず，将来に向けての布石であることもあるのに対して，ここで取り上げる商品等主体混同行為の禁止は周知性を備えた既存の標識等に付着する具体的信用を保護するものである．

不正競争防止法2条1項1号は，このような行為を不正競争の1つと定めている．真正商品に付されたメーカの名称や商品を表すマーク等は，当該メーカ等が長年にわたり品質の向上に努めてきた努力が化体されたものであり，消費者はそこに当該商品に対する信用・信頼（good will）を見いだすのである．その名称，マーク等に同一，酷似，類似するものを用い，真正商品の信用にフリーライドする粗悪な模倣商品が出回ることは，真正商品のメーカ等の信用を傷つけ，営業上に大きな影響と被害をもたらすことになり，メーカ等は差止請求（3条）ができ，損害賠償責任を追及できる（4条）．侵害者は刑事責任をも問われる（21条）．

### 5.4.2　判例に見る周知性要件

特定の商品やサービスの提供に関して，そこに付された名称や標識等が十分な周知性を備えていると信ずる事業者は，上に述べた不正競争防止法2条1項1号を根拠として，自らの名称や標識と混同を生じそうな類似した名称や標識等を使用する他の事業者を訴える．判例（横浜地判昭58.12.9）をみると，横浜市内のとんかつ屋‘勝烈庵’が同じ神奈川県内の鎌倉市大船の‘かつれつ庵’と静岡県富士市の‘かつれつあん’をともに商品等主体混同行為に該当する店名であるとして訴えた．20 km 程度の距離の鎌倉市の‘かつれつ庵’は混同行為にあたるとして違法，100 km 程度離れた富士市の‘かつれつあん’は混同行為にあたらずとしている．

この判決を手掛かりに考えると，商品等主体混同行為に該当する不正競争行為の成立に求められる周知性要件については，必ずしも全国的に知られている必要はなく，一定の地域的範囲で広知であれば足り，また当事者の業態業容に応じて，競合する可能性のある地域的営業範囲，商圏の外にあれば問題なしとされることがわかる．

また，判例に目を向けると，関係当事者が近接している場合，‘東阪急ホテル’という名称は大手で著名な顧客によく知られている‘新阪急ホテル’の名称と類似しており，混同惹起を肯定しているが，‘ニュー火の国ホテル’という名称は‘火の国観光ホテル’という名称との混同は否定されている．‘火の国’は‘熊本’という地名の別称であり，他の語句は一般的な普通名詞と理解されるわけである [3]．

## 5.5　著名表示冒用行為の規制

市場で熾烈な競争を展開する企業は，当該商品・サービスの品質やデザイン，雰囲気で付加価値を高め，比較優位性を高めようとするだけでなく，消費者に対する露出度を高めるべく多大の宣伝広告費を長期にわたり投入して，当該企業の名称，商品に付された標識等の表示を消費者に刷り込もうとしている．そのようにして出来上がった独自の顧客吸引力をもつ第三者の著名表示を不正に使用することによって，不正使用者は人の目を引き付けることができ，自らの存在と営業を消費者の記憶にとどめることができる．‘ポルノランドディズニー’‘ラブホテルシャネル’などがそうである．そのようないかがわしい業態に用いられることによって，大手有名企業のイメージダウンにつながり清浄な看板が毀損されるということになり，このようなフリーライドは許されない．もう1つの著名表示の不正な用い方としては，著名表示を不正使用する事業者が，業種が異なるとしても，真正事業者の系列会社，グループ会社など，第三者に対して，なんらかの関係をもつ企業であるとの混同，錯覚を呼び起こす効果を狙う場合がある．閉塞する企業環境の中で，M&Aなどの手法も用いて，従来の業種業態を超えて，新たな事業の芽の育成とリスク分散を考慮した多角的な経営を目指す企業も少なくない．そのような状況を背景に，既存著名企業や著名商品等の著名表示を使用し，営業主体を偽り，真正企業，真正商品等との混同をねらって顧客を欺く行為を不正競争行為の1つとして規律するのが，不正競争防止法2条1項2号である．

商標が混同惹起の道具として使われる場合には，登録商標である必要はないし，登録商標だとしても指定商品・役務区分の範囲外の行為に及ぶ．この場合，ディズニーやシャネルのような著名な名称，標識を擁する企業がそれを不正に僭称すると思われる企業を訴えることになる．個性の強い特異な名称・標識の場合にはそれを不正に使用・僭称する企業に対して勝訴の可能性が極めて高いが，‘ワールド’や‘キング’，‘朝日’や‘大正’，‘西日本’など比較的ありふれた名称・標識の場合には，現実に一定程度の混同が発生するか否か，混同によって営業上の利益が侵害されるかどうかの蓋然性の程度の判断が求められる．

同種のまだ無名の商品を擁して市場に打って出るとき，国内外の業界トップの商品と並べて比較広告するなど，消費者が別異の商品と認識でき，著名表示を付された市場占有率の高い商品と対抗させる形で一定の規模で宣伝する場合には，著名表示にフリーライドするものとはされない．また，無名の，あるいはあまり消費者の認知度の高くない商品を売り出すときのCMの背景に高級車を配することなどは，高級車の著名表示を不正に使用したものとは認識されない．

不正競争防止法2条1項2号に定める著名表示の不正使用については，民事的には差止請求（3条）のほか損害賠償請求（4条）ができ，刑事的には5年以下の懲役もしくは500万円以下の罰金，またはそれらの併科の定めがある（21条2項2号）．

## 5.6 ネーミングライツ（命名権）

‘スカイマークスタジアム’，‘クリネックススタジアム宮城’，‘渋谷C.C.Lemonホール’など，近年，特定の企業や著名商品の名を冠したスポーツ施設や文化施設は少なくない．このように多数の市民が集まり利用する公共的な施設に任意に名称をつけることのできる法的権利を‘ネーミングライツ’（naming rights：命名権）[2]という．2012年3月，土地所有者である大阪府はJR新大阪駅の入口，タクシー乗り場周辺の花壇などの環境整備のために，このネー

[2] ネーミングライツについては，市川裕子「ネーミングライツの実務」（商事法務，2009）を参照．

ミングライツを利用しようとしているという報道がなされている．当該公共的施設の所有管理主体がその施設の維持管理費等を捻出するために，当該施設のもつ集客力を見込んでの宣伝広告機会の販売ということで，公共施設のなかに設置されている広告看板等の大型版のような性質をもつ．ネーミングライツ購入企業にとっては，当該施設に一定期間自社の名称もしくは商品名を付ける排他的独占的な権利を取得するわけで，一種の知的財産権を行使できることになる．また，同じ 2012 年，関西国際空港に近い，財政困窮に悩む大阪府の泉佐野市は市の名称にかかわる命名権を販売しようとし，話題となった．

このネーミングライツは，特定の法律によって認められたものではないし，登録することによって，第三者に対抗できるというものでもない．アメリカ由来とされるが，特定の施設等を所有管理する者と大きな宣伝広告効果を得たいとする企業との契約により個別に成立するものである．国会制定法がなくても，市民社会と市場において，現実的な法的効果を持つ知的財産権を創造しうる例の 1 つとして紹介しておきたい．近年，地方公共団体が条例や規則によってこの手法を利用することが多い．

## 5.7 ドメインネームの規制

いまや多くの人たちにとって，インターネットにアクセスしない生活は考えられない．アクセスしたホームページには http://www.………とそのサイトを掲載しているサーバを識別する符号，URL がディスプレイ上に表示され，日常的なメールのやり取りに用いるメールアドレスは×××@………と表現される．これら URL とメールアドレスの‘………’がドメインネームである．ドメインネームは，‘インターネット上の住所表示’といわれ，実際の住所と同じように，サイバースペースの世界における位置を確定する．インターネットに接続するコンピュータ，サーバには 32 ビットの数字の羅列である IP アドレスがふられているのであるが，その数字を文字に置き換え，その一部が特定の地域や組織の属性を表現する文字とされ，階層構造をとり，文字の並びは “.”（ドット）でつながれている．

‘.com’，‘.net’，‘.org’ などの一般ドメインネームは ICANN (Internet Corporation for Assigned Names and Numbers) のもとで分散管理されており，‘.jp’ で終わるドメインネームは株式会社日本レジストリサービス (JPRS) が管理している．

このドメインネームが特定の著名な企業や団体，消費者によく知られた特定の商品等を髣髴(ほうふつ)させるような場合で，しかもそのドメインネームを登録使用しているのが髣髴させる企業や商品と無関係の企業や団体であることがある．このように著名な名称を不当に名乗り使用しているとして，正当な当事者にそのドメインネームを不当に売りつける意図をもって，よく知られた特定の企業，商品の名称をインターネット上の住所として登録する行為をサイバースクウォッティング (cybersquatting) という．このような行為は，その不当に得たドメインネームを当事者に転売することを目的にしているほか，競業目的，業務妨害目的を帯びており違法である．民法 709 条の不法行為責任を追及し得るものであるが，不正競争防止法は 2 条 1 項 12 号で不正競争行為の 1 つと定めている．‘jaccs.co.jp’ や ‘j-phone.co.jp’ のような，第三者の著名な名称や商号，商標，標章等の表示と同一，類似のドメインネームの登録，使用を禁じている．ICANN

では「統一ドメイン紛争処理方針」および「同手続規則」を定め，運用しており，JPRSもまた「JPドメイン名紛争処理方針」および「同手続規則」を定め，運用している．裁判外紛争手続（ADR）として日本知的財産仲裁センターもドメインネーム紛争の処理にあたっている．最終的には，不当なドメインネームの保有使用の差止め，損害賠償が裁判で請求できる．

一般市民，消費者等が特定企業や特定の商品を容易に思い浮かべるような名称や標識については，長年にわたり，当該企業が地道に企業活動を展開し，信用が化体された無形の資産と広く認識され，ただ乗りすることは許されず，ドメインネームにおいてもしかりということである．

## 5.8 商品形態の模倣の規制

わたしたちが生活上のニーズを満たすために，あるいは自らの趣味・嗜好にあった商品を購入しようとするとき，必ずしも頒価や費用対効果を考えるわけではなく，またブランド品でなくても，同種の商品がある中から，自分の気に入ったデザインや雰囲気の商品を選んで購入することが少なくないであろう．その選択がその商品の備えている新奇で洒落た形態に大きく依存していることが少なくない．その新奇で洒落た形態を開発したメーカーが，当該商品分野においてシェアを伸ばすことになる．それは場合によっては消費者からそっぽを向かれるリスクも背負っており，企業競争における正当な利潤獲得と考えられる．その特定企業の正当な努力にただ乗りして，ヒットした商品形態を模倣して市場を簒奪（さんだつ）しようとする行為は，‘不正競争’の1つに該当すると，不正競争防止法は定めている（2条1項3号）．他人の商品の形態を模倣した商品を販売したり，販売促進のために展示したり，輸出入する行為をしてはならないとしているのである．ただし，その種の商品が備えるべき機能を発揮するためには必然的に類似，酷似の形態をとらざるを得ない場合はのぞかれる．また，消費者に強くアピールする商品形態を開発したといっても，その研究開発に投じた資本を回収し，業績向上をもたらした関係者に配分すべき利益，新たな研究開発に必要とされる利潤を超えての市場優位性まで保護する必要はない．不正競争防止法では，市場優位性をもつ新奇で魅力的な商品形態を開発した企業に対して，妥当とする先行者利益の範囲を‘日本国内において最初に販売された日から起算して3年’としており，3年を経過した場合には，形態を模倣した商品の生産・販売・展示・輸出入することは許されている．また，模倣された商品形態であることを知らなかったことに過失なく，その商品を取り扱った者については免責される（19条1項5号）．

消費者に対して魅力的な商品形態は，法的に保護される．デッドコピー，酷似，類似の形態の商品を取扱う行為は，不正競争行為として違法とされる．独自固有の形態を備えた真正商品の開発企業は，民法709条にいう不法行為責任を超えて，ただ乗りをする者に対して，不正競争防止法が定める模倣形態の商品の取扱いの差止め請求（3条）ができるし，損害賠償請求もできる（4条）．民事責任にとどまらず，不正の利益を得ようとして商品形態を模倣した個人に対しては，5年以下の懲役もしくは500万円以下の罰金が課され得るし，懲役と罰金が併科される可能性もあり（21条2項3号），法人重課の定めも置かれている（22条1項）．

ここではユニークな商品形態について，なんらの手続きをとらなくとも不正競争防止法により法的に保護されうることを論じた．しかるに，積極的に他の制度を利用して，そのユニークな商品形態を保護しうる．意匠権や立体商標，さらには著作権等もその商品の形態の特質に応じて活用しうる．

## 演習問題

**設問 1** 身近にある自分もしくは家族が所有している‘ブランド品’を 1 つ取り上げ，なぜそれを購入したのか，考えなさい．そこから自分なりに具体的にブランド概念とその現実的機能を検討すること．

**設問 2** 自分が起業するとして，その設立しようとする会社にどのような名称（商号）をつけようと思うか．そのネーミングの得失について考えなさい．

**設問 3** いま自分の身の回りにある特定の商品に付されている登録商標をいくつかみつけなさい．そして特許電子図書館のデータベースを用いて，その商標に関する情報を確認しなさい（http://www.IPdl.inpit.go.jp/Syouhyou/syouhyou.htm）

**設問 4** 本文でもいくつか具体的な地域団体商標を紹介したが，自分の居住している地域もしくはその近辺で使用されている地域団体商標がほんとうに地域経済の振興にどの程度役に立っているのかについて，関係する事実とデータを踏まえて論じなさい．

## 参考文献

[1] http://www.marketingpower.com/_layouts/Dictionary.aspx?dLetter=B
[2]「岩波国語辞典　第 7 版」，p. 214，岩波書店，(2009).
[3] 田村善之，「知的財産法　第 5 版」，p. 72，有斐閣，(2010).

# 第6章

# 一部の職業的創作者からすべての人たちが創作公表する時代の知的財産権

□ 学習のポイント

旧石器時代に描かれたスペインのアルタミラやフランスのラスコーの壁画，飛鳥時代の高松塚古墳の壁面の絵画，ギリシア神話や古事記，日本書紀などの文書，さらには祝祭のときの喜怒哀楽を表現した舞踊など，人類は古くから感情とイメージを表出する表現物を作成してきた．価値ある表現物は記憶の連鎖や媒体に固定され，やがて商品経済の発達とともに商品として流通し，印刷や録音，録画，放送などの施設設備を通じて，一部の職業的創作者の手になる著作物が大量に複製，頒布されるようになった．1990年代以降のインターネットの急激な普及は，一部の職業的創作者の著作物の複製の市場流通だけでなく，ふつうの市民，アマチュア創作者の著作物の生産と複製，インターネット流通を可能とし，ますます拡大する傾向にある．一部の職業的創作者とその複製を生産販売するビジネス関係者の業界のルールにすぎなかった著作権制度は，従来からの業界の秩序維持，産業としての既得権確保と収益構造の更新を目的とする部分をもちつつ，'情報倫理' を構成する重要な仕組みと認識されるまでになっている．本章では，デジタル・ネットワーク社会に生きるふつうの市民が知っておくべき知的財産権，主として著作権に関する知識を解説する．

- 著作権制度もまた属地主義で，それぞれの国が国情に見合った制度とすることができるが，基本的な枠組みはベルヌ条約などの国際条約に規律されていることを認識するとともに，日本の著作権制度の対象となる著作物という概念と著作物の種類について理解する．
- 著作者の権利として，一身専属的な著作者人格権と譲渡可能で使用許諾（ライセンス）できる著作（財産）権の 2 つの権利が認められていることを知る．
- 公共的，公益的な著作物の利用に関して定められている著作権制限規定，および英米法の世界で発展したフェアユース（公正使用）の法理念について理解する．
- 多数の著作物や事実・データから構成される編集著作物およびデータベースの著作権の特質について理解する．
- ウェブページの製作，利用と著作権のかかわりについて理解する．
- 不正競争防止法によって，違法複製をコントロールしようとして施されている技術的制限手段の問題点とその迂回装置の製造，販売等が規制されていることを理解する．
- 著作物を利用し，社会に広め，文化の向上に資する実演家やレコード製作者，放送事業者などに認められている著作隣接権と総称される諸権利についての認識をもつ．
- 映画の著作物の製作，流通，利用についての法律的な特色について理解する．
- 一般市民には肖像権が認められているのに対して，芸能人やスポーツ選手の氏名や肖像には判例によりパブリシティ権が認められていることを理解する．

□ キーワード

著作物の種類，著作者人格権，支分権，著作権制限規定，データベースの著作権，ウェブページの著作権，技術的制限手段迂回装置，著作隣接権，映画の著作物，パブリシティ権

## 6.1 著作権制度のアウトライン

著作権制度は，ベルヌ条約（1886 年）を 1 つのミニマム基準として，加盟各国が国情に応じて微妙に差異を設けつつ，制度化している．大原則としては，他の加盟国に住む外国籍市民の著作物がその国の国民の手になる著作物と法的に同様に保護されるとの内国民待遇と，行政機関の審査なく権利が発生する無方式主義がある．近年，インターネットの普及に伴い締結された WIPO 著作権条約，著作物（の複製）の国際的商取引に関する TRIPs 協定等も各国の著作権制度の仕組みと運営に大きな影響を与えている．ここでは，主として日本の著作権制度のアウトラインを紹介する．

### 6.1.1 ‘著作物’概念と著作物の種別

‘著作権’といったときには，著作物の存在が前提となる．著作物でなければ著作権という法的権利は存在せず，著作物ではないアイデアや事実・データは，誰もがそれを自由に使える．‘思想または感情が創作的に表現されたもの’で‘文芸，学術，美術または音楽の範囲に属するもの’が‘著作物’である．ありふれた言葉や紋切型のあいさつ，単なる事実やデータ，数式等，そういった特定個人の思想または感情が創作的に表現されていないものは著作物ではなく，誰もが自由に使える．著作物は特定人格の流出物なので，‘あの人らしい（個性的）作品’ということになれば，内容や出来の良し悪しにかかわらず，一般にそれは立派な著作物で，その創作者に対して著作権という独占的な権利が認められる．第三者がその特定個人の創作した著作物を利用しよう，複製しようというときには創作者の許諾を得なければならず，それがまさに著作権制度そのものである．許諾の際に対価を求めうるので，経済的な価値を持つところから，著作権もまた知的財産の 1 つということになる．

著作物にはいくつかの種類，メニューがある．これは国によって定め方が違うが，日本では以下の 9 種類の著作物を例示的に定めている．(a) 言語の著作物，(b) 音楽の著作物，(c) 舞踊または無言劇の著作物，(d) 美術の著作物，(e) 建築の著作物，(f) 図形の著作物，(g) 映画の著作物，(h) 写真の著作物，そして (i) プログラムの著作物がそれにあたる．この 9 種類の著作物のいずれに該当するかによって，法的保護の在り方が異なる．たとえば，著名な建築物は多くの人たちの眼に入り，おのずから写真撮影の対象となる．著名な建築家の設計による建築物は個性豊かな‘建築の著作物（の複製）’であるが，それを画像に固定することは複製行為で建築の著作物を利用したことになるはずである．言語の著作物である小説等の出版物としての複製は許されないが，著名な建築の著作物の写真撮影（複製）は誰でもが街中でふつうに行う行為なので，適法としている（46 条）．また，著作物の種類は相互排他的ではない．たとえば，オ

ペラは音楽の著作物，言語の著作物，舞踏の著作物としての性質を併有しており，それぞれの側面で法的に保護される．ゲームソフトは，コンピュータプログラムの著作物でもあり，動画が入っていれば映画の著作物にも該当する．

### 6.1.2 異質な‘プログラムの著作物’が加えられた背景

少し考えれば，容易に理解できることであるが，(a) 言語の著作物から (h) 写真の著作物の種類の著作物は，創作者の感動や一定のメッセージを自分ひとりの心や頭の中にとどめておくのではなく，誰かほかの人にそれらを伝えたいと思って創作する，人から人への著作物であるのに対し，(i) プログラムの著作物は一定の高速演算もしくは制御，情報処理をするためにシステムエンジニアないしはプログラマがコンピュータにささやきかけるものである．このプログラムの著作物はファームウェアとして回路に焼き付けることもでき，歯車やカムのような機能的製品と類似の性格が濃厚である．映画を見たり，小説を読んだ人は感極まって泣いたり，笑ったりするであろう．プログラムのダンプリストをチェックして，出来の良さ悪さに一喜一憂することがあるかもしれないが，見た人に感情のたかぶりは発生することなく，それはまったく性質が異なる．

では，なぜこの従来の認識からすればまったく性質を異にするプログラムが著作権制度のもとで法的に保護されることになったのか．カナダ政府と日本の政府（とくに当時の通商産業省を中心として）は，1980年代，‘プログラム権法’とでもいうべき著作権制度ではない，プログラムにふさわしい知的財産制度を検討していた．しかし，アメリカの強硬な外圧を受け，1985年に法改正がなされ，9つ目の著作物となった．アメリカに限らず，ヨーロッパ諸国も同様であるが，短期間に巨大な開発投資を必要とするソフトウェアは，両目を瞑ってでも，著作権制度で保護したほうが得策だったのである．当時はまだソフトウェアが自然の摂理の高度利用である特許発明として認められる環境にはなかった．‘プログラム権’などといった新しい法的権利を創設したとしても，それはまず国内制度にとどまり，ただちに国際的に一定の水準の知的財産権として共通に承認される余地に乏しい．そこで半ば必然的に眼をつけられ，浮上したのが著作権であった．知的財産権諸制度のなかでも，破格に強力な法的権利である．国際商取引の有力対象商品であるから，内国民待遇は当然として，無方式主義，さらにはベルヌ条約上最低限50年間の法的保護が得られる．日本のプログラム権法案は15年の保護期間を想定していた．技術革新の激しい情報処理の世界で50年も変わらず効用を発揮できるプログラムなど，存在しうるのであろうか．論理的矛盾はどうでもよかった．プログラムは，‘高級言語’と総称される，自然言語と比較すれば各段に表現の幅は狭いが，コンピュータ言語という‘言語’で書かれるので，システムエンジニアの個性が発露しうる‘言語の著作物’だとの論理が制度的に貢献し，一定の経済的合理性が確保された [1].

‘言語の著作物’の表現手段である文字，言葉，符号，文法などには法的保護が及ばないように，‘プログラムの著作物’を表現する手段，要素であるプログラム言語，規約および解法（アルゴリズム）には法的保護が及ばない（10条3項）．

## 6.2 権利者の視点から

### 6.2.1 著作者人格権

著作物を創作した著作者に‘著作者の権利’が認められる．日本の著作権制度では，著作者に対して2種類の権利，著作者人格権と著作（財産）権を認めている．アイデアそのものではなく，表現された著作物の法的保護は，とりもなおさず表現者の個性，人格的利益の保護ということになり，著作者の権利の1つは‘著作者人格権’である．著作者人格権は，さらに3つの権利を包含する．まずは，創作した著作物を公表するかしないかを自ら決定する権利，‘公表権’である．次は，戸籍名で公表するのか，あるいはペンネームや雅号で公表するのかといった‘氏名表示権’，そして勝手に第三者の改変を許さないとする‘同一性保持権’（当然，論理的には著作（財産）権の支分権の1つ翻案権とつながる）がある．ほかにも，著作者の名誉・声望（名誉声望保持権）を害するような利用をしたり（115条），著作者亡きあとも遺族の感情を害するような利用をすれば訴えられかねない（116条）．この著作者人格権というものは，当然特定人格に緊密につながっているものなので，遺族の名誉感情侵害を除き，一身専属的で著作者と運命を共にする．著作物の対価請求権付きの利用許諾を本体とする，次に述べる著作（財産）権は譲渡，移転，相続することでき，これを著作権変動というが，著作者人格権は著作権変動にかかわらず著作者に残る（著作者人格権の不行使特約は可能）．

著作権制度においては，企業の従業員が，その職務の範囲内で著作物をこしらえたときには，法的な著作権は従業員にはなく，企業が原始的に著作者になるとされている（15条）．そうすると自然人と異なり，人格が擬制されている企業が‘著作者人格権’の享有主体になれるかということが問題になるが，ときめきメモリアル事件最高裁判決（最判平13年2月13日）[2]でも，ゲームソフト会社に同一性保持権を認め，法人の著作者人格権を肯定している．

### 6.2.2 著作権とその支分権

著作者人格権とともに，著作者に認められたもう1つの権利である著作財産権，狭義の著作権は財産権なので譲渡可能である．デジタルコンテンツであれば，著作物（の複製）を化体した物理的存在を移転するとは限らず，権利を保持したまま，ライセンス（使用許諾）することができ，デジタル著作物の利用は多くの場合ライセンスの形態をとる．

出版物に関して言えば，文科系の図書とか論文は，それを書いた著作者に権利が残っていることが多いのであるが，いわゆるSTM，すなわちScience, Technology and Medicine（科学，技術，医学・生理学など）の分野に関しては，雑誌に限らず図書の場合も著作者から出版社に著作権が移転している場合が多い．

共著の場合は，著作権は共有ということになる．何も約定がなければn人で書くと，著作権は原則的にn分の1ずつ，共有の持ち分になる．学術論文の場合は，著作権という経済的な価値評価とアカデミックな業績評価は異なり，一般にファーストオーサーの主要な業績とされる．

著作物の利用と流通をコントロールする権利である（狭義の）著作権は，著作物の種類と著作物の利用のされ方，流通の形態によって，細かな権利に細分され，細分された権利を支分権

(subdivision) という．支分権は，① 複製権，② 上演権・演奏権，③ 上映権，④ 公衆送信権（放送権・有線放送権および自動公衆送信の送信可能化権を含む)，⑤ 口述権 (朗読)，⑥ 展示権，⑦ 頒布権（ゲームソフトを除く映画の著作物にだけ認められる)，⑧ 譲渡権，⑨ 貸与権，⑩ 翻訳権・翻案権，⑪ 二次的著作物の利用に関する原著作者の権利に区分されている．他人が創作した著作物を公然と利用しようとする場合に，当該著作物の著作（権）者が専有するこれらの支分権を処理しなければならず，それを一般に‘著作権処理’と呼んでいる．

複製やインターネット上での公衆送信という利用行為はほとんどすべての著作物で可能であり，複製権や公衆送信権が著作物利用に関し一般的で強力な権利であることは理解できると思う．後に触れるが，複製権は公共的な利用がなされる場合には通常その主張が法的に制限されることになっているが，公衆送信権についてはサーチエンジンやデジタルアーカイブ，遠隔教育などにかかわる利用を除き法的制限に乏しい．上映権は，従来，映画の著作物に限定されていたのであるが，1999（平成 11）年の法改正で動画（映画）に限らず，あらゆるものを技術的にスクリーンに投影することができることから，現在では，すべての著作物の種類に共通する支分権となっている．上演権や口述権（朗読）は脚本や文学作品といった言語の著作物が対象であるし，演奏権は音楽の著作物，展示権は美術の著作物や写真の著作物というように支分権のなかには特定の種類の著作物を対象にそれにふさわしい法的規律の在り方を定めている．ビデオや CD，DVD などの記録媒体に固定されたものを再生する場合にも，法的にはライブの演奏・上演と同様の規制が行われる．公然と CD を再生し楽曲を流す場合には演奏権，公然とビデオに固定された演劇を再生する場合には上演権の処理が求められる．

それぞれの著作物の種類に応じて特定の支分権が存在し，著作権が存続する限り，公然と利用しようとするときには処理しなければならないのであるが，特定個人の思想または感情が表出した著作物というものは人間社会とともに存在し，‘著作物の遍在’というのであるが，著作物はいたるところに無限に存在する．特定の，多くの場合はよく知られ，評価の高い一定の期間をへた著作物を利用しようとしても，著作（権）者を探しだし，連絡をし，許諾を得るのは大変なことである．‘孤児著作物’(orphan works) と呼ばれる，かつては一世を風靡した作品であったにもかかわらず，現在では著作（権）者とその相続人の所在が不明ということは少なくない．日本法のもとでは，一応の探索の手段を尽くせば，文化庁長官の裁定を受け，相当額の補償金を供託すれば適法に利用できることになっている（67 条)．

### 6.2.3 権利の集中管理の仕組み

しかし，文芸作品や音楽などの文化産業を振興するには，厄介な著作権処理を簡便で合理的なものとする仕組みが求められる．著作権等管理事業法（平成 12 年 11 月 29 日法律第 131 号）は，著作権および著作隣接権の集中処理をになう著作権等管理事業者について定めている．著作物の種類，著作隣接権の分野に応じて，著作権等管理事業者が存在し，文部科学省の外局である文化庁の監督に服している．音楽分野では，一般社団法人日本音楽著作権協会 (JASRAC) という巨大な組織が存在し，多くの作曲家，作詞家の著作物を信託管理しており，大半の楽曲の公然利用については，JASRAC に所定の金銭を支払えば適法に行える [3]．楽曲のネット配信などの権利処理を目的として，2009 年には JASRAC などが一般社団法人著作権情報集中処理機構を組織し，活動を展開している．文芸作品については公益社団法人日本文藝家協会，脚本については協同組合日本脚本家連盟と協同組合日本シナリオ作家協会，美術作品については一般社団法人日本美術家連盟 (JAA)，写真については一般社団法人日本写真著作権協会 (JPCA) など著作物の種類に応じて著作権の集中処理団体が存在しており，著作隣接権に関しては公益社団法人日本芸能実演家団体協議会（芸団協），一般社団法人日本レコード協会 (RIAJ) などがある．もっとも，これらの集中処理団体は権利者が信託ないしは委任している著作物に限られ，著作者等が自らの作品等をこれらの団体に任せていない場合には個別に処理しなければならない．いくらこのような中二階的な組織をこしらえても，‘みんながクリエーター’のデジタル・ネットワークの時代で，プロとアマの境界が不分明なままでは無方式主義を掲げる限り完全な制度は仕組めない．

## 6.3 利用者の視点から：著作権制限

### 6.3.1 著作権を制限する諸規定

著作権法 1 条には，著作権制度が著作者等の権利を保護するとともに，文化的な所産である著作物の公正な利用にも十分な尊重を払い，究極的には‘文化の発展’に寄与，さらにいえば学術の進歩をも演出したいとの崇高な目的が掲げられている．文字面をなぞれば，たんに金儲けのための制度ではないといっているはずである．2010 年ころに，日本でも導入が検討されながら業界の反対などで果たされなかった英米法の世界で育った‘公正使用’(fair use) の法理は，本来，調査研究，学術利用，非営利無償の教育的利用などの公共的な著作物利用については，常に経済的対価を求めようとする権利者側の主張を排除し，自由闊達な著作物の公共的非営利利用に道を開くものであり，根幹的な基本的人権である‘表現の自由’の十全な享受をも実現しようとするものである．日本法においては，このような社会経済的な変化と科学技術の進歩に即応できる余地をもつ公正使用の抗弁はいまだ正面から認めておらず，個別的に著作権の主張を制限する規定を 30 条以下に置いている．著作権者の許諾を得ることなく自由に他人の著作物が利用できるとされている場合を掲げると以下の通りである．

① 私的使用のための複製　② 付随対象著作物の利用　③ 検討の過程における利用
④ 技術の開発又は実用化のための試験の用に供するための利用
⑤ 図書館等における複製等　⑥ 引用　⑦ 教科用図書等への掲載
⑧ 教科用拡大図書等の作成のための複製等　⑨ 学校教育番組の放送等
⑩ 学校その他の教育機関における複製等　⑪ 試験問題としての複製等
⑫ 視覚障害者等のための複製等　⑬ 聴覚障害者等のための複製等
⑭ 営利を目的としない上演等　⑮ 時事問題に関する論説の転載等
⑯ 政治上の演説等の利用　⑰ 時事の事件の報道のための利用
⑱ 裁判手続等における複製　⑲ 行政機関情報公開法 等による開示のための利用
⑳ 公文書管理法 等による保存等のための利用
㉑ 国立国会図書館法 によるインターネット資料及びオンライン資料の収集のための複製

㉒（一定の場合の）翻訳，翻案等による利用 ㉓放送事業者等による一時的固定
㉔美術の著作物等の原作品の所有者による展示 ㉕公開の美術の著作物等の利用
㉖美術の著作物等の展示に伴う複製 ㉗美術の著作物等の譲渡等の申出に伴う複製等
㉘プログラムの著作物の複製物の所有者による複製等 ㉙（記録媒体内蔵複製機器の）保守，修理等のための一時的複製 ㉚送信の障害の防止等のための複製
㉛送信可能化された情報の送信元識別符号の検索等のための複製等
㉜情報解析のための複製等 ㉝電子計算機における著作物の利用に伴う複製
㉞情報通信技術を利用した情報提供の準備に必要な情報処理のための利用
㉟（一定の場合の）複製権の制限により作成された複製物の譲渡

### 6.3.2 私的複製，引用，非営利無償の教育的利用など

著作権が制限され，許諾を得ることなく他人の著作物を自由に利用できる場合のうち，とくに重要と思われるものにつき，簡潔に解説を加えておきたい．

私的使用，私的複製の法理（30条1項）というのは，正当に入手，占有している著作物（の複製）については，個人的または家族の間などの人的な結合関係の強い場合には，自由に複製でき，利用に便宜な形態に変換できるとするものである．もっとも，コピーガードが施されている場合にはそれを無効化し複製してはならないとされているが，著作物でないもの，著作権が消滅したパブリックドメイン（公有）のものまで事実上過剰に保護する仕組みにされているところには，この国の著作権制度の問題点が表出している（イギリスなど外国の著作権制度ではパブリックドメインにある著作物の利用をコピーガードにより押しとどめることは許されていない）．

引用の法理（32条1項）は，いまなお2000年を超えて参照されることの多いプラトンやアリストテレスであるが，彼らでさえ先人の業績を引用していたところからも容易に理解できるように，わたしたちの思考は常に先人の著作物の再利用の上に展開されることを法的に確認するものである．しかし，適法引用の範囲とするには，引用された部分と地の文章が明瞭に区分されること（明瞭区分性），引用された表現が思考，論理展開の部品として使用され，出来上がったものが新たに独自固有の著作物となっていること（主従の関係）のほか，出所明示（48条）など公正な引用の慣行に従っていなければならない．引用は，対象となる文章の前後を鍵括弧でくくるなどがマナーとされているが，要約引用も認められる．

そのほかにも古代から文化創造の拠点であり，主要な社会教育施設である図書館における著作物の利用に関する配慮はなされているし（31条，38条1項・4項・5項），学校教育の場においては効果的，効率的に知識を伝授しなければならず（35条），教科書利用や学校教育番組の放送などは補償金の支払いが発生するが，教育効果の極大化に資する著作物を自由に利用できる（33条，34条）．人の知識の到達度や思考的能力を確認するために行われる試験についても，公表された著作物であれば自由に利用できる（36条）．そこには企業の行う入社試験も含まれるが，模擬試験のように営利事業として行われる場合には実施後補償金支払いが必要となる．視覚障害者や聴覚障害者，さらには知的障害，発達障害をもつ人たち，ディスレクシア（識

字障害）の人たちの情報知識へのアクセスを保障する定めも置かれている（33条の2，37条，37条の2）．裁判を受ける権利（憲法32条）を行使する場合に，真実を明らかにするためにはあらゆる著作物を利用できる（42条1項）．情報公開制度に基づいて行われる，行政が組織的に保有する公的情報に対する市民の開示請求が著作権に阻まれることもない（42条の2）．

2009年の法改正で，サーチエンジンの開発やインターネット上の情報解析（47条の7），コンピュータと記憶装置の取扱いに関する著作権法上の疑義の解消（47条の8），国立国会図書館によるデジタル・アーカイビング（42条の4）が適法とされた．2012年の法改正では，‘写り込み’等の付随対象著作物としての利用が認められ，絶版などの図書につき，国立国会図書館の図書館などへの公衆送信（31条の3），国立公文書館などの著作物利用に関する規定（42条の3）が整備された．

## 6.4 データベースの著作権

### 6.4.1 編集著作物

最近ではスマートフォンなどでの検索が広く行われ影が薄いが，市民生活に必須なものとして，俗に‘タウンページ’と呼ばれる‘職業別電話帳’がある．それは公的統計の基礎とされる‘日本標準産業分類’とは大きく異なるが，なにか日常生活において問題が発生した場合，アタマに浮かんだキーワードで検索すれば，ほぼピッタリの業者が見つけられるスグレモノである．著作権法上は，このような‘タウンページ’は編集著作物とされ，素材の選択もしくはその配列に創作性があるものは，その構成要素とは別に‘編集著作権’が認められる（12条）．対象となる素材のすべてを網羅的に収集したり，50音順やアルファベット順など機械的な配列には創作性は認められない．身近なところでは，百科事典や新聞が編集著作物の代表的なものである．

### 6.4.2 データベースの著作物

特定の分野のデータベースを構築しようとするとき，対象とする事物・事象に関してどのような情報項目（メタデータ）を選択するか，データベース・システムをどのような体系的構成にするか，具体的に入力するデータの範囲をどうするかが検討され，そこに一定の創作性がみられれば，‘データベースの著作物’として法的保護を主張しうる[1) [4]．

もっとも，編集著作権の認められる編集著作物やデータベースの著作権が認められるデータベースであっても，その構成要素が著作物に該当しない事実やデータである場合には，そこから一定程度抽出して日常的情報ニーズを満たす利用をすることまでは著作権（データベースの著作物の複製権）の追及を受けることはない．というのは，そのような利用は，当該データベースの複製物を購入ないしはライセンスを受けた目的そのものに該当するからである．

ちなみに，創作性のない網羅的な，あるいは通常どこでも用いられている構成要素からなるデータベースにはデータベースの著作権が法的に成立することはないが，既存のデータベースの構成要素をかなりの程度コピーし，別途，商品として提供する場合には，不法行為責任を追及

1) ‘情報の選択’あるいは‘体系的な構成’に創作性がみられれば，‘データベースの著作権’が認められる（12条の2）．

される可能性は小さくない．また，ロボットなどの自動計測機器などを用いて定時的に膨大なデータを記録した大容量データなどの場合には，データベースの著作物には該当しないが，著作権制度とは別の次元で，経済的取引の対象とされることがある．

## 6.5 ウェブページの著作権

わたしたちは，日常的にインターネットのお世話になっており，インターネットのお世話にならない日はないという状況にある．そして，PC，タブレットであれ，ケータイ，スマートフォンであれ，アクセスするウェブページが‘著作物’であり，自分自身のPCやケータイのディスプレイに映し出される画面がコピー（複製物）であることを知っている．そして，そこに著作権が付着していることもまた大方の人が承知している．

### 6.5.1 サイバースペースに浮かぶ公有地と私有地

それでは，‘ウェブページ’は，著作権法上，どのように位置づけられるものなのか，考えてみよう．まずは，ウェブページを閲覧，利用する場合を考える．‘お気に入り’（ブックマーク）に登録しているウェブページに直接アクセスするのでなければ，GoogleやYahoo!などのサーチエンジンにキーワードを入力し，検索結果のページを介して，求めている情報を掲載しているウェブページを渉猟することになる．このときインターネットの利用者が第三者のなんらかの権利を侵害しているとの意識をもつであろうか．特定のウェブページにたどりつき，そこで自分のメールアドレスや氏名，住所，クレジットカードの番号や有効期限を入力しなければその先のウェブページに進めなくなったときにはじめて，無限に広がるかに思えるサイバースペースのなかに囲い込まれた‘私有地’があることに気付く．すでに登録されていれば，自分に与えられたパスワードを入力し，自分がその一員として認められたインターネット上に浮かぶ‘王国’への立入りが許される．このアクセスコントロールされたインターネット上の私有空間，一定の排他的統治領域を除けば，サイバースペースを享有するコスモポリタンは自由にウェブページを行き来し，ビジネス利用でも意図しない限り，そこにあげられているデジタルコンテンツを自分と近しい関係にある人たちの間で共有することができる．サイバースペースに公開しているそれぞれのウェブページの開設者たちも自分たちのウェブページに数多くアクセスしてくれることを願い，そのサイトの存在と掲載されているコンテンツが広く知られることを希望している．特定の意思表示を明らかにするマークなど使用しなくても，このことは仕組みの上からも当然のことである．

### 6.5.2 黙示の許諾

わたしたちがインターネットを利用し，アクセスコントロールされていないウェブページを楽しむ場合，当該ウェブページの運営にあたっている者もできるだけ多くの人々がアクセスし，閲覧することを願っており，事実上，そのアクセス，閲覧，ダウンロード，プリントアウト，外部記憶装置への複製を制約するものがないことはあたりまえであり，そこには明らかに‘黙示の許諾’(implied license) が存在する．著作権法30条1項3号は，たまたまアクセスした音楽や動画を視聴し，複製を行ったとき，そのデジタルコンテンツ自体が第三者の著作権を侵害した違法コピーである場合，その違法複製の事実を知りつつ自らの PC やケータイに複製することを禁じている．また，自覚的に違法複製を目的に，悪名高き著名な違法サイトや海賊版マンガをただで読めるリンク集を提供するリーチサイト（誘導サイト）にアクセスしたり，ファイル共有ソフトを悪用するのでないかぎり，故意過失なく違法複製のデジタルコンテンツを私的に複製，利用したからといって，ただちに可罰的違法性が肯定されるわけではない．私的空間への著作権法の侵入は望ましいものではなく，‘法は家庭に入らず’という法の謙抑（けんぎょう）性は尊重されるべきものと考えるが，この範囲にまで厳罰化が及んでいるのは，市民の側からすれば由々しきことであると思う．

### 6.5.3 ホームページの作成と著作権処理

次に，ウェブページを作成する場合に著作権制度についての留意点を検討することにしたい．HTML や XML などのマークアップ言語によって，あるいはホームページを作成するソフトウェアを利用することによって，比較的簡単にウェブページを作成することができる．学校の授業でも，ソフトウェアを用いて，児童生徒，学生たちにホームページの作成技法を教えている．そこでは適切なフォントの文字によって構成されるテキスト情報，デジカメ等で撮影された画像や動画，IC レコーダーで録音された音声などがウェブページ上に配置されている．構成要素であるテキスト情報，画像，動画，音声が特定個人の創作にかかるものであれば，当然，それは著作物であり，第三者の著作物をウェブページに利用する場合には著作権処理をしなければならない．ここでの著作権処理は，複製権，公衆送信権と翻案権，そして著作者人格権のうちの同一性保持権が対象となる．同一性保持権の侵害は，結果的にオリジナルに変更が加えられるわけであるから，翻案権侵害につながることは理の当然であるが，なぜウェブページの作成に利用される著作物につきそこまで考慮しなければならないかというと，オリジナル作品の色合い，音声などがデジタル化に付随して不可避的に変わってしまうことがあり得るからである．

ウェブページを作成するとき，‘フリー素材’とうたわれているイラストや画像を用いることが少なくない．‘フリー’を‘自由’に，いかようにでも利用できると解すべきではない．‘フリー’とは対価を支払うことなく，‘無料’で利用できると理解したほうが良い．というのは，手を加えることなくそのまま利用することは，そのフリー素材を制作した著作者が覚悟しているが，加工，改変することまでは予想しておらず，同一性保持権，翻案権の侵害として追及されるおそれが皆無とはいえない．

また，作成されたウェブページの画面全体，およびそのプリントアウトされたものは，素材自体の著作権とは別に，そのウェブページに貼り付けられた素材の選択または配列に一定の創作性が備わっていれば‘編集著作物’（著作権法 12 条）に該当する．したがって，既存のウェブページをなぞり，同一ないしはそっくり同じのウェブページを作成すれば下敷きにしたウェブページの編集著作権を侵害することになりかねない．ウェブページの構成要素のいくつかを差し替えたとしても，その類似性が感得されれば，編集著作権侵害の可能性は否定できない．もっとも，特定のソフトウェアを用いてウェブページを作成すれば同様のレイアウトにならざるを得ないといった場合には，編集著作権の侵害は成立しない．一般に広く使われる，ありふれた素材の選択や配置により構成されるウェブページにはもともと編集著作権は認められず，それを真似たとしても著作権法上は問題はない．

## 6.6 技術的制限手段迂回装置提供行為の規律

### 6.6.1 インターネットと違法コピーの流通

インターネットが普及し，音楽を楽しむ若い人たちの消費行動は変化し，それまでのCDではなく，PCやケータイ，iPodやスマートフォンなどを利用し，楽曲ファイルが蓄えられているサーバにアクセスし，音楽配信を享受するようになった．関係技術が進化し，伝送路の容量が大きくなったことから，映画もビデオからDVD，さらには動画配信を受ける方向に変わりつつある．YouTubeやニコニコ動画など，無償で楽曲や動画を楽しめる環境も整ってきた．デジタルコンテンツは容易に複製し広範囲に頒布することが可能なことから，付着している著作権や著作隣接権等を処理することなく不正違法に複製されたコピーがインターネット上を流通することになった．WinnyやShareなどのファイルシェアリングソフトの普及も関係企業の被害を拡大し，本来価値中立なはずの技術が目の敵にされる．音楽産業，映画産業等に属する関係企業が投下した資本を効果的，効率的に回収する仕組みが築けず，不正違法なコピーの作成・流通の阻止と，有料のデジタルコンテンツを提供している放送事業者やサイトへの違法なアクセスを拒絶する法的システムが要請された．

### 6.6.2 技術的複製制限手段の迂回装置の規制

科学技術の発展は，複製再生技術の発展でもあった．音楽は高価で場所をふさぐ再生機器からウォークマン，iPod，スマートフォンへ，都心の繁華街に行かなければみられなかった映画はホームビデオ，DVD，最近ではオンデマンドでみられるようになった．ゲームソフトも子ども専用ではなくなり，バーチャルリアリティ，3Dの画面で個人的に所有する機器を用い，オンラインでソーシャル利用も可能となった．近年の科学技術，情報通信技術の急速な発達がもたらした関係複製技術による定型的私的複製行為の中には，音楽や映画等の既存の著作権ビジネス産業に大きな打撃を与えうるものが少なくない．エンドユーザーがインターネット上でアクセスできたコンテンツに対して，自分の私的使用のためにダウンロード，外部メモリーにコピーする．それだけでなく，その著作権が付着するコンテンツを家族や近しい知人，友人にそれをメール添付で送信する．さらには私的複製の範囲を逸脱して，メーリングリストやBBSに書き込んだり，みずからの管理運営するサイトにアップロードしたりする．多くの公衆への違法複製コピー提供の起点には，著作権法30条1項が定める私的使用，私的複製の適法利用が存在する．インターネット上で楽曲や映像，ゲーム，電子出版物，ビジネスソフトを有償で提供とする権利者，著作権ビジネスにとっては，インターネット上の私的複製がビジネスチャンスを奪うものと意識するのはある意味で当然である．パッケージ型のコンテンツにとどまらず，インターネット上で販売するデジタルコンテンツに対して，許諾していない複製行為そのものを不可能とする技術的措置を付加することになる．また，電子すかしやDRM（Digital Rights

Management）技術が利用される．これらの技術的複製制限手段の迂回装置とその利用に対しては，現在の産業構造秩序を肯定し維持しようとする立場に立てば許しがたい．21 世紀に入ってからの私的複製の適法性を定める著作権法 30 条（1 項）に関する度重なる改正は，そのことを如実に物語る（インターネット上に公開されているコンテンツを違法複製と知りつつコピーするエンドユーザーの行為は刑事罰の対象とされるに至っている）．

一方，1999 年の不正競争防止法改正は，著作権ビジネス側で施した複製制限手段を迂回する装置やサービスを業として提供することを禁じ，2011 年の同法の改正はそれを強化し，違反業者には，刑事責任も問われることとなった．翌 2012 年改正法では，技術的制限手段の適用範囲が広げられ，規制が強化された．

2004（平成 16）年，日本においてもコンテンツ振興法（コンテンツの創造，保護及び活用の促進に関する法律）が制定され，デジタル・ネットワーク社会にふさわしいコンテンツ産業の育成と競争が目指された．リアルの世界だけでなく，ボーダレスにグローバルに広がるインターネットの世界，サイバースペースで音楽，放送を含む映像，ゲームソフト，電子出版，ビジネスソフトが流通，販売され，それらコンテンツ提供は PC やワークステーションだけでなく，スマートフォン，タブレットなどを対象とするモバイルコンテンツとしても取り引きされている．

このとき無体のデジタルコンテンツを有償の商品としてビジネスを展開しようとすれば，無権限のアクセス，無許諾の複製利用を排除し，許諾され対価を支払うユーザーに限って，提供するコンテンツの内容である音声，動画，静止画，文字，プログラムの正確で適切な複製を享受させなければならない．そのために，コピーコントロール技術，アクセスコントロール技術，暗号化技術，本人認証技術などが動員される．

パスワードを不正に取得し，他人である権限あるユーザーになりすまして悪意のアクセスをしたり，デジタルコンテンツ提供業者のサーバのセキュリティ・ホールを突破して対価を支払わずに不当にダウンロードしたりするような輩（やから）は不正アクセス禁止法の対象として取り締まられるし，刑法による取締り，処罰の対象ともされうる．

不当不正なデジタルコンテンツへのアクセス，ダウンロードに立ち向かう法制度として，著作権法アプローチと不正競争防止法アプローチがある．著作権法は，建前としては権利をライセンスされた著作権ビジネスではなく，著作権者，著作隣接権者という権利者の利益を念頭におくもので，当該デジタル著作物の消費者，市民による違法な複製を規律する．著作権法は 2 条 1 項 20 号に定義された信号付加方式などのデジタル複製抑止技術，暗号型技術等よりなる‘技術的保護手段’を回避する装置，プログラムを用いて私的複製をすることを禁じている（30 条 1 項 2 号）．この違法な私的複製，ダウンロードを可能とする技術的保護手段の回避装置・プログラム等を商品として，あるいは無償で広く消費者に提供する者に対しては刑事罰が課される（120 条の 2 第 1 号，2 号）．

一方，不正競争防止法は消費者に向けられたものではなく，主としてビジネスに向けられたものである．有償の商品・サービスとしてインターネット上で取引，販売されているデジタルコンテンツで無断不正複製，違法視聴を抑止する‘技術的制限手段’（2 条 7 項）が施されたものに対して，その技術的制限手段を回避・無効化する装置，プログラム等の提供を不正競争行為とし，そのような事業を営む者を規制し，デジタルコンテンツ業界の公正な競争を確保しようとする．もっとも，‘技術的制限手段’の試験や研究のために用いられる装置等は適用除外とされている．

### 6.6.3 技術的複製制限手段の迂回装置の製造・販売事件

技術的制限手段迂回装置に関する事件を1つ紹介しておきたい（東京地判平成21年2月27日）．それは，‘マジコン’に関する事件である．マジコンというのは，技術的制限手段の付されたテレビゲームのゲームソフトをコピーしたり，またそのコピーやイメージファイルをゲーム機で起動させるための装置の総称である．携帯型ゲーム機‘ニンテンドーDS’および同ゲーム機用のゲームソフトを格納したゲーム・カード（DSカード）を製造，販売する，任天堂を含むゲームメーカが，俗にマジコンと呼ばれるコピープロテクションを解除する装置を輸入・販売していた業者を訴えた．裁判所は，任天堂等が採用している‘技術的制限手段’を無効化するマジコンの輸入・販売は，不正競争防止法2条1項11号（当時は10号）の不正競争行為に該当するとして，輸入，販売等の差止めおよび在庫品の廃棄を命じる判決が下された．

さらに，2012年3月には，有料のデジタル衛星放送番組受信に関する技術的制限手段であるB-CASカードを迂回する装置である海賊版B-CASカードが出回っているとの報道がなされた．このB-CASカードに施されていた暗号技術の裏をかく海賊版は国内法である不正競争防止法2条1項11号に違反するものであることは間違いないが，インターネットを通じての販売で，台湾の私書箱から郵送されたとされ，侵害者が外国に居住する場合，国境を越えての法執行は困難である．デジタル技術においては，他の先端的製造技術と異なり，正規の事業者と侵害者との間に圧倒的な技術力に差がないことが問題で，いくら既成の事業者の保護に厚く，侵害者に厳しい法制度を仕組んでも，相対的に失うものをもたない侵害者を絶滅することは困難である．

## 6.7 著作隣接権

すぐれた著作物といえども，秘匿されていたのでは文化・学術の向上に資することはない．社会に広くその素晴らしさが伝わってはじめてその意義がまっとうされる．著作物を効果的に伝達する人々や企業に対して，著作権に準ずる法的利益を保障しようとするものが‘著作隣接権’制度である．音楽の分野における指揮者，演奏家，歌手，映画や演劇，舞踊の分野における俳優，タレント，ダンサー，そしてレコード製作企業や放送局，有線放送事業者が著作物の伝達・普及に大きな役割を果たしている．実演家の権利，レコード製作者の権利，放送事業者の権利，有線放送事業者の権利という性質の異なる4つの権利を総称して‘著作隣接権’と呼んでいる．生演奏やリアルの舞台も実演家の権利の対象ではあるが，CDやビデオ，DVDなどに固定されたものが再生，利用されるときにも権利が行使される．ただし，著作権が著作者の意に沿わない利用について峻拒できる性質をもつ‘禁止権’であるのに対し，著作隣接権の場合には一定の期間が経過すれば，元来，著作物の伝達が使命であるところから，対価報酬権に変化する．実演家の権利については実演家人格権が認められ，テレビドラマや映画のエンドロールで長々と出演者のリストが流されるのは実演家の氏名表示権（90条の2）の効力の現れである．

## 6.8 映画の著作物

### 6.8.1 映画盗撮防止法

エンターテインメントのなかでも，世界の国々の多くの市民を魅了するものが‘映画’だと思われる．映画は‘総合芸術’ともいわれ，多くの関係者が協力し合って出来上がる，文学性豊かなストーリーと素晴らしい映像，いやがうえでも雰囲気を盛り上げる音楽性を備えたものである．しかも，その多くの市民に感動を与える映画の製作には，莫大な経費と準備段階からの長い時間，関係者の多大なエネルギーを必要とする．市民に対して，生きる元気を与え，人生の楽しさ，哀しさを伝える映画を作り続けてもらうには，映画産業とそこで働く人たちに一定の経済的利潤と所得を産み出す仕組みが不可欠である．著作権と著作隣接権が大きな役割を担っている．最近，映画館で映画をみると，お目当ての映画がはじまるまえの予告のところで‘映画の盗撮は泥棒です!!’という画面が出てくる．劇場用映画には著作権があり，著作権法により保護されているだけでなく，映画の盗撮の防止に関する法律（平成19年5月30日法律第65号）というわずか4条の小ぶりながら特別法が存在する．

### 6.8.2 映画の著作物の法的特性

著作権法は，‘映画の著作物’に関して，‘映画の効果に類似する視覚的または視聴覚的効果を生じさせる方法で表現され，かつ，物に固定されている著作物を含む’（2条3項）と言及しているが，‘映画’自体の定義はしていない．人間の視覚にとって，静止画ではなく，連続的残像現象により動画と認識できるものが一般に映画とされている．かつては，フィルム映像であったが，最近ではデジタル映像が支配的になりつつある．元来，映画といえば‘劇場用映画’を意味していたので，‘映画の著作物’に関する著作権法の定めは劇場用映画を念頭においたものとなっている．ゲームソフトも動画が含まれていれば‘映画の著作物’に準ずるものとされるが，劇場用映画に典型的に認められる‘頒布権’は判例上認められていない．

映画は，登場人物とその台詞，およびその背景がテキスト情報で書かれた‘脚本’に依拠しながら，製作されるものである．原始的に脚本が書かれることも少なくないが，特定の文学作品やマンガをもとに脚本が書かれることもある．映画はこうした文学作品や脚本の二次的著作物（派生的著作物）（2条1項11号）ということになる．‘クラシカルオーサー’と呼ばれる，作家や脚本家はその映画に対して‘原著作者’として，著作権を行使する．

‘モダンオーサー’と呼ばれる映画の著作者は，その映画の全体的形成に創作的に寄与した制作，監督，演出，撮影，美術等を担当した者をいう（16条）．その映画の全体の創作にかかわった映画監督や演出家，美術総監督などが‘映画の著作者’ということになるが，映画会社の社員として映画制作にあたった場合には職務著作となり，映画会社が原始的に著作者となる（15条）．著作権制度のもとでは，著作物を創作した著作者が当然に著作権者ということになるのであるが，映画監督などの映画の著作物の著作者が映画の著作物の製作に発意と責任を有する映画製作者（2条10項：映画会社）に対して当該映画の製作に参加することを約束している場合には，映画の著作権は映画会社（映画製作者）に帰属するものとされている（29条1項）．

このように映画の著作者とは別に映画の著作権者を制度化している理由は，映画製作が多大の経費を要する営利事業で，映画会社に効果的・効率的に投下資本を回収させるために映画の著作物にかかる著作権を円滑に行使させる必要があるからである．また，その映画に出演している映画俳優は著作隣接権の1つである‘実演家の権利’を有するわけであるが，映画の上映という1つの商品を提供するにあたってその都度権利処理を要求されれば円滑な映画事業が展開できないおそれがある．そのことから実演家である映画俳優に対しては‘ワンチャンス主義’と呼ばれているが，映画製作にあたり出演ギャラを支払えば，当該映画の著作物の上映等については再度権利処理をする必要はない（との慣行が支配している）(91条2項)．

### 6.8.3 映画製作と法

映画の興行を行おうとする者は，映画の著作権者（映画製作企業）から，固定されている音声も含めての映画の著作物の複製物を譲渡もしくは貸与を受ける．多大の経費を必要とする劇場用映画の製作にあたって，映画製作会社は出来上がった映画の複製物を映画館に配給する配給会社等に譲渡することを契約し，経費の小さくない部分を調達する．映画商品を買い付けた配給会社は，その映画を上映する映画館等に配給（譲渡・貸与）できる法的権限，すなわち頒布権（26条）を専有する映画の著作権者から獲得する．上映館は入場料の一部をロイヤリティとして配給会社に納める．しかし，日本の最近の映画製作実務においては，ヒットしそうな特定の個別映画作品の製作を目的として製作委員会を組織し，投資家や出版，興行，放送局その他関係企業から資金を調達し，映画館での上映のほか，テレビ放送，ビデオ化，書籍の同時出版，キャラクターグッズの販売など，契約に基礎をおく多角的な収益構造を狙うことが少なくない．手法としては，民法の任意組合とか，‘SPC法’とも略称される，資産の流動化に関する法律（平成10年6月15日法律第105号）に定められたSPC（Special-Purpose Company：特別目的会社）または特定目的信託を利用して，映画の製作に必要な資金を調達する．このような場合には，リスクの低減と利益の分配を図る関係企業の間での契約により当該映画の著作権（支分権）が分散し，不明瞭な形態となる懸念がある [5]．

### 6.8.4 映画の著作物の利用

街中でよく見かける，学生たちがよく利用するレンタル・ビデオ業者の場合には，その営業用のビデオ（映画の著作物の複製）の貸与については，レンタル料金のなかに頒布権見合いのコストが含まれ，著作権が処理されている．しかし，映画の上映は，必ずしもビジネス利用，商業的利用に限られるわけではない．夏休みに最寄りの公立図書館で子どもたちに向けてアニメ映画の鑑賞会が開かれたり，公民館などで地域のお年寄りを対象に‘寅さん’の上映会をしたり，地域のNPO法人の環境保護団体がアル・ゴアの「不都合な真実」を入場料無料で実施したりすることがある．上映に用いるビデオやDVDは正当に入手し，占有されたものである．このように小規模で，社会教育など非営利無償，公共的な目的で映画の著作物の複製を利用する場合には，映画製作企業やビデオ製作会社，当該業界団体などに許諾を得る必要なく，自由に上映会を実施できる（38条1項）．しかし，関係業者のなかには本来ホームビデオとして製作販売したもので，公衆に向けての上映は許されないとの見解を示し，公立図書館等に上映権付きビデオと称して通常頒価を上回る価格で販売されることがあるが，明確な法的根拠は見出しがたい．

### 6.8.5 マンガの映画化

最近の映画製作の動きの中で，結構な数がみられるマンガを原作とする映画の製作について触れておきたい．マンガは絵と吹き出しの内外に台詞や文字があり，美術の著作物と言語の著作物によって構成される結合著作物である．マンガの製作には様々な形態がある．特定の漫画家個人の脳裏に浮かんだキャラクターと背景，ストーリー展開を個人的な営みとしてマンガや劇画に仕立て上げれば，当該漫画家が単独の著作者で，排他的に著作権を行使しうる．ところが，マンガの中には，'原作' と '作画' が別人の場合がある．すなわち登場人物と台詞，状況を脚本のように描いた原作があって，漫画家はその原作をなぞってキャラクターを可視化し，マンガを描くといったものである．「キャンディ・キャンディ」というかつて一世を風靡したマンガもそうであった．漫画家が単独でキャラクターを描き商品化した事件で，裁判所は原作者の書いたシナリオが原著作物で漫画家の描いたキャラクター，マンガは二次的著作物にあたり，翻案されたキャラクター（二次的著作物）の商品化については原作者の著作権の追及を受ける（28 条）と判示した（最判平成 3 年 10 月 25 日）．また，マンガのなかには，'原案' との表示があるものがある．原案というのは原作ほど詳細緻密にシナリオ化されたものではなく，かなりラフな構想を示したものとされる．当該マンガ作品全体の創作に関与していれば，原作者もしくは共同著作者の地位にたつ．一方，アメリカの 'スーパーマン' や 'ポパイ'，日本では 'ゴルゴ 13' などがそうであるが，多くの関係者が分担しながら企業活動としてマンガ作品の製作にあたっている場合には，法人著作物（15 条）と理解できる．

このようにして作り上げられたマンガを映画化（27 条）するときには，アニメ映画であれ実写作品であれ，クラシカルオーサーである原作者，漫画家の許諾を得なければならないのは当然である．しかし，たとえば「ルパン 3 世」などは，マンガの原作品には存在しないストーリーの劇場用アニメ映画が製作されている．映画作品の内容に該当する具体的なマンガ作品がないのである．著作権制度が具体的な表現を保護する仕組みであるというのであれば，このような場合の法的処理はどのように考えればよいのであろうか．実務上，判例上は，そのマンガに登場する各種キャラクターと具体的な状況設定等を借用し，アニメにせよ実写にせよ，模倣類似した別物をこしらえていることから，マンガ作品の権利者との間で翻案権（映画化権）の処理が必要とされている [6]．

映画の著作物の複製のインターネット上の利用については，映画の著作権者の上映権のほか，送信可能化権を含む公衆送信権を処理しなければならない．ついでに映画の著作権の存続期間について確認しておこう．オードリ・ヘップバーン主演の「ローマの休日」等については，国内法的効果としては，以前の規定に従い公表後 50 年で著作権が消滅しており，その利用は自由とされているが（最判平成 19 年 12 月 18 日），現在では，映画の著作権の存続期間だけは欧米並みに公表後 70 年とされている（54 条）．

## 6.9 パブリシティ権

一般に人の肖像については，明文規定はないが，プライバシーの権利に由来する人格的利益を保護する‘肖像権’が認められているのに対して，とくに映画俳優，アイドルやタレント，プロスポーツ選手などの有名人には，肖像権とは別に‘パブリシティ権’という財産権が認められる．週刊誌のダイエット体操の記事に写真を無断利用された，2人組女性歌手ピンク・レディが訴えていた事件につき，2012（平成24）年2月2日，最高裁第一小法廷（桜井龍子裁判長）は，「読者の記憶を喚起するなど，記事の内容を補足する目的で使われ」，違法性が認められないとして，上告を棄却したが，‘パブリシティ権’を法的な権利として認めた．この判決で最高裁は，パブリシティ権の侵害が成立する3つのケースを示した．①ブロマイドやグラビアのように，独立して鑑賞対象となる商品として，写真（肖像）などを利用する場合，②キャラクター商品のように，商品の差別化を図る目的で写真などが商品に付された場合，③肖像写真などを商品の広告に利用し，写真などのもつ‘顧客誘引力’を利用して一定の経済的利益を得ようとする場合に，パブリシティ権侵害になるとしたのである．もっとも，この判決は‘顧客誘引力’を備えた，社会的に著名な人物については，表現の自由の行使にあたる‘正当な表現行為’の対象として，写真などが報道や論説等に用いられる場合には，パブリシティ権を主張しえないことを指摘している．

## 6.10 著作権制度と研究倫理

このテキストの読者は理工系の学部，大学院などで学び，卒業研究や修士論文の作成に取り組んでいたり，これから取り組む人たちが多いはずである．仮説を立て，実験を行い，検討を加え，学術論文を単著もしくは共著で書く．学術論文はそれを書いた人や一緒に研究活動を行ったチームの文章や図表等からなる表現物で，著作権法によって保護される．次章で触れられるが著作権侵害行為に該当するコピペなどをしてはならないことは言うまでもない．剽窃にあたるコピペや，関係ホームページ掲載の文言や図表，画像の盗用が命取りとなり，研究職を追われる人も少なくない．

しかし，このような誤解はしてほしくない．著作権非侵害＝研究倫理ではない．著作権法上は適法でも，研究倫理としては絶対に許されないということが少なくない．現在ベストセラーとして売れまくっている図書のなかには，著者として表示されている人物の手になるものではなく，実際には‘ライター’とか呼ばれる別人が書いたものが多い．‘ゴーストライター’は著作権法上は当然許され，それはある意味で適法なビジネスとされているのである．ところが学術論文について同じことをするとアウトである．大学院生が書いたものを指導教授が自分の名前で発表したり，およそその研究チームのメンバーでなかった著名な研究者を‘ギフトオーサー’とか‘ゴーストオーサー’にしてはならないのである．逆に，その学術論文の作成には直接関係がなくても，その研究を支援，貢献してくれた人たちは共著者にはならなくとも謝辞や献辞で‘ありがとう’の気持ちを示すのが研究者としてのマナーである．研究者にとっての研究倫理には，研究費の不正使用や利益相反など多くの問題が含まれ，著作権にかかわる事柄はその一部にすぎない．

## 演習問題

**設問1** 大学生であるあなたが所属している研究室で1年間の研究成果を論文にまとめることになった．研究を指導したのはA教授，助教のBさんの指導のもとで実験をしたのは学部生のCさんとDさん，Bさんと話し合いながら論文の草稿はCさんが書き，A教授に草稿をチェックしてもらった．この論文の著作権は誰に帰属するか考えなさい．

**設問2** 近隣に映画館もない，高齢化に悩む過疎の町で，地元のNPO法人の福祉団体が職員の保有している1970年に公開された『男はつらいよ フーテンの寅』（監督：森崎東，脚本：山田洋次，小林俊一，宮崎晃，音楽：山本直純，主演：渥美清）のビデオを用いて，地元公民館で住民たちを対象に入場料金無料のビデオ観賞会を企画した．著作権法上，何か問題はあるだろうか．

**設問3** 1960年に公開されたアメリカ映画『荒野の七人』（原題：The Magnificent Seven）は，1954年に公開された黒澤明監督の日本映画『七人の侍』の翻案，リメイク作品として有名である．一般に，著作権の保護期間内にある既存作品をリメイクしようとするときには，著作権法上，どのような交渉をする必要があるか考えなさい．

## 参考文献

[1] 玉井哲雄，「ソフトウェア社会のゆくえ」，pp. 151-74，岩波書店，東京 (2012).
[2]「最高裁判所民事判例集（民集）」，55巻1号（1740号），p. 87，判例時報社，東京 (2001).
[3] 紋谷暢男編，「JASRAC概論　音楽著作権の法と管理」，日本評論社，東京 (2009).
[4] 椙山敬士，「著作権論」，日本評論社， pp. 111-24，東京 (2009).
[5] 土井宏文編著，「コンテンツビジネス法務 財務/実務論（デジタルハリウッド大学院講義録）」，九天社，東京 (2006).
[6] 桑野雄一郎，「出版・マンガビジネスの著作権」，pp. 106-17，著作権情報センター，東京 (2009).

# 第7章
# ICTユーザから見た著作権——生活の中の著作権——

□ 学習のポイント

第3章から第6章まで，知的財産権法の概要について学んだ．本章では，これらの知的財産権法，とくに著作権法が，私たちの生活にどのように関係しているかできるだけ具体的な例から学ぼう．

- 大学生活の中で，著作物をどのように利用すべきか理解する．
- 引用は，報道や研究・批評などの目的で公正な慣行に合致するならば，著作者に無断でできる．適法引用の要件として，公表要件，引用要件（明瞭区分性（引用部分明示），主従関係），公正慣行要件，正当範囲要件があるとされる．また，併せて出所明示の義務がある．
- 図書館実務におけるデジタル化の進行，ネットワークの高度化，そのような動きを前提とする著作物の複製とその提供については，現行著作権法の厳密な解釈で矛盾が生じるケースが少なくなく，教育研究や情報アクセスなど，より高次の価値から著作物利用を考える必要があることを理解する．
- 地上波デジタル放送（地デジ）で用いられている複製を制限するしくみや，衛星放送（BSやCS）で用いられている視聴を制限するしくみと，著作権法の関係を理解する．
- 動画共有サイトにおける著作物の利用は，ビジネス上の利害から契約や権利者の黙認によって可能になっていることを理解する．ただし，著作者人格権侵害の問題は残る．
- P2Pファイル共有ソフトウェアで，公衆送信権侵害になるケースについて理解する．とくに，一部のP2Pファイル共有ソフトウェアでは，著作物をダウンロードすることが公衆送信権侵害行為となる場合もある．

□ キーワード

教育の過程における著作物の複製，生徒・学生による著作物の複製，試験・問題集における著作物利用，引用，コピー&ペースト（コピペ），図書館所蔵資料の公共的複製，学校付設の図書館，図書館の複写サービス，図書館における障害者サービス，地上波デジタル放送（地デジ），リッピング，動画共有サイト，包括的利用許諾契約，P2Pソフトウェア

## 7.1 私たちの生活と著作権—デジタル技術による変容

私たちは生活するなかで，様々な著作物を利用・使用している（図7.1）．学習や研究のために，学校や自宅で本や論文を読み，ときにはその一部をコピー機で複製したり，ノートに抜き書きや要約を作ったり，論文やレポートの中で引用をすることがある．限られた小遣いの中か

図書館での書籍や論文のコピー

CD や DVD のリッピング

「地デジ」の視聴や複製

携帯音楽プレイヤーでの視聴

動画共有サイトでの動画の視聴

図 **7.1** 消費者・ユーザとしての著作物の使用・利用の例.

らレポートや論文で使う本をすべて購入することも難しい．図書館で本を借りて利用することもあるだろう．公共図書館に行くと，目の不自由な人のためにボランティアらしき人が本を読みあげる朗読サービスを行っている．これも著作物の利用の一形態だ．

勉強に疲れてカフェテリアに行けば，有線放送が BGM として流れているかもしれない．夕食を食べようと仲間と入った近所の定食屋では，お客へのサービスなのか，テレビがつけっぱなしとされ，人気のテレビドラマが流れていることもあるだろう．ときには，レンタルショップで CD や DVD，マンガを借りて楽しむことも大学生ならば，ふつうのことだ．お気に入りの CD は，PC にリッピングして携帯音楽プレイヤーで聞けば，通学時間の退屈も少し紛れる．

このように日常生活を振り返ると，私たちは，消費者・ユーザとして様々な著作物を様々なやり方で利用・使用していることがわかる．

一方，PC やインターネットなどのデジタル技術を使えば，私たちは，低コストかつ容易に情報発信を行うこともできるようになった．私たち自身が書いた文章や描いたイラスト，撮影した写真，作曲した音楽などをウェブサイトをつくって情報発信することもできる．また，YouTube やニコニコ動画などの動画共有サービスを使って情報発信することも手軽である．ユーザが問題を引き起こした Winny や Share などの P2P ファイル共有ソフトウェアも，様々な動画や音楽などのファイルをダウンロードするだけでなく，自分から情報発信する道具としても使うことができる．

さらに，デジタル技術は既存の著作物を編集したり，自分の著作物と組み合わせて新しい著作物をつくることが容易である．たとえば，YouTube やニコニコ動画を見てみればよい．過去に流行した音楽を自分なりのアレンジでボーカロイドに歌わせたり，自分で演奏・歌唱する映像が多数アップロードされている．自分の作成した動画に既存の音楽を BGM として組み合わせた動画もある．中には，昨日放送されたばかりのテレビ番組が，ユーザの手でアップロードされていることもある．よく見ると，放送局や映画会社，芸能プロダクションなどが映像を

大学祭でのJ-Popの演奏

論文・レポートを書く際の「引用」

放送された動画やDVDの動画の編集

動画共有サイトでの動画投稿

図 **7.2** 情報発信者としての著作物の使用・利用.

アップロードしていることもある——違法と適法の境界はどこにあるのだろうか？（音楽や映像の配信サービスの著作権問題については，第10章で扱う）

デジタル技術の発達と普及によって，ふつうの生活を営む私たちは消費者・ユーザとして著作物を消費・享受するだけでなく，世の中に対して情報発信者として振る舞うこともできるようになった．従来，著作権は，小説家や出版社，テレビ局で働く人々，映画制作関係者，芸術家や作曲家・作詞家，演奏家・歌手・俳優など，いわば著作物の制作と流通にかかわるプロだけの問題だった．ところが，デジタル技術の発達と普及によってふつうの人々が利用者・消費者のままで，世の中に対して情報発信し，著作物の流通にかかわることができるようになったことで，著作権は万人の問題となってしまった（第6章）．現代における著作権問題の難しさと広がりは，デジタル技術の発達と普及が一因だといえる．つまり，ふつうの人々が著作権侵害の加害者にも被害者にもなりえる当事者となってしまったのである．

本章においては，ユーザから見た著作権問題について扱う．生活の中で様々な著作物を消費・利用することが，どのような場合に著作権や著作者隣接権の侵害にあたるのか，それとも扱わないのか，具体的な例に即して考えていこう（図7.2）．次章以降におけるICTにかかわる著作権を理解するための準備を行うとともに，また第6章で学んだ著作権の基礎知識の実生活への応用を学ぶことが，本章の目的である．

## 7.2 授業やサークル活動で著作物のコピーを使えるか？

### 7.2.1 2つのケースを考える

ここでは，次の2つのケースを考えてみよう．

**ケース1**

コミュニケーション論を担当するA先生はたいへん授業準備に熱心な先生だ．毎回授業でレジュメやプリントを作成して配布するだけでなく，プレゼンテーションソフトウェアで講義スライドも作成している．ただ，よく見ると，レジュメやスライドの図表や文章には，定評ある入門書や専門書からのコピーがたくさんある．すべてがA先生の著作からというわけではない．著作権の保護期間（原則的に著作者の死後50年．亡くなった年の翌年1月1日が起算点）を過ぎた古典からの引用だけでなく，現存する著者の書籍や論文からの引用も多いようだ．授業で配布する資料に他人の著作物の複製を行って配布してもよいのだろうか？また，プレゼンテーションソフトウェアで提示する場合はどうだろうか？

ケース 2

情報処理 I の授業は，今日からホームページ制作を実践的に学ぶこととなっている．先週の授業で HTML とスタイルシートの概念，簡単なタグについては勉強した．今日の授業は，簡単な文章をつくって，イラストや写真をホームページに張り付けることが課題だ．イラストや写真は，インターネットから気に入ったものを PC にダウンロードして，それを ⟨img⟩ タグで指定して，ページ内に表示されるようにするようにと，指示を受けた．よくできたホームページは，情報処理 I の授業終了後，大学のウェブサイトから全世界に公開するんだと，B 先生は張り切っている．

授業の中で，学生・生徒がインターネットからダウンロードしてきた著作物（イラストや写真，文章，音楽など）を複製してホームページを作成したり，資料として複製して教室で配布することはできるのだろうか？また，授業の過程の中で，他人の著作物を利用して作成したホームページを大学のウェブサイトで公開しても著作権侵害になる可能性はないのだろうか？

### 7.2.2 授業の中で教員は著作物の複製配布や上映はできるか

第 6 章で学んだように，著作権法には，第 30 条から第 50 条までに著作権の制限規定が定められている．この規定に従って，一定の要件を満たしていれば，著作者の許諾を得なくても他者の著作物を複製・上映・上演・演奏など利用することができる．利用の様態によっては，著作者に対して補償金を支払うことが必要である．

ところで，著作権法第 35 条によれば，非営利の教育機関（学校教育法上の教育機関に限らない）において教育を担当する者と教育を受ける者は，授業の過程における使用に供することを目的とする場合には，一定の要件のもとに，公表された著作物の複製等ができるとされる．非営利の教育機関とは，正規の初等中等教育機関や大学・大学院に加えて，専修学校や職業訓練学校，社会教育施設，教員研修施設，職業訓練所なども含まれる．ただし，塾や予備校（もちろん，資格試験受験のための予備校も）などは，学校教育法上の教育機関にあたらず営利であるから，同条の規定は及ばない．

このとき授業を行うために必要ならば，著作物の表現を要約・変形（一部を空白にして，学生に適切な表現で埋めさせるなど）して使用したり（翻案），翻訳して使用することができる（43 条 1 項）．出所（著作者名や作品名，公表年など）を明示する慣行がある場合，明示をしなければならない（48 条 1 項 3 号，3 項）．

教科用図書への掲載（33 条）や教育放送（34 条）の場合と違って，本条による場合無償で複製できるので，厳しい要件が加えられている．つまり，① 必要と認められる限度で，② 著作物の種類・用途・複製部数・態様に照らして著作者の利益を不当に害するものであってはならないとされている．たとえば，問題集や参考書を 1 部購入して全頁を複製して 50 名のクラス全員に配布するなどの行為や，合唱会の練習用に CD をレンタルしてその複製をやはりクラス全員に配布するなどの行為は，著作者の利益を不当に害すると考えられる [1,2]．

また，表 7.1 の条件をすべて満たす場合，著作物は複製するだけでなく，公衆（不特定もしくは多数の者）に譲渡（配布）することができる．ただし，目的外の利用はできない（47 条の 4，49 条 1 項 1 号）．つまり，同じ教室で授業を受ける学生や授業を行う教師に授業の過程におい

表 7.1 授業の過程の中で著作物を複製・配布できる条件．

| 要件 | 内容 |
|---|---|
| 要件1（どこで？） | 非営利の教育機関（大学や専修学校，職業訓練校など）において |
| 要件2（誰が？） | 教育を担当する者と教育を受ける者（学生・生徒など） |
| 要件3（目的は？） | 授業の過程における使用に供すること |
| 要件4（制約は？） | ①必要と認められる限度で，②著作者の利益を不当に害しない |

て使用するために配布はできても，それ以外の目的での使用のために（たとえば，大学のPRのために高校に配布する）配布することはできない [1,2]．

さらに，「授業の過程における使用」とは，教育上の目的を達成するために行われる部活動などにおける使用も含まれるので，たとえば，中学校や高校の科学部の活動のために，科学雑誌の一部を複製して数名の部員のために配布することは許されると考えられている [1,2]．

その一方で，プレゼンテーションソフトウェアによる著作物の提示は，現在の著作権法では上映とされるが，35条では規定されていない．しかし，38条1項の非営利・無料・無報酬の上映の一種であるという解釈から，著作権法上無許諾で上映できると考えられる．授業時間内における権利処理を行っていない視聴覚著作物の上映・演奏も同じ解釈に従うことになる [2][1)]．また，本条に従って，翻案・変形などを行う場合，著作者の許諾を要するとされるが [2]，この規定の合理的理由が何か疑問がないわけではないとしたり [3]，授業時間内に収めるために，やむをえず演劇や視聴覚教材の一部のみ上映するなども許されるとする学者は多い [4,5]．

### 7.2.3 授業の中で学生は著作物の複製の作成はできるか

授業を行う教員が著作物（文章や図表，写真など）を複製できるだけでなく，平成15年著作権法改正によって，授業を受ける者（学生や生徒など）も複製ができるようになった（35条第1項）．この改正で授業を受ける者も複製ができるようになったのは，ホームページ作成やデジタル著作物の編集を容易に学べるようにするための措置とも言われる [6]．

したがって，情報処理の授業でホームページ制作を学ぶために，学生がインターネットからダウンロードした写真やイラストなどを複製してホームページを作成することはできる．

しかしながら，授業の過程の中で著作物を複製できるとしても，できあがった作品をインターネット等で公表する場合には，注意が必要とされる．著作権者の許諾を受けない場合，公衆送信権（23条）侵害に問われる可能性がある．

### 7.2.4 ハイパーリンクは著作権を侵害するか

ホームページを作成する場合，ほかの著作物にハイパーリンクを張ることがある．日本においては，著作物にハイパーリンクを張る行為が著作権侵害にあたるかどうか裁判によって判断された例はない．

---

1) 文献 [2] によれば，①著作物利用の主体が企業など営利目的の団体であるか，利用目的が営利である，②著作物を公衆に提供・提示する行為の見返りとして料金を徴収する，③実演・上映の提供に対する反対給付があるのいずれかに当てはまる場合には，38条1項による著作権の制限規定の対象にはならないとされる．学校等での上映は，多くの場合，この3条件のいずれにも当てはまらない．

インターネット普及の初期において，画像の一部をモザイク加工してマスキング（隠蔽）したり，逆にそのモザイク加工を外すことができるソフトウェアへのハイパーリンクと，そのソフトウェアで一部をマスキングしたわいせつ画像へのハイパーリンクを表示するホームページを運営していた者が，わいせつ図画公然陳列罪を認められた（執行猶予3年，懲役1年）裁判例がある[2]．わいせつ図画公然陳列罪は故意犯であって，故意の認定が重要な要件であり，この事件においては，単にわいせつな画像に対してハイパーリンクを張ったことではなく，勧誘行為があったことが有罪の重要な決め手となった [7]．したがって，この事件は，単にハイパーリンクを張ったことによって，その行為者が責任を問われた例ではない．この事実を確認したうえで，ハイパーリンクを張る行為が著作権侵害にあたるかどうか考えよう．

ハイパーリンクを張る行為は，その著作物がインターネット上のどこにあるかプロトコルを指定することであって，現実世界に例えるならば，書店や図書館のどの場所に書籍や雑誌が置いてあるか指定することと変わらないように思われる．したがって，通常の場合には，ハイパーリンクが著作権侵害になることはないと思われる[3]．

しかしながら，ブラウザでの表示の際に画面を分割して複数のページを同時に表示する「フレーム」と呼ばれる手法を使って，他人の著作物である文書を表示するハイパーリンクを行う場合，他人の著作物をまるで自分の著作物であるかのように誤認させるかのような表示を行うならば，著作権侵害もしくは著作者人格権（氏名表示権）侵害に問われる可能性がありそうである．米国においてはニュース記事に対してハイパーリンクを張る閲覧サービスを提供した事業者が，記事を提供する新聞社などから告訴され，和解条件として自社制作のコンテンツであるかのように誤認させないことを約束させられた例がある [8]．

なお，著作権侵害コンテンツへのリンクを提供し，自ウェブサイトへのアクセスによる広告料収入を稼ぐ，いわゆる「リーチサイト」に関しては，コンテンツ産業の経済的被害が大きいので取り締まるべきとされる一方，リンクの提供行為自体が表現行為という側面を有することから，悪質なもののみに限るべきなどの議論があった．リーチサイトの取締りに関しては，「知的財産推進計画 2016」で規制検討が示唆され，平成 28 年度文化審議会著作権分科会法制・基本問題小委員会で審議が行われたものの，表現・言論の自由の萎縮を避けるため，プロバイダ責任制限法などの現行法での対応が可能であるとしても，適用要件を明確にするため立法が必要との意見や，悪質とする範囲をどうするかなど検討課題が多数あることが確認されるにとどまった [9]．2017 年 9 月には，国内最大級といわれるマンガの海賊版へのリンクを集めたリーチサイトが，著作権侵害を助長するものとして摘発された．執筆時点では，裁判所の判断はまだない．

---

[2] 大阪地裁 平成 9 年（わ）第 1619 号．

[3] あらかじめ登録しておいた新聞のウェブページから記事見出しを自動的に抽出し，指定したウェブページ上に表示する「ライントピックス」というサービスをめぐって，見出しの著作物性と財産的価値を争った裁判例においては，「鮮度が高い時期に」「特段の労力を要することなく」見出しのデッドコピーを使って，営利目的で，かつ継続反復的にサービスを提供することは，見出しを作成した新聞社の業務と「競合する面があることも否定できない」として，不法行為を認めた例がある．ただし，この裁判では，見出しの準財産権を認めたものの，著作物性を認めたわけではないと解釈される（知財高裁 平成 17（ネ）第 10049 号）．

### 7.2.5 試験や教科書での利用

公表された著作物は，入学試験等の試験・検定の目的上必要な限度に置いて複製・公衆送信（送信可能化を含む）できる（36条1項）．ただし，営利で行われる試験の場合には，複製・公衆送信を行う者は，通常の使用料に相当する額の補償金を著作権者に支払わなければならない．このような規定があるのは，権利者に許諾を得る行為によって試験問題が漏えいする可能性をなくすためとされる．ただし，営利目的の試験であっても本条は適用されるが（補償金の支払いが必要），入試問題集などにはこの規定は適用されない．なぜならばこのような利用は趣旨に合致しないからだ[4)]．

本条により利用する場合，翻訳して複製・公衆送信ができるが，翻案については定められていない（43条1項2号）．要約や一部を省略して受験者に適切な表現で埋めさせるなどの利用がありえる場合，20条2項4号の規定から見て，やむを得ない改変であるならば同一性保持権侵害にはならないと考えられる（ただし，あまりにもひどい変形は同一性保持権侵害になりえるという学者もいる）．出所を明示する慣行があるときには明示しなければならない（48条1項3号）．

教科用図書に掲載する場合には，補償金を著作者に支払うことを条件として，公表された著作物を利用できる（33条）．公衆に譲渡できるが，目的外の譲渡は著作権侵害となる（33条および33条の2，47条の4）．掲載できる教科用図書は，検定教科書と文部科学省名義の教科書等に限定されており，大学で使用される「いわゆる」教科書には適用されない．補償金の額は，文化庁長官が文化審議会に諮問して補償金の額を定めるとされている．この条に基づいて著作物の複製を行う時，翻訳・翻案して利用できる（43条1項1号）．なお，常に出所明示義務がある（48条1項1号）．

### 7.2.6 遠隔教育での著作物の利用

近年では，複数の拠点を衛星通信回線やインターネット回線などで結び，同時に複数の教室で同一の授業を受講できる遠隔教育や，ウェブを使ったオン・デマンド方式のメディア授業による遠隔教育（ユーザのリクエストによって，あらかじめ保存されているテキストや音声付きの映像をダウンロードする非同期式の遠隔授業）が増えている．このような遠隔教育においても授業を行う者が著作物を利用する場合があるが，このとき通信回線やインターネットによって著作物を送信することによって，授業を行う者が公衆送信権侵害に問われることはないのだろうか．

遠隔教育において，① 授業が行われる場所以外の場所で同時に授業を受ける者のための同時再送信であって，② 38条1項の規定による上演・演奏・上映・口述については，公衆送信権侵害とはならないことが定められている（35条第2項）（表7.2）．ただし，オン・デマンド方式のメディア授業の場合はこの規定が及ばないので，著作者に許諾を得る必要がある [3]．

遠隔教育における試験を実施するとき著作物を利用する場合には，36条によって試験・検定の目的上必要な限度において自動公衆送信ができる（36条1項）ので，遠隔教育における試験

4) 東京地裁平成15年3月28日判例時報1834号95頁，東京地裁平成16年5月28日判例時報1869号79頁．

表 7.2 遠隔教育において著作物が利用できる場合の条件.

| 要件 | 内容 |
|---|---|
| 要件 1（同時再送信か？） | 授業が行われる場所以外の場所で同時に授業を受ける者のための同時再送信か？ |
| 要件 2（利用の態様は？） | 第 38 条 1 項の規定による上演・演奏・上映・口述か？ |

においても著作物利用ができる [2,8].

## 7.3 論文・レポート作成における著作権問題—「引用」と「コピペ」の境界

### 7.3.1 「引用」と「コピペ」の境界

論文・レポートを作成する場合，まったく知識ゼロの状態から書くことはできないし，議論を進めるうえで，書籍や論文から「引用」を行わなければならないことも多い．とはいえ，悪意がなくても，書籍や論文をまるごともしくはその一部をまる写しして自分が書いたのか誰かほかの人が書いた書籍・論文を利用したのか区別ができないような使い方をしてはならない．また，インターネットから都合のよい部分を「コピペ」してやはり同じように自分の書いた論文・レポートの一部または全部と見えるような利用の仕方をしてはならない．

論文・レポートにおける「引用」の仕方については，章末にあげた文献 [10–12] など論文の書き方や引用のルールに関する参考書を読んでほしい．ここでは，著作権法と学術慣行から見た簡単なルールを示す．

著作権法 32 条によれば，「公表された著作物は，引用して利用することができる」とされる．つまり，「引用」の条件を満たせば，著作者の許諾を得ることなく，その著作物を自分の著作物中に引用して利用できる．よくマスメディアでは，盗用・剽窃事件が起きた時，「無断引用」と表現することがあるが，これはおかしな表現である．そもそも引用は著作者に無断（許諾を得ないで）で行ってよいのである．著作権法の引用の条件を満たさないか，学術や文化生産上の慣行・ルールを満たさない場合，それは盗用・剽窃であって，「無断引用」ではない．日常語で「引用」といったときには，たとえば，他人の書いた書籍や論文の一部（とくに，文字による表現）を自分の論文中で，それと示して利用することである．このような漠然とした定義に加えて，著作権法 32 条と判例によれば，表 7.3 の ① ～⑤ の条件を満たせば「引用」とみなされる [5,12–14].

さらに，引用を行う場合の注意事項は表 7.4 の ① および ② である．

### 7.3.2 ノートに抜き書きを作成しても OK か

誰かの著作物から自分のノートに抜き書きを作成することは，著作権法第 30 条の私的複製にあたるので，許諾を得なくても問題ない．著作権法第 30 条においては，「個人的に又は家庭内その他これに準ずる限られた範囲内において使用すること・・・を目的とするときは，・・・その使用する者が複製することができる」とされている．ノートへの文章や図表などの抜き書きも私的複製と考えられる．

表 7.3 適法な引用のチェックポイント．とくに，[14]（pp.182-187）参照．

| 番号 | チェックポイント（要件） | 内　容 | 関連条文 |
|---|---|---|---|
| ① | 公表された著作物を利用しているか（公表要件） | 未公表の著作物の場合，引用したいときは著作者や権利者（著作権を譲渡された者，遺族など）に許諾を得る必要がある． | 32条 |
| ② | 引用部分は自分の著作物の部分と区別されているか(引用要件1：引用部分明示) | 自分の著作物の部分と引用部分は明確に区別されなければならない．引用部分を明示するには，「」でその部分を囲ったり，何段かインデント（字下げ）して，自分の文章と区別するなどの方法がある．詳しくは巻末文献 [10–13] 参照． | 32条 |
| ③ | 自分の著作物が主で引用される部分が従か（引用要件2：主従関係） | 量的・内容的に，引用される著作物ではなく自分の著作物が主でなければならない．たとえば，数百行誰かの文章を自分の書いた文章と区別される形でそのまま書き写し，出所を明示したうえで（要件②と⑥は満たしたうえで），「私もそう思います」というようなレポートを書いた場合には，他者の文章が主であり，自分の文章が従となる．この場合，引用とはされない． | 32条 |
| ④ | 公正な慣行に合致しているか（公正慣行要件） | 学術やジャーナリズムなど，それぞれの分野で引用に関する慣行がある．適法な引用は，その慣行に合致している必要がある．なお，厳密にいえば著作権法上の適法な引用に合致しないものの，業界・分野の慣行では適切と見なされる「引用」もある． | 32条 |
| ⑤ | 引用の目的からして正当な範囲か？（正当範囲要件） | 作成している著作物の用途である報道・研究・批評などの目的のためにその引用を行う必然性があるか．<br>たとえば，批判対象とするために他者の書籍や論文の文章や図表・絵画などを「引用」したり，逆に自説を補強するために「引用」してもよいが，単に読み手や視聴者などに鑑賞させるために絵画や小説・詩歌などを自分の著作物中で利用する場合には，許諾を得なければならない． | 32条 |
| ⑥ | 出所が明示されているか？（出所明示要件） | 引用した部分はどの著作物に由来するか示さなければならい．出所明示の仕方は業界・専門分野，コンテンツの種類ごとに決まっている．詳しくは，巻末の文献 [10–13] 等を参照． | 48条 |

表 7.4 引用を行う場合の注意事項．

| 番号 | チェックポイント | 内容 |
|---|---|---|
| ① | 表現や内容を捻じ曲げていないか？ | 引用する情報の表現は，著作権法の明文上のルールでは，文（言語の著作物）を翻訳する以外は変えてはならないこととなっている（43条1項2号）．しかし，文章に関しては，学術・ジャーナリズムなどの慣行として，内容・趣旨などを捻じ曲げなければ要約引用が認められている．一方，図表などデータの表現に関しては，表現の仕方を変える場合はその事実に言及する必要がある（「～を改変」等の）し，データそのものを変えてはならない（これは，文部科学省の定める特定不正行為 [16] のうち，「改ざん」に当たる）．イラストや写真等に関しては，やむを得ないトリミングやズームアップ等を除き，表現の改変は許されないと考えられる． |
| ② | 学術・文化生産の慣行と合致しているか？ | 著作権法上の引用にあたっては，誰かの著作物の表現をそのまま利用する場合に出所明示などの義務が生じるが，学術の世界では誰かの理論や発見，アイデアなどを利用する場合にも出所明示をする慣行がある [12,15]．あたかも自分の発見であるかのように誰かの理論や発見，アイデアを利用した場合には，著作権・著作者人格権の侵害にはあたらないとしても，学術の世界における盗用や剽窃となるので，学生ならば退学・停学等，研究者ならば勤め先からの懲戒処分や学会の会員資格の停止・はく奪など，なんらかの罰を受けることになる． |

## 7.4 図書館における著作権

### 7.4.1 図書館所蔵資料の公共的複製

図書館の所蔵文献の大半は著作物であり，その利用者は，昔から当然のごとく，自らが大切だと思う部分を記憶にとどめたり，書写（複製）していた．図書館の公共的性格がその正当性を強化する．15 世紀に活版印刷術が創始されるまでは，図書館は写字生を抱え，多数の写本を生産していた．図書館が収集し，利用者に提供する文献が写本から刊本 (printed books) に代わっても，利用者に求める知識と情報を提供する図書館の使命は変わらない．利用者が図書館資料を書写，複製することは，当然の行為と認識された．

このような人類の歴史が，現代の著作権制度においても，図書館業務においては文献情報の複製を当然に適法なものとしている．日本の現行著作権法においても，31 条 1 項が日常の図書館業務と図書館サービスに随伴する複製行為を適法だと確認している．業務上所蔵資料の複製が認められている非営利無償，研究教育に資する図書館については，著作権法施行令 1 条の 3 が定めており，国立国会図書館，地方公共団体の設置する公立図書館，高等教育をになう大学等に設置された図書館，国公立や独立行政法人等の試験研究機関に付設された図書館などが，著作権者に許諾を得ることなく，業務の必要上行われる複製と利用者への複製の提供を認められている（以下，本節で‘図書館’といった場合，著作権法施行令 1 条の 3 の適用のある図書館を指すものとする）．

### 7.4.2 学校付設の図書館と著作権

著作権法施行令 1 条の 3 には，小中学校，高校といった初等中等教育を行う学校に付設される図書室，すなわち学校図書館への適用を肯定する文言は置かれていない．現在の希望すれば入学できるというユニバーサル・アクセス段階にある大学の現実に想到すれば，初等中等教育と高等教育を截然と著作権制度上区別する合理性は認められないはずであるし，世界的に見てもほかに学校図書館は別とする国は存在しない．学校その他の教育機関における複製等を定めた著作権法 35 条は，‘学校の教育課程の展開に寄与’するため，および‘児童又は生徒の健全な教養を育成’[5]するためのコレクションは，ほとんどすべてが双方向で展開される教室での授業に使用される可能性をもち，当事者およびクラスメートのために複製を容認している．学校図書館に必ずコピー機が設置されている事実と理由に眼を向けなければならない．

### 7.4.3 図書館の複写サービスの法律構成

図書館は所蔵資料につき，利用者の求めに応じて，1 人に一部，一部分（慣行として文化庁は半分までとの理解をしている）[6]の‘複写サービス’をなしうる（31 条 1 項 1 号）．図書館実務では‘複写サービス’といわれ，複写機での紙へのハードコピーを指すものとされるが，規定のうえでは‘複製’という語が用いられており，文言上はデジタル・コピーをも含みうる（多くの外国の図書館はそのように運用している）．‘図書館資料’と呼ばれる‘図書館等の（所蔵する）図書，記録その他の資料’に関して，図書館は利用者への‘複製サービス’を提供でき，著作者の複製権は制限される．このとき一部に図書館が複製サービスに利用できるのは自館所蔵の資

[5] 学校図書館法（昭和 28 年 8 月 8 日法律第 185 号）2 条

[6] 俳句は 1 著作物で半分までとすると 9 文字までしか複写サービスの対象とならないとされそうであるが，百科事典の 1 項目や短歌や俳句など見開き 2 ページに納まってしまう場合などは，「複製物の写り込みに関するガイドライン」（(社) 日本図書館協会・国公私立大学図書館協力委員会・全国公共図書館協議会，平成 18 年 1 月 1 日）で全体の複製が可能との運用をされている．

料と解されているのは，図書館の世界の常識からは外れる．というのは，大都市圏の図書館や研究大学の図書館を利用することができる人たちは豊富な情報資料を利用できるが，その一方で，地方の町村立図書館や地方の単科大学の図書館しか利用できない人たちにとっては乏しく不平等な情報知識の利用を強いることになる．従来は最寄りの図書館に必要とする資料が備えられていない場合には，一般に‘取り寄せ’といわれることもあるが，都道府県立図書館や大規模総合大学の図書館などの当該資料を所蔵する図書館から図書館間相互貸出（Inter-Library Loan：ILL と略称）[7]を受けて，利用者に閲覧に供し，その資料に関し複写サービスが必要な場合には，いったん返却したうえで，複写個所を明記し複写依頼をかけることが公式には求められていた．憲法上に定められた教育を受ける権利（26 条），学問の自由（23 条），知る権利・表現の自由（21 条）などの基本的人権保障の要請は，住む場所，通う大学等によって生じる差別を容認するはずはないであろう．欧米諸国では利用者が必要とする図書館資料の物流の費用を公的資金でまかなっているところが少なくない．本来は法によって手当てすべきものと考えるが，日本の図書館の世界では，「図書館間協力における現物貸借で借り受けた図書の複製に関するガイドライン」（(社) 日本図書館協会・国公私立大学図書館協力委員会・全国公共図書館協議会　平成 18 年 1 月 1 日）が，事実上，図書館間相互貸出を受けた最寄りの借受利用館が利用者に直接複写サービスができるとしている．大学図書館に関しては，「大学図書館協力における資料複製に関するガイドライン」（国立私立大学図書館協力委員会，平成 24 年 3 月 5 日，平成 28 年 6 月 27 日改訂）に基づき運用されている．

国立国会図書館は，すでに法的には著作権法 31 条 2 項によって，所蔵資料および法定納本される資料をデジタル化できる．2012 年の法改正は，それに加えて 3 項を新設し，同館は絶版等資料を著作権法施行令 1 条の 3 に定められた図書館に対して自動公衆送信を行うことができ，受信図書館は利用者のためにプリントアウトを提供できるものとした．

図書館で所蔵している‘逐次刊行物’（＝学術雑誌，一般誌）については，すでに最新号が刊行され，過去のバックナンバーとなったものに掲載された著作物の単位である論文や記事はその全体を複写サービスに供することができる（31 条 1 項 1 号括弧書き）．しかし，この規定も現実には適合していない．公共図書館では文言を意識し，雑誌の最新号の複写サービスを認めないところがある（著作権法を素直に読めば，このときも記事・論文の半分までは複写サービスが可能なはずである）．しかし，世界中の大学図書館は最新の学術雑誌に掲載された 1 つの記事・論文の全体を複写サービスの対象としているはずである．独創的な研究成果を目指しての正当な学術競争活動を著作権法が阻害してよいはずがない．日本の大学図書館でも当然のごとく学術雑誌の最新号は複写サービスに供されている（学内に対しては現実的対応としながら，学外からの複写依頼につき，当該規定を根拠として拒絶している実務は科学の進歩を阻害するものとして，糾弾されるべきものである）．著作権法のこの部分は特定の大学の学内では見事に死文化している．

図書館では，紙やフィルムなどの形で所蔵している資料については経年劣化が避けられない．酸性紙の資料などは物理的存在としても危うい状況にある．著作権が消滅している資料につい

[7] 図書館法 3 条 9 号，国立国会図書館法 21 条 1 項 1 号，学校図書館法 4 条 1 項 5 号，大学設置基準 38 条 2 項等を参照．

ては自由に複製し，資料として保存することができるが，著作権が存続している場合にも傷みがひどい場合には同様に保存のために複製することができる（31 条 1 項 2 号）．この場合，傷んだ原資料は歴史的文化財であるところから，これも保存し，複製したものを利用に供することができる．貸出利用を繰り返すうちに汚損・破損した資料についても，別の同一タイトルの資料の同一個所を複製し，汚損・破損資料を修復できる．

ひるがえって，出版物，とくに学術刊行物などは刷り部数が少なく，その図書館には当然収書の対象範囲に入るにもかかわらず，たまたま発注時期を失したり，あるいは利用者からのリクエストなどで気がつくことがある．そのときには往々にして古書市場からも容易には調達できない．そのような場合には，本来当該図書館が所蔵していて当然と思われる資料を所蔵している図書館に当該資料の全体の複製を依頼し，その複製物を製本し所蔵資料に加えたうえで利用者に提供することができる（31 条 1 項 3 号）．研究大学の図書館では少なからず実施されている．生涯学習時代においては，公共図書館においても活用されてよい（国立国会図書館による絶版等資料ファイルの未所蔵図書館へのオンライン送信とその利用者へのサービス提供については，上記の通り，31 条 3 項が設けられている）．

また，図書館においても，当然場所を問わず適用される私的複製を認める著作権法 30 条 1 項は有効なはずである．だから，古代から行われてきたように，図書館資料の必要な個所の書写は可能であるし，ケータイのカメラ撮影も認められる余地がある．また，図書館での複写サービスは図書館の厳重管理のもとで行われるべきものだとして，職員が容易に監視できるカウンターの近くにコピー機を設置し，複写部分の書誌事項の記録を利用者に迫る図書館が多いが，最近ではアメリカ並みにコイン式のコピー機の前に著作権の尊重（31 条 1 項 1 号）を喚起する張り紙をして，利用者の責任で複製することを認めている図書館も少なくない．

### 7.4.4 図書館のインターネット接続サービス

現在の図書館は伝統的な紙媒体資料に加えて，商用データベースを提供したり，インターネット接続サービスを提供する，アナログとデジタルの両面を持つ‘ハイブリッド・ライブラリー’となっており，その様相を深めつつある．商用データベースや電子ジャーナルの提供については，図書館と業者との契約に規律されることになるが，図書館利用者の利益を考慮すれば，著作権法が許容している範囲を縮減するような契約は許されるものではない．また，ユネスコが世界の図書館に共通するガイドラインとして示している文書には，「図書館には少なくとも市民が利用できる 1 台のワークステーションと，図書館職員と共用しないプリンタを 1 台設置しなければならない」[17] としており，インターネットの閲覧についても当然プリントアウトできるものとしている．ウェブページの管理者は世界中のすべての人たちからのアクセスを望んでおり，アクセス・コントロール，コピー・プロテクションの措置を施していなければ，すべてのアクセスする人たちにコンピュータとそれに付属する機器への複製を認めている．これを黙示の許諾 (implied license) という．日本の公共図書館のなかにはプリンタを設置しないところが少なくないが，図書館でのウェブページのプリントアウトは世界標準とされている．

日本の図書館は，デジタル図書館サービスという点では，欧米の先進国の図書館に大きく遅れをとっている．他の先進国の公共図書館では電子出版物へのアクセスを提供しないところはまず存在しないし，アメリカの研究大学図書館では近年，紙の資料はほとんど購入せず，電子ジャーナル・電子書籍でまかない，従来の紙の資料を廃棄，保管庫へ移動し，空いたスペースに学生用閲覧席やホワイトボードなどを配置し，ラーニングコモンズとしている．

### 7.4.5 障害者サービスと著作権

図書館の利用者の中には，視覚障害や聴覚障害，発達障害やディスレクシア（識字障害）の人たちがいる．図書館の障害者サービスとして，点訳資料，録音図書，字幕スーパー付きの映画などの作成，および貸出サービスが実施されているが，その障害者サービスの法的根拠を与えているのが著作権法 37 条と 37 条の 2 である [18,19].

## 7.5 「地デジ」や衛星放送と著作権

### 7.5.1 視聴の制限と複製の制限――スクランブルとダビング 10

有料の衛星放送（CS および BS）やケーブルテレビの番組には，正規の契約を行った端末以外は番組を視聴できないようにスクランブルが行われている．スクランブルとは，放送事業者が正規の契約を行った端末以外では解除できないように情報を暗号化して送信することをいう．

また，地上波デジタルテレビ放送は，「ダビング 10」と呼ばれる複製制限技術が適用されている．地上波デジタルテレビ放送をハードディスクレコーダーに録画した場合，ハードディスクから DVD などに 9 回コピーができるが，10 回目のコピー時にはハードディスクレコーダー内のデータが削除される（なお，レコーダーへの録画がコピー 1 回目とカウントされる）．DVD などからほかの媒体にコピーすることは技術的にできないようにされている．

こうした視聴を制限する技術（アクセスコントロール・スクランブルがその例）や複製を制限する技術（コピーコントロール・ダビング 10 がその例）を回避する装置やプログラムなども世の中には流通している．法律的には，前者の視聴制限技術は「技術的制限手段」，後者の複製制限技術は「技術的保護手段」と呼ばれる．これらの技術を利用して，視聴の制限や複製の制限を回避することは適法なのだろうか？

### 7.5.2 スクランブルの回避は適法だろうか――アクセスコントロールの問題

スクランブルを解除して，料金を支払わないでもスクランブル放送を見れるようにする装置やプログラムを利用することは，現行法上は適法である．このようにアクセス制限手段を回避することが現在のところ違法ではないのは，著作権 (copyright) とは複製をコントロールする権利を著作者や関係者に与える権利であって，単なる視聴をコントロールする権利を与えるものではないという思想があるからといわれる．また，単なる視聴を著作者や権利者がコントロールできるようになったら，著作者やその他権利者の著作物をコントロールする力が強くなりすぎて，バランスを欠くことになるのではないかとの批判もある [8,20,21].

ただし，米国のデジタルミレニアム著作権法（1998 年成立，2000 年施行）はアクセスコントロールの回避を違法化しており，日本においても，文化審議会著作権分科会法制問題小委員会において，「技術的保護手段」の範囲を広げ，デジタル技術においてはアクセスコントロールを行う技術も技術的保護手段とするべきではないかという見直しが行われている [22][8)].

なお，アクセスコントロールをもっぱら行う装置やプログラムの業としての輸入や提供は，不正競争防止法において，不正競争行為として規制の対象（損害賠償請求や差止請求が可能）とされている.

### 7.5.3 ダビング 10 の回避は適法だろうか？—コピーコントロールの問題

ダビング 10 はコピーコントロールの一種であって，著作権法上「技術的保護手段」に分類される技術である．技術的保護手段とは，次の 3 つの要件を満たすものである（著作権法 2 条 1 項 20 号）.

① 電磁的方法により，著作者人格権・著作権・実演家人格権・著作隣接権を侵害する行為の防止または抑止をする手段である.

② 著作権等を有する者の意思に基づくことなく用いられていない.

③ 権利侵害の防止または抑止が，次のいずれかの方式によるもの.

③ -1 著作物等（実演・レコード・放送有線放送含む）の利用に際し，これに用いられる機器が特定の反応をする信号を著作物等にかかわる音または影像とともに記録媒体に記録し，または送信する.

③ -2 当該機器が特定の変換を必要とするよう著作物等にかかわる音または影像を変換して記録媒体に記録し，または送信する.

**①の要件について**

ダビング 10 では，DTCP (Digital Transmission Content Protection) という方式によってデジタル放送のコピーとムーブの回数を制限している（アナログでのコピーについては CGMS-A (Copy Generation Management System-Analog) を用いる）．DTCP は，電磁的手段であって，複製回数を制限している技術であるから，この条件を満たしている.

**②の要件について**

放送事業者は著作隣接権者であるから，放送事業者自身が DTCP を用いているので，この条件を満たしている.

**③の要件について**

DTCP はコンテンツを暗号化し，DTCP 対応のハードウェア・ソフトウェアでは指定回数を超える複製を防止する．また，DTCP 非対応の（つまり，非正規品の）ハードウェア・ソフトウェアでは，複製および視聴ができない．また，DTCP によって変換（暗号化された）電気信号は放送電波によって，著作物とともに公衆送信されている．よって，③ -2 の要件を満たす.

それゆえ，ダビング 10 は技術的保護手段に該当するので，これを故意に回避して複製することは私的複製であっても違法である（著作権法 30 条 1 項 2 号）．ただし，罰則規定はない.

---

8) 第 180 回通常国会（2012 年）で，著作権法改正案が成立し，2012 年 10 月 1 日から，暗号技術によってコピーコントロールを行う方式も技術的保護手段とされ，暗号化されたデータ（映像・音楽データなど）を復号してコピーコントロールを回避することも違法である．なお，暗号によるアクセスコントロールも技術的保護手段に含まれるとすれば，著作権概念の大きな変更となり，公の議論の余地がある.

なお，DTCPは，公開鍵方式暗号によって正規の再生・録画装置であるかどうか認証する機能を有していて，アクセスコントロールの方式という面もある．アクセスコントロールや公開鍵方式暗号，コピーコントロールに関する諸問題については，第12章でまた議論する．

## 7.6 レンタルとリッピング

### 7.6.1 私的複製は適法

レンタルCDやDVDに加え，近年ではマンガのレンタルもビジネスとして行われるようになっている．これらのビジネスを行うにあたっては，映画の著作物の場合には，著作者に頒布権が，それ以外の著作物については貸与権があるので，許諾を得る必要がある（26条，26条の3）[2]．

消費者がこれらの著作物を料金を支払って借りて，娯楽・教養などの私的な目的で家庭内およびそれに準じる範囲内で使用するために複製をすることは，私的複製であって適法である（30条）．CDの音楽やDVDの映像をパソコンのハードディスクやSSDなどに複製することをリッピングと呼ぶが，これも私的複製である限り適法である．

ただし，罰則規定はないが，信号付加方式もしくは暗号方式によるものであっても，コピーコントロールを無効化する場合には違法となる[9]．

### 7.6.2 私的録音録画補償金制度

特定の装置を使ってデジタル録音・録画を行う者は，私的録音録画補償金を支払う義務がある（30条2項）．現在の著作権法および著作権法施行令においては，次のような特定記録媒体と特定機器が対象である [2,23]．

◎特定記録媒体

録音：DAT，DCC，MD，音楽録音用CD-RやCD-RW

録画：D-VHS，DVカセット，映像録画用DVD-RAMやDVD-R，Blu-rayなど

◎特定機器（上記の媒体にデジタル録音・録画を行う装置）

録音：CDレコーダーなど

録画：DVDレコーダー，Blu-rayレコーダーなど

消費者がこれらの媒体や装置を購入する際，その価格に私的録音録画補償金が上乗せされており，メーカが売り上げの中から私的録音録画補償金に相当する額を文化庁長官が指定する指定管理団体に支払うこととなっている（著作権法104条の2，104条の5）（表7.5）．

なお，現在私的録音補償金の管理団体は，私的録音補償金管理協会（sarah）だが，私的録画補償金については、私的録画補償金管理協会（SARVH）が指定されていたものの，デジタル放送専用レコーダーの録画補償金の支払い義務がないと裁判所が認めたことから（最高裁第一小法廷判決平成24年11月8日），事業継続ができなくなり，2015年3月31日に解散した．

---

[9] 前述註8）を参照．

表 7.5 私的録音補償金と私的録画補償金の額.

| | 特定記録媒体 | 特定機器 |
|---|---|---|
| デジタル録音 | 標準価格の 50%の 3% | 標準価格の 65%の 2% |
| デジタル録画 | 標準価格の 50%の 1% | 標準価格の 65%の 1% |

### 7.6.3 リッピングしたデータの公開

リッピングしたデータを私的複製の範囲を越えて利用することは，著作権侵害であり，違法である．たとえば，アップロードして，自分のホームページで公開する場合には，公衆送信権（送信可能化権）侵害となる．

著作権法上，公衆送信とは，公衆（多数もしくは不特定の人々）に対して，著作物を送信する行為である．同一構内において著作物を情報通信ネットワークで送信する行為は，公衆送信とは見なされない（ただし，プログラムを送信する行為を除く）．公衆送信には，① 放送（無線を媒介とし，公衆が同時に受信する著作物の送信），② 有線放送（有線を媒介とし，公衆が同時に受信する著作物の送信），③ 自動公衆送信（無線または有線を媒介とし，公衆の求めに応じての，著作物の自動送信．例，動画配信等を含むインターネットのウェブ一般），④ 手動公衆送信（無線または有線を媒介とし，公衆の求めに応じての，著作物の手動による送信．例，FAX による情報サービスなど）の 4 つがある（2 条 1 項 7 の 2 号）[14]．

自動公衆送信とは公衆からの求めに応じて自動的に送信する行為である（2 条 1 項 9 の 4 号）．ウェブは家族やごく狭い親しい友人のみに閲覧用パスワードを発行しているなどのケースを除けば，不特定もしくは多数のユーザを対象とするサービスである．そして，ユーザのコンピュータがウェブサーバに対して送信リクエストを送ったうえで，ウェブコンテンツが送信される．したがって，自動公衆送信にあたる．

自動公衆送信の場合，著作者は送信可能化権も専有する（23 条）．送信可能化とは，インターネットなどに接続された自動公衆送信を行うサーバの記録媒体に著作物を入力・複製したり，インターネットなどに接続された自動公衆送信を行うサーバに対して著作物を入力・複製した記録媒体を接続したりするなどの行為をいう．著作物をウェブサーバに対してアップロードする行為も送信可能化にあたる．したがって，無許諾で著作物をウェブサーバに対してアップロードする行為は著作権侵害にあたる．

## 7.7 インターネットで音楽を聴く

### 7.7.1 有料ネット音楽配信サービス

インターネットおよび携帯電話回線等経由の有料音楽配信サービスは，2009 年以来 2013 年まで縮小が続いた．これは，フィーチャーフォン（いわゆる「ガラケー」）からスマートフォン（スマホ）への切り替えが進むにつれて，フィーチャーフォン向けのいわゆる「着うた」・「着うたフル」[10]などのサービスの縮小が起こったことが大きい原因である [24]．

[10] 「着うた」・「着うたフル」ともに，いずれもソニーミュージックエンターテイメントの登録商標だが，一般的に前者は，フィーチャーフォンで楽曲の一部を着信呼び出し音として利用できるサービス（Master Ringtones），後者は楽曲 1

2012年以降の傾向を見ると，オーディオレコード（CD，シングルCD等）および音楽ビデオの販売金額は，引き続き徐々に下がっているものの（2012年金額合計3108億円，2016年金額合計2457億円），インターネットおよび携帯電話回線等経由の音楽配信サービスは，2013年以来増加している（2013年金額417億円，2016年金額529億円）．ただし，2009年の音楽配信サービス市場は910億円であったから，まだその規模にまで届かない [25,26]．

現在の有料のインターネット経由の音楽提供サービス（有料ネット音楽サービス）の主流は，サブスクリプションサービスと呼ばれる会員向け定額聴き放題サービスである．2018年1月現在日本国内で利用できるサブスクリプションサービスのうち，ダウンロードができるタイプのもの（d ミュージックなど），ストリーミング[11]によるもの（LINE MUSIC や Spotify など），クラウド連動のもの（Apple Music，Google Play Music など．ダウンロードも可能）[12]，ストリーミングとダウンロードが組み合わされたもの（Amazon Prime Music）などがある．

また，広告表示などによって，無料で利用できるネット配信サービスには，YouTube やニコニコ動画（一部有料）など，いわゆる「動画共有サイト」が主流で，音楽と動画を視聴できる．ユーザー・消費者から見た動画共有サイトに関する著作権問題に関しては，7.8節に譲る．

提供者側から見た著作権法上の問題に関しては，第10章に譲り，ここでは，ユーザー・消費者から見た有料ネット音楽サービスにかかわる著作権問題を扱う．

### 7.7.2 違法コピーの音楽コンテンツのダウンロード

著作権者に無許諾で，つまり違法にコピーされ，インターネットにアップロードされた音楽・映像（映画の著作物）をダウンロードして保存した場合，たとえ私的使用目的であったとしても，もしその音楽・映像が違法にコピーしてアップロードされたものと知りながら行ったならば，その行為は著作権法30条1項における私的複製による著作権の制限の対象とはならない（30条1項3号）．つまり，そのような行為は，著作権侵害となり，損害賠償請求や差止請求等の対象となる．そして，その音楽・映像（映画の著作物）が有償で販売されているものであったとしたら，それらをダウンロードして保存する行為は，刑事罰の対象ともなる（30条1項3号，および119条3項）．ただし，もし違法なコピーであると知らないでダウンロードしたとしても，この行為は著作権侵害には当たらない．

日本レコード協会は，レコード会社・映像制作会社から正式に提供され，配信されている音楽や映像，およびこれらの音楽や映像を配信するサイトに対して，エルマーク（図7.3）を提示するよう働きかけており，適法なコンテンツ配信と違法なものとを区別する啓発活動を進めている．

---

曲（シングルトラック）をフィーチャーフォンにダウンロードして聴取できるサービスを指す．いずれも有料と無料のサービスがある．フィーチャーフォンでは，電話をかけて相手が出るまでの待ち受け音（Ringback Tone）を楽曲の一部に変更できるサービスもある．

11) データをダウンロードしながら再生し，再び同じコンテンツを聞く場合通常インターネット接続が必要な，インターネット経由の音楽・映像の配信サービスをストリーミングと呼ぶ．詳細は，10.2.3 項参照．

12) 購入した楽曲は，配信サイトと連動するクラウドサーバー上のユーザー領域に保存される．端末（スマートフォンなど）側にダウンロードして聴取することもできる．

図 7.3 エルマーク．ライセンスの L とノート PC を開いたイメージを組み合わせたもの．

### 7.7.3 ストリーミングによる音楽配信にかかわる問題

正式に加入することなくサブスクリプションサービスのうちストリーミングによるものを聴取する場合には，著作権法上にかかわる問題はない．なぜならば，ストリーミングは，ウェブサーバから映像や音楽再生に必要なデータが送信されメモリおよびハードディスク上にその複製が作成されているものの，映像・音楽等の再生という「当該情報処理を円滑かつ効率的に行うために必要と認められる限度」である限り，受信・再生のために記録媒体（メモリやハードディスク）に記録しても，著作権侵害にあたらない（著作権法 47 条の 8．詳細は 7.8.2 項参照）．なお，有形的再製とは，著作物を複製してメディアに固定する「複製」を意味する一方，無形的再製とは，メディアに固定することなく著作物を提供・提示する行為（演奏・上演，上映，口述，公衆送信，譲渡，貸与，頒布など）を指す．

しかし，他人のサブスクリプションサービスのアカウントに勝手にログインして聴取した場合には，利用権限がないコンピュータにログインして利用することを禁じる不正アクセス禁止法違反となり，3 年以下の懲役または 100 万円以下の罰金が科せられる（同法 3 条，11 条）．また，どのサブスクリプションサービスの ID，パスワードを，その ID を利用する当人（および正当なシステム管理者）以外の他人に教えた場合も同法違反で，1 年以下の懲役または 50 万円以下の罰金に相当する（5 条，12 条 2 項）．

その他，ストリーミングによるサブスクリプションサービスは，ストリーミング型の動画共有サイトと同様の問題を有している（7.8 節）．

## 7.8 動画共有サイトを利用する

### 7.8.1 動画共有サイトを視聴する

YouTube やニコニコ動画などの動画共有サイトは高い人気を博している．数多くの動画が世界中のユーザによってアップロードされているので，映像や音楽を楽しむことができるうえ，自分で撮影したり，作成・編集したりした動画をアップロードできるので，新しい自己表現の場所としても注目される．2011 年の中東の動乱のように社会的に大きな事件が起きたときには，インターネットユーザーが現地の様子を撮影してアップロードすれば，現地の状況をいち早く動画で知ることもできる．

だが，テレビで放送されたドラマやバラエティ番組の映像，DVD からリッピングしたと思しき映像がそのままアップロードされていたり，音楽もプロモーションビデオの映像をそのままアップロードしたものや，CDからリッピングしたと思しきものを映像のBGMに用いているものもある．場合によっては，自分自身で歌ったり，「ボーカロイド」と呼ばれる音声合成ソフトウェアに楽曲を歌わせているケースもある．これらの著作物を利用する映像や音楽には著作権問題はないのだろうか．

### 7.8.2 動画共有サイトの映像や音楽をローカルに保存する

動画共有サイトの動画・音楽の再生は，データを転送（ダウンロード）しながら再生するストリーミング方式である．ストリーミング方式の場合，ダウンロードされたデータは断片的な状態でメモリおよびハードディスク上のキャッシュ領域に保存される．一般的には，このキャッシュ領域に保存されたデータを，ストリーミング再生を行ったブラウザ以外でそのまま再生することは難しいし，新しいデータがキャッシュ領域に保存されるにつれて古いデータは消されていく．

ところで，著作権法47条の8によれば，「電子計算機における著作物の利用に伴う複製」は，著作権の制限の対象となるとされる．コンピュータで著作物を利用する場合，情報処理を行う過程で，必然的に，メモリやハードディスク上への一時的な著作物の蓄積（複製）が行われることとなる．その情報処理が円滑かつ効果的に行うために必要な限度で，「一時的な著作物の蓄積」が行われるならば，この複製行為は著作権の制限の対象とされる．なお，ルータやスマートフォンなどもコンピュータの一種と考えることができるので，これらの機器で情報処理が円滑かつ効果的に行うために必要な限度で，著作物の一時的蓄積が行われても，それは著作権侵害には当たらない [2]．

ストリーミング方式の音楽や映像は，ウェブサイトからパーソナルコンピュータやスマートフォンにそのデータがダウンロードされてきて，メモリやハードディスクに蓄積が行われるものの，そのデータを音楽や映像に変換して再生するという情報処理過程の中で，この情報処理を円滑かつ効率的に行うために必要な限度であれば，著作権侵害には当たらない．メモリやハードディスクで一時的に蓄積される著作物が適法にコピー・アップロードされたものか，違法にコピー・アップロードされたものかの区別はないので，動画共有サイトに違法にコピー・アップロードされた映像・音楽であっても，パーソナルコンピュータやスマートフォンなどの端末で映像・音楽を再生して視聴する限りは，その複製行為（つまり，著作物のダウンロードと再生途上で生じる複製）は，適法とされる．

また，文化庁は，著作権法30条1項3号の立法意図の説明において，動画共有サイトでの視聴は，ダウンロード（デジタル方式での映像・音楽の複製行為）に当たらないと解釈している [27]．この説明は，47条の8と整合している．

ところが，こうしたキャッシュ領域に蓄積されたデータをハードディスクなどの補助記憶装置上に永く保存し，携帯用音楽プレイヤーなどにコピーしても聞けるようにするソフトウェアが配信されている．このようなソフトウェアを使って保存を行った場合，「電子計算機における著作物の利用に伴う複製」の範囲を越えており，動画共有サイトから転送し視聴した場合であっても，映画・音楽の著作物の違法な複製であり，それが違法な複製であると知っていた場合には，著作権法 30 条 1 項 3 号に規定された行為とみなされ，著作権侵害とされる [27].

### 7.8.3 動画や音楽をそのままアップロード

YouTube やニコニコ動画では，放送された動画や DVD や CD に収録された映像や音楽がそのままアップロードされているケースが多く見られる．前述のように，テレビ局やレコード会社，映画会社など，著作権者や著作権者から正当に著作権を譲渡された者，著作隣接権者が公式チャネルで配信するもの以外は，権利者に無許諾でアップロードされたものであるから，一般的には，公衆送信権侵害（送信可能化権侵害）であって，違法であると考えられる．

YouTube やニコニコ動画では，これらの動画や音楽を放置しているわけではなく，権利者やユーザから著作権侵害の疑いがあるという通報を受ける窓口を設けている．また，YouTube では，権利者からの申し出によって登録した動画・音楽については，それらの動画や音楽がアップロードされていないかプログラムによって自動的に検出・削除するサービスも行われている．このように，映像や音楽に ID を与えて検出・削除ができる仕組みは，YouTube Content ID System と呼ばれる．

YouTube やニコニコ動画は著作権侵害問題に対して誠実に取り組み，権利者に利益を還元するプログラムを数多く取り入れている．しかしながら，その一方で，公式チャンネルで配信されている以外の多くの動画や音楽が YouTube やニコニコ動画に見られることは事実である．これには，2 つの理由がある．

第一に，動画共有サイトにおいては，CD などに収録された音源の利用について，作詞・作曲にかかわる著作権管理事業者（一般社団法人日本音楽著作権協会（JASRAC），株式会社 NexTone など）と包括的利用許諾契約を結ぶほか，複数のレコード会社と利用許諾契約を結び，一定の料金を支払うことで，CD 音源を無料で利用できるようにしている．コンテンツの包括的利用許諾契約とは，一般的には，一定期間に対して一定金額（多くの場合，売り上げや利益の一定割合）を支払う代わりに，その期間において契約対象となるコンテンツの利用を自由に許すという契約のことである．YouTube もニコニコ動画も，主要な著作権管理事業者と包括的利用許諾契約を結んでいる．また，YouTube は主要な音楽レーベルと包括的利用許諾契約を結び，アーティスト（実演家）の拒否がない限り，主要な音楽レーベルが権利を保有する音楽の音源を自由に利用できるとしている．また，ニコニコ動画はレコード会社から利用が許諾された音楽の音源は利用できる．ニコニコ動画に関しては，ニコニコ動画許諾楽曲検索（http://license-search.nicovideo.jp/）で，投稿動画やニコニコ生放送で利用できる音楽を検索できる．なお，楽曲そのものの権利（クリエイターの権利）と音源の権利（演奏者とレコード製作者の権利）は別であって，この点については第 10 章で説明する．

第二に，権利者が著作権侵害ユーザのコミュニティにおける活動を黙認することで，宣伝効果をあげようとしている場合がある．動画共有サイトで多くの人々が目にし，耳にすることが宣伝になる場合が多いし，動画や音楽をアップロードするユーザの多くは，著作権侵害を意図するよりも，自分の気に入った動画や音楽を多くの人に知ってもらいたいという動機で行っている．これらの動画や音楽を削除するよりも黙認したほうが，大きな宣伝効果を得られると考えるコンテンツ企業もある．公衆送信権侵害・送信可能化権侵害が親告罪であって，権利者の告訴がない限り公衆や法執行機関に著作権侵害の疑いが認知されたとしても刑事罰のプロセスは開始されない．したがって，権利者が黙認すれば，著作権侵害と疑わしい動画・音楽であっても動画共有サイトからは削除されない（11.5 節参照）．

### 7.8.4 MAD 動画や BGM 付きのオリジナル動画を作成する

ユーザが，既存の動画や音楽を使って編集をした作品も動画共有サイトには多数アップロードされている．自分自身が撮影したり作成した動画に CD からそのままリッピングし録音した BGM を組み合わせた作品や，「MAD」と呼ばれる多数の動画や音楽を組み合わせて特別な効果を生むようにした作品も見られる．後者の MAD は，日本においては，1980 年代に SF ファンダムにおいて，特撮・アニメ作品などから名場面のせりふや奇妙なせりふ，効果音，テーマ曲などを取り出して編集し，主に笑いを生む効果を狙った音声編集作品「MAD テープ」に由来する [28–30]．

海外の作品では，複数のアーティストのプロモーションビデオの音楽と映像を組み合わせて編集し，マッシュアップ（つぶして混ぜ合わせるの意）したものが見られる．

これらの作品は，日本の著作権法上は，複製権・翻案権・公衆送信権の侵害（送信可能化権侵害）であるだけでなく，著作者の許諾なく著作物を加工・編集している点で同一性保持権侵害でもある．

MAD 動画やマッシュアップ，既存の BGM 付きのオリジナル動画については，他愛なくくだらないものもあれば，芸術作品として高い水準に達していると思われる作品も多数存在している．情報技術の大きな特徴は，コンテンツ（著作物）の編集・加工，および広範囲での流通を低コストかつ容易に実現したことである．情報技術については，ユーザが，これらの情報技術の特徴を活用して，既存の著作物を編集・加工して新しい効果を有し，新しい感覚・感情の経験を生む作品を生み出す可能性を広げたことが指摘されてから久しい．低コストかつ容易に編集・加工・広範囲の流通が可能になったことで，消費者やユーザが文化生産の活動に参加する可能性を大きく開いたことも指摘されている．

とはいえ，上記のように，既存の著作物を編集・加工した高度な芸術作品を創造し，流通させた場合には，現在の著作権法においては，著作権・著作者人格権侵害の可能性がある．人類の文化を豊かにする可能性や表現の自由などの価値の観点から見て，現在の著作権法による作品制作・発表上の制約が逆効果ではないか議論の余地がある [31, 32]．MAD 動画やマッシュアップについて，品質が高い作品については権利者によって黙認されているように見える点もあるものの，いつ告訴されるかわからないという曖昧さも残している（11.5 節参照）．

### 7.8.5 「歌ってみた」や「歌わせてみた」

自分自身が既存の楽曲を歌う「歌ってみた」と称する動画や，ボーカロイドと呼ばれる音声合成ソフトウェアを設定・調整して（「調教する」と呼ばれる）既存の楽曲を演奏させる「歌わせてみた」と称する動画も，動画共有サイトには数多く見られる．

現在よく知られるボーカロイドと呼ばれるソフトウェアには，クリプトン・フューチャー・メディア社の「初音ミク」や「鏡音リン・レン」などの商品がある（図 7.3）．これらの商品は，

図 7.4 歌声合成ソフトウェア「初音ミク V4X」のパッケージ．© Crypton Future Media, INC. www.piapro.net piapro

次の 3 つの要素をパッケージ化したものである [33]．

① 人間（多くは声優）の歌声・発声をもとにした歌声ライブラリ
② 楽譜情報を入力するスコアエディタ
③ 楽譜情報と歌声ライブラリの情報を組み合わせて歌声を発生させる音声合成エンジン

現在主流の商品は，すべてヤマハ社が開発したスコアエディタと音声合成エンジン（VOCALOID）を使用している．

ボーカロイドに楽曲を歌わせたり，自分自身で歌った音声を録音した動画を YouTube およびニコニコ動画にアップロードする場合には，適法・違法の判断は次のようになる．

① ほかの著作者の著作物を利用しないオリジナルの動画と組み合わせた場合
・・・多くの場合適法
② ボーカロイドのキャラクターによる CG イラスト・動画と組み合わせる場合
・・・同キャラクターについて権利を有する企業の規約・契約を遵守する限り適法
③ ほかの著作者の著作物を利用する場合
・・・ほかの著作者による明示の許諾がない限り違法

① のケースで，多くの場合適法となるのは，7.8.3 項で述べたように，YouTube とニコニコ動画が，日本の主要な音楽著作権管理団体および企業（一般社団法人日本音楽著作権協会（JASRAC），株式会社 NexTone など）と音楽著作権利用に関する包括的利用許諾契約（前出）を結んでいるからである[13]．動画共有サイトは年間収入の一定割合を音楽著作権管理団体・企業に支払うことで，契約を結んだ音楽著作権管理団体・企業が管理する音楽著作物のストリー

[13] 一般社団法人日本音楽著作権協会（JASRAC）が，その管理楽曲の利用について，利用許諾契約を締結しているユーザー生成コンテンツ（UGC: User Generated Contents）サービスには，動画投稿（共有）サイトおよび，ブログサービス，Q&A サイト（ナレッジコミュニティ）がある．次の URL にその一覧がある．日本音楽著作権協会「利用許諾契約を締結している UGC サービスリストの公表について」（http://www.jasrac.or.jp/info/network/ugc.html 2017 年 12 月 7 日アクセス）．

ミング配信を行うことができるようになった．ただし，音楽著作権管理団体は，作曲者および作詞家の著作権を委託を受けて管理する団体であるから，ユーザ自身やボーカロイドによる楽曲の演奏やその演奏の録音などの利用はできても，楽曲をそのまま適法に配信するためには，7.8.3項で見たように，レコード会社や演奏家などの著作隣接権の処理が必要である．

このように，「歌ってみた」「歌わせてみた」動画は，ほかの著作物と組み合わせない限り，上記の3つの音楽著作権管理団体および企業が管理する音楽を演奏する限りでは，適法である．

なお，上記②と③のケースについては，第10章および第11章で説明する．

## 7.9 P2Pファイル共有ソフトウェアの利用

WinnyやShare，WinMXなどのP2Pファイル共有ソフトウェア[33,34]を利用するユーザは，以前と比較すると減少傾向にあって，約5万人程度と推計され，相当ユーザー数は減少している[14]．

P2Pファイル共有ソフトウェアによって，明示的に著作権主張を行わないとする著作物以外をインターネットに公開する場合，不特定もしくは多数のユーザによってダウンロードできる状態におくことになるので，公衆送信権（送信可能化権）侵害となる．また，レンタルCDやDVD，正規に購入したCDやDVDからリッピングしたデータであっても，これをP2Pファイル共有ソフトウェアでインターネットに公開することも公衆送信権（送信可能化権）侵害となる（23条）．

また，違法に複製されたものと知りながら，P2Pファイル共有ソフトウェアを使って音楽や映画の著作物の違法コピーをダウンロードする行為も，違法である．これは，国外のノードからのダウンロードであっても変わらない（著作権法30条1項3号）．

しかしながら，P2Pファイル共有ソフトウェアのしくみは，現在ではインターネット電話サービスのSkypeで利用されているほか，さまざまな物体や環境にセンサやコンピュータが埋め込まれ，それら物体同士，物体と環境が通信し合う「モノのインターネット（IoT: Internet of Things)」(15.1節参照）の世界においては，重要な基礎技術となると考えられている[34,35]．

---

14) ネットエージェント「2015年最新P2P利用状況調査結果」(http://www.netagent.co.jp/product/p2p/report/201501/01.html 2018年1月2日アクセス)．同ページによれば，2014年末から2015年1月までのP2Pファイル共有ソフトのノード数（WinnyなどのP2Pファイル共有ソフトをインストールし，インターネットに接続しているコンピュータ数）は，WinnyとPerfect Darkが4~5万の間，Shareが3万とされる．

上記のノード数を合計すると，12万程度となるものの，1人で複数のP2Pファイル共有ソフトをインストールしているユーザーも少なくないと思われるので，ここではWinnyまたはPerfect Darkのユーザー数を，2015年初のP2Pファイル共有ソフトのユーザー数と見なす．

一方，実際に調査用コンピュータにP2Pファイル共有ソフトをインストールしてノード数を辿る同様の手法による，コンピュータソフトウェア著作権協会（ACCS）のクローリング調査（「ファイル共有ソフトのユーザーは引き続き減少 ~『ファイル共有ソフトの利用実態調査(クローリング調査)』結果~」 http://www2.accsjp.or.jp/research/reserch13.php 2018年1月2日アクセス）によれば，2014年1月におけるWinnyノード数は1.2万，Shareノード数は4.4万である．

## 演習問題

**設問 1**　著作権法を調べ，次の用語について，簡単に説明しなさい．

① 公衆送信
② 引用
③ 送信可能化
④ 技術的保護手段

**設問 2**　私的複製については，著作権が制限されるものの，著作者の利益保護という観点から，私的複製には制約が加えられている．この私的複製の制約について，述べなさい．

**設問 3**　カラオケボックスにおいてカラオケの音楽を使って歌唱をする行為，入場料を取って学園祭で J-Pop の曲をバンドで演奏する行為について，それぞれ適法か違法か論じなさい（ヒント：著作権法第 38 条を参照のこと）．

**設問 4**　インターネットや書籍，雑誌などを使って，CD や DVD などのパッケージメディアおよび放送・インターネットなどの公衆送信について，コピーコントロールやアクセスコントロールのために，どのような技術・手段が用いられているか調べてみよう．このとき，次の 2 点に注意すること．

① コピーコントロールとアクセスコントロールの機能をどのように組み合わせているか．
② 技術的保護手段の定義に当てはまるかどうか．

## 参考文献

インターネットソースはすべて 2018 年 1 月 2 日時点でアクセス可能．


[1] 著作権法第 35 条ガイドライン協議会，「学校その他の教育機関における著作物の複製に関する著作権法第 35 条ガイドライン 平成 16 年 3 月」，（http://www.jbpa.or.jp/pdf/guideline/act_article35_guideline.pdf）．

[2] 加戸守行，「著作権法逐条講義　六訂新版」，著作権情報センター，東京 (2013)．

[3] 作花文雄，「詳解 著作権法 第 4 版」，p. 367，ぎょうせい，東京 (2010)．

[4] 田村善之，「著作権法概説 第 2 版」，p. 205，有斐閣，東京 (2001)．

[5] 中山信弘，「著作権法 第 2 版」，有斐閣，東京 (2014)．

[6] 文化審議会著作権分科会，「文化審議会著作権分科会審議経過の概要」平成 13 年 12 月 10 日 (2001)，（http://www.mext.go.jp/b_menu/shingi/bunka/toushin/011201/011201c.htm#4）．

[7] 紀藤正樹，「インターネット犯罪と法規制」，(2001)，（http://masakikito.com/internetcrime000909.htm）．

[8] 作花文雄,「著作権法 制度と政策 第 3 版」, pp. 456-461, 発明協会, 東京 (2008).
[9] 文化審議会著作権分科会法制・基本問題小委員会「平成 28 年度法制・基本問題小委員会の審議の経過等について（案)」平成 29 年 2 月 24 日, 2-8(2017),（http://www.bunka.go.jp/seisaku/bunkashingikai/chosakuken/hoki/h28_06/pdf/shiryo_5.pdf).
[10] 河野哲也,「レポート・論文の書き方入門 第 3 版」, 慶應義塾大学出版会, 東京 (2002).
[11] 斉藤孝, 西岡達裕,「学術論文の技法 【新訂版】」, 日本エディタースクール出版部, 東京 (2006).
[12] 林紘一郎, 名和小太郎,「引用する極意 引用される極意」, 勁草書房, 東京 (2009).
[13] 半田正夫,「著作権法概説　第 16 版」, pp.172-174, 法学書院, 東京 (2015).
[14] 島並良・上野達弘・横山久芳,「著作権法入門　第 2 版」, 有斐閣, 東京 (2016).
[15] 名和小太郎,「学術情報と知的所有権　オーサシップの市場化と電子化」, pp. 73-79, 東京大学出版会, 東京 (2002).
[16] 文部科学省,「研究活動における不正行為への対応等に関するガイドライン　平成 26 年 8 月 26 日文部科学大臣決定」,（http://www.mext.go.jp/b_menu/houdou/26/08/_icsFiles/afieldfile/2014/08/26/1351568_02_1.pdf).
[17] The Public Library Service, “IFLA/UNESCO Guidelines for Development”, 2001（邦訳は『理想の公共図書館サービスのために：IFLA/UNESCO ガイドライン』（山本順一訳, p. 66, 日本図書館協会, 東京 (2003).
[18] 名和小太郎・山本 順一編,「図書館と著作権」, p. 238, 日本図書館協会, 東京 (2005).
[19] 日本図書館協会著作権委員会編,「図書館サービスと著作権 改訂第 3 版」, p. 282, 図書館協会, 東京 (2007).
[20] 名和小太郎,「デジタル著作権 二重標準の時代へ」, pp. 171-173, pp. 234-235, みすず書房, 東京 (2004).
[21] Netanel, Neil Weinstock “Copyright’s Paradox,” pp. 185-195, Oxford University Press, Oxford (2008).
[22] 文化審議会著作権分科会,「文化審議会著作権分科会報告書 平成 23 年 1 月」, pp. 63-88 (2011),（http://www.bunka.go.jp/chosakuken/singikai/pdf/shingi_hokokusho_2301_ver02.pdf).
[23] 一般社団法人私的録音補償金管理協会,「私的録音著作権 Q&A Q03. 補償金の支払いの対象は, どのような商品ですか.」,（http://www.sarah.or.jp/qa/qa03.html).
[24] 電通総研,「情報メディア白書 2016」ダイヤモンド社, 東京, p.80 (2016).
[25] 日本レコード協会,「日本のレコード産業 2014」日本レコード産業協会, 東京, pp.1-2 (2014).
[26] 日本レコード協会,「日本のレコード産業 2017」日本レコード産業協会, 東京, pp.1-2 (2017).
[27] 文化庁長官官房著作権課内著作権法令研究会, 通商産業省知的財産政策室編,「著作権法

不正競争防止法改正解説 デジタル・コンテンツの法的保護」, 有斐閣, 東京, (1999).
[28]「MAD」, ニコニコ大百科（仮）.（http://dic.nicovideo.jp/t/a/mad）.
[29]「MAD 館」,（http://home.v07.itscom.net/maieijcc/MAD00.htm）.
[30] 大谷卓史,「動画共有サイトに MAD 動画を投稿してもよいだろうか」, 土屋俊監修「改訂新版 情報倫理入門」, アイ・ケイコーポレーション, 東京, pp.129-138 (2014).
[31]「特集 CGM の現在と未来 初音ミク, ニコニコ動画, ピアプロの切り拓いた世界」, 情報処理, Vol.53, No.5 (566), pp. 464-494 (2012).
[32] 剣持秀紀,「歌声合成の過去・現在・未来「使える」歌声合成のためには」, 情報処理, Vol.53, No.5 (566), pp. 472-476 (2012).
[33] 江崎浩,「P2P 教科書」, インプレス, 東京 (2007).
[34] 大谷卓史,「アウト・オブ・コントロール ネットにおける情報共有・セキュリティ・匿名性」岩波書店, 東京 (2008).
[35] 大谷卓史,「情報倫理 技術・プライバシー・著作権」, みすず書房, 東京, pp.447-448 (2017).

# 第8章
# コンピュータソフトウェアと知的財産権

□ 学習のポイント

コンピュータは物理的な装置であるハードウェアとこのハードウェアを制御するソフトウェアにより構成される．コンピュータソフトウェアは人間がコンピュータに動作させたい“仕事”の内容をアルゴリズム化し，プログラム言語を用いて表現したものである．本章では，コンピュータソフトウェアが持つ知的財産の側面に着目してその内容を概説する．

- ソフトウェアは知的財産権の中で，特許権，著作権，商標権などと密接な関係を持つことを理解する．
- 当初特許権の対象となっていなかったソフトウェアが段階的に特許権を持つに至った経緯やソフトウェア特許としての要件，およびビジネスモデル特許とは何かについて理解する．
- 著作物としてのソフトウェアが著作権を持つに至った経緯と，ソフトウェアの形態・分類別の著作権の扱いを理解する．
- ソフトウェアが関係する著作権の支分権，著作者人格権について理解する．

□ キーワード

コンピュータソフトウェア，特許・実用新案審査基準，ソフトウェア特許要件，ビジネスモデル特許，産業構造審議会情報部会

## 8.1 コンピュータソフトウェアに関連する知的財産権

一般にコンピュータソフトウェア（以下「ソフトウェア」という.）といえばコンピュータ上でなんらかの処理を行うコンピュータプログラム（以下「プログラム」という.）とそれらの解説文書の総称である．本書では特に断らない限りソフトウェアとはプログラムのことを指すものとする．

ソフトウェアは様々な知的財産権と密接な関係がある．以下にソフトウェアが関係する代表的な知的財産権を示す．

### 8.1.1 ソフトウェアと特許権

ソフトウェアはコンピュータを動作させるための指令群であり，ソフトウェアの指令によってコンピュータがなんらかの働きを行い，コンピュータユーザに処理の結果を提供する．ここ

でいう処理とは企業における業務処理や，文書・グラフ・図表・プレゼンテーション資料作成などのオフィス業務処理，メール・ブログなどのコミュニケーション処理，ゲーム等，コンピュータが対象とするあらゆるアプリケーションやツール等の処理が含まれる．また，この中にはコンピュータ自体を制御するためのオペレーティングシステム (OS) も含まれる．

これらの処理はプログラマが頭の中に思い浮かべたアイデアを，コンピュータを使って実現する『発明』とみなされている．このことからソフトウェアは『特許権』の対象となる．

### 8.1.2 ソフトウェアと著作権

ソフトウェアは，ソフトウェア作成者（以下「プログラマ」という[1]．）がプログラム言語を用いてソースプログラムとして上記指令群を記述（プログラミング）する必要がある．これらの指令群は“手法”，あるいは“手続”とも呼ばれるが，ここで記述された指令群は様々な入力条件に従い一つひとつの指令が与えられた役割を果たすことにより求められる結果を出力するためのものである．すなわち，コンピュータは定まった“因果関係”に基づく手法により動作している．私たちはこのようにして作成されたソースプログラムをソースプログラム仕様書として，紙ベースのドキュメントに記述・印刷し，あるいはコンピュータのディスプレイに表示した形で見ることができる．

このように，ソースプログラムはプログラマが自分自身で頭の中に思い浮かべたコンピュータの処理をソフトウェアという目に見える形で表現したものであり，『著作物』である．このことからソフトウェアは『著作権』の対象となる[2]．

### 8.1.3 ソフトウェアと商標権

ソフトウェアを商品として売り出す際には当然ソフトウェアに商品名が付与される．このことからソフトウェアは『商標権』の対象となる．とりわけ，パッケージ商品として販売する場合には他の一般のパッケージ商品と同様に魅力的なソフトウェア名やロゴを付与し，商標権を確立することが重要である．

## 8.2 ソフトウェアと特許

この節では，ソフトウェアに関する特許の扱いの変遷と，特許の要件について示す．

### 8.2.1 ソフトウェアに関する特許の扱いの変遷

過去，ソフトウェアに関する特許の扱いについてはいくつかの段階を経てきた．これはコンピュータがその誕生以来この半世紀の間に急速に発達し，ビジネスの面も含めて社会的な位置づけが大きく変化してきたことによる．

ここでは，コンピュータの発達に伴ってソフトウェアに関する特許の扱いがどのように変遷してきたかを概観する．

---

[1] ここでは「ソフトウェアを作成する人」という意味で，必ずしもソフトウェア作成を職業としている人に限らない．
[2] 著作物の厳密な定義については本書第 6 章参照

ソフトウェアの特許の扱いの変遷を見る場合，特許法の改正経緯，および特許庁で公表している「特許・実用新案審査基準 [1]」が参考となる．

特許・実用新案審査基準とは，特許庁の審査官が日々の審査業務を行う際に参照できるよう，特許法等の関係法令の適用方法について基本的考え方をまとめたものである．

ソフトウェアに関する特許の扱いの変遷について以下に示す．

### (1) 1975（昭和 50）年のソフトウェアに関する発明についての審査基準 [2]

ソフトウェアに関する審査基準としては，1975 年 12 月に制定された「コンピュータ・プログラムに関する発明についての審査基準（その 1)」が最初のものである．その内容は以下の通りである．

特許となるためにはその対象が「発明」でなくてはならないが，特許法に「この法律で『発明』とは自然法則を利用した技術的思想のうち高度のものを言う」[3] と規定されている．

したがって，ソフトウェアが特許となるためにはまずソフトウェアが表す手法（因果関係）が自然法則を利用していることが前提である．その前提の上で，ソフトウェアに関する発明が「方法」の発明として特許されうることを明示した．ただし，ソフトウェアそのものは極めて抽象的なものとして保護対象外となった．

### (2) 1993（平成 5）年に改定されたコンピュータ・ソフトウェア関連発明の審査基準 [4]

自然法則の利用性の用件を明確化した．すなわち，特許明細書の請求項に記載された「発明」が，①「ソフトウェアによる情報処理に自然法則が利用されている.」場合，および ②「ハードウェア資源が利用されている.」場合にはその発明は自然法則を利用しているので，特許法上の「発明」とみなされるとした．

ただし，「コンピュータプログラム自体」，および「コンピュータプログラムを記録した記録媒体」についてはいずれも技術的思想ではないことから発明にあたらないとした．

### (3) 1997（平成 9）年の運用指針

「プログラムを記録した記録媒体」は物の発明であるが「プログラム」自体はカテゴリ（8.2.2 項参照）不明確として，記載要件を根拠に媒体クレームのみを認めることとした．

### (4) 2000（平成 12）年に改訂された審査基準

上述の通り，発明とは「自然法則を利用した技術的思想の創作」であることから，ソフトウェア関連発明とはソフトウェアの動作による情報処理が，コンピュータというハードウェア資源を用いて具体的に実現されている必要がある．これはソフトウェアがコンピュータに読み込まれ，ソフトウェアとハードウェア資源とが協働した具体的手段によって，使用目的に応じた情報の演算又は加工を実施することにより，使用目的に応じた特有の情報処理装置（機械）又はその動作方法が構築されることをいう．

これを前提とし，1997 年の運用指針では「ソフトウェアを記録した記録媒体」を物の発明としていたものを，2000 年の審査基準の改定で媒体に記録されているか否かを問わず，「ソフトウェア」を物の発明として特許請求の範囲に記載可能とした．

### (5) 2002（平成 14）年の特許法改正 [5]

2000 年の審査基準改定により「ソフトウェア自体」が直接物の発明として運用することが可能となった．しかしながら，民法上「物とは，有体物を言う．[6]」という規定があること，特許法には刑罰規定があり罪刑法定主義[3]であることから関連訴訟が起きた場合に問題となることなどの理由でソフトウェアが物に含まれることを特許法の中でも明確に規定した[4]．

また，ネットワークを通じたソフトウェアの提供といった流通・サービス形態も発明に含まれることを明確化した[5]．

## 8.2.2 ソフトウェア特許の要件

ソフトウェア特許の要件については，基本的に他の技術の特許要件と同等である．すなわち，その技術が「発明」であり，「進歩性」，「新規性」があることである．これらのうち，「新規性」については，ソフトウェアであることによる特段の要件は存在しない．そこで，ここでは「発明」，「進歩性」に関してソフトウェア特有の要件を示す．

### (1) 発明の範疇

発明の範疇（カテゴリ）には，「方法の発明」，「物の発明」，および「物を生産する方法の発明」の 3 種類がある．ソフトウェアの発明はこれら 3 種類のいずれのカテゴリに含むことができる．

#### A. 方法の発明

ソフトウェアは時系列的につながった一連の処理または操作，すなわち「手順」として表現できる時には「方法の発明」（「物を生産する方法の発明」を含む．）とすることができる．

#### B. 物の発明

ソフトウェアは複数機能によって表現できる時には「物の発明」とすることができる．この場合，ソフトウェアを記録した記録媒体又は記録されたデータ構造，およびソフトウェア自身も物の発明とすることができる．

無体物であるソフトウェアが「物」として認められることになった理由は以下の通りである．

① 世の中でインターネットが急速に普及し，媒体によらないネットワーク上の取引が一般的になってきたことと，それに伴う産業界等からの要望があること．

② 米国，欧州等でソフトウェア自体を特許とする事例が生じていること．

### (2) 発明の条件

ソフトウェアの発明が「自然法則を利用した技術的思想のうち高度のもの」であるためには次の 2 条件を満たす必要がある．

① ソフトウェアによる情報処理がハードウェア資源を用いて具体的に実現されている．

---

[3] 犯罪となる行為とその刑罰をあらかじめ法律で定めておく必要があるという原則のこと

[4] 特許法第 2 条第 3 項 1 号「物（プログラム 等を含む．以下同じ．）の発明・・・」

[5] 同 (4)　「・・・そのものがプログラム等である場合には，電気通信回線を通じた提供 を・・」

これは，コンピュータに読み込まれたソフトウェアがハードウェア資源（たとえば，CPU 等の演算手段やメモリ等の記憶手段）と協働した具体的手段によって演算や加工処理を実現することにより，目的に応じた情報処理装置またはその動作方法が構築されているということである．

② ソフトウェアが ① の条件を満たす場合，このソフトウェアと協働して動作する情報処理装置およびその動作方法，およびこのソフトウェアを記録したコンピュータに読み込み可能な記録媒体も発明の対象となる．

#### (3) 進歩性

特許法第 29 条第 2 項に「特許出願前にその発明の属する技術の分野における通常の知識を有する者が前項各号に掲げる発明に基いて容易に発明をすることができたときは，その発明については，同項の規定にかかわらず，特許を受けることができない．」と規定されている．これは，通常の知識を有する者が容易に思いつくことができない発明は進歩性があるとみなされ，特許を受けることができることを意味する．

ここで言う「通常の知識を有する者」とは，該当ソフトウェアが対象とする特定分野の技術常識や一般常識，およびコンピュータの一般常識を有する者のことである[6)]．

具体的には，対象とする発明と従来技術における発明（以下「引用発明」という）を比較し，対象とする発明が引用発明からの最適材料の選択あるいは設計変更や単なる寄せ集めに該当する場合は，進歩性がないとして特許とならない．

また，ソフトウェアの技術分野では所期の目的を達成するために別の分野に利用されている方法や手段等を組み合わせたり，特定の分野に適用したりすることは一般的な開発手法である．したがって，技術の組合せ方法やその適用方法に技術的な困難性が無い場合には対象とする発明には進歩性がないと見なされる．

### 8.2.3 ビジネスモデルと特許

#### (1) ビジネスモデル特許とは

いわゆるビジネスモデルとは企業が行っている事業，あるいはビジネスの仕組みをモデル化したものである．ビジネスモデル特許[7)]とはこのようなビジネス上のアイデアを汎用コンピュータや既存のネットワーク等 ICT を活用して実現する発明とした特許である [7]．

ビジネスモデル特許が対象とする分野は，従来特許制度との関係が希薄であった広告，流通，金融その他の分野，業種となる．

---

6) 特許・実用新案審査基準ではこれらの者を「当業者」という用語で定義しており，その内容は以下の通りである．
『特定分野に関するソフトウエア関連発明における当業者は，その特定分野に関する技術常識や一般常識（顕著な事実を含む）と，コンピュータ技術分野の技術常識（例えばシステム化技術）を有し，研究，開発のための通常の技術的手段を用いることができ，設計変更などの通常の創作能力を発揮でき，かつ，その発明の属する技術分野（特定分野とコンピュータ技術分野）の出願時の技術水準にあるもののすべてを自らの知識とすることができる者を想定したものである．』（特許・実用新案審査基準第 VII 部第 1 章 2.3.3）

7) 特許庁では「ビジネス方法の特許」と表現しているが，本書では，一般的な「ビジネスモデル特許」という用語を使用する．

### (2) ビジネスモデル特許の経緯

国内におけるビジネスモデル特許の経緯について表 8.1 に示す．

**表 8.1** 国内におけるビジネスモデル特許の経緯．

| 分類 | 年代 | 状況 |
|---|---|---|
| 黎明期 | 80 年代<br>～<br>98 年頃 | 80 年代にコンピュータ技術が発達し，ソフトウェアが特許の対象となってきた※．この中には現在のビジネスモデル特許と呼ばれるものも含まれている．ただし，この当時はまだビジネスモデル特許という用語は発生していなかった．<br><br>※　株式オンライン取引や電子マネー関連特許など |
| ブーム期 | 98 年頃<br>～<br>2001 年 | 米国で投資サービスを実施する情報処理システムに関する特許が訴訟事件< State Street Bank 事件>の結果最終的に認められ，これより日本でもビジネスの方法に関する特許出願がブームとなった． |
| 成熟期 | 2001 年<br>～<br>現在 | 日本では 2001 年よりビジネスモデル特許の出願が減少してきているが，特許審査請求件数はそれと比較して大きな減少を見せていない．これはブーム便乗出願が減って，より確実な内容に基づく出願へと変化しているからと考えられる． |

### (3) ビジネスモデル特許の出願，審査請求件数

ビジネスモデル特許の出願・審査請求件数を図 8.1，図 8.2 に示す．

1998 年の米国のビジネスモデル特許成立を受けて日本でもブームとなり，また ICT バブルの時期とも重なって多数の出願がなされたが，バブルの終焉，および特許庁の「特許にならないビジネス関連発明の事例集（2001 年 4 月発表）[8]」といった指針の発表により 2000，2001 年

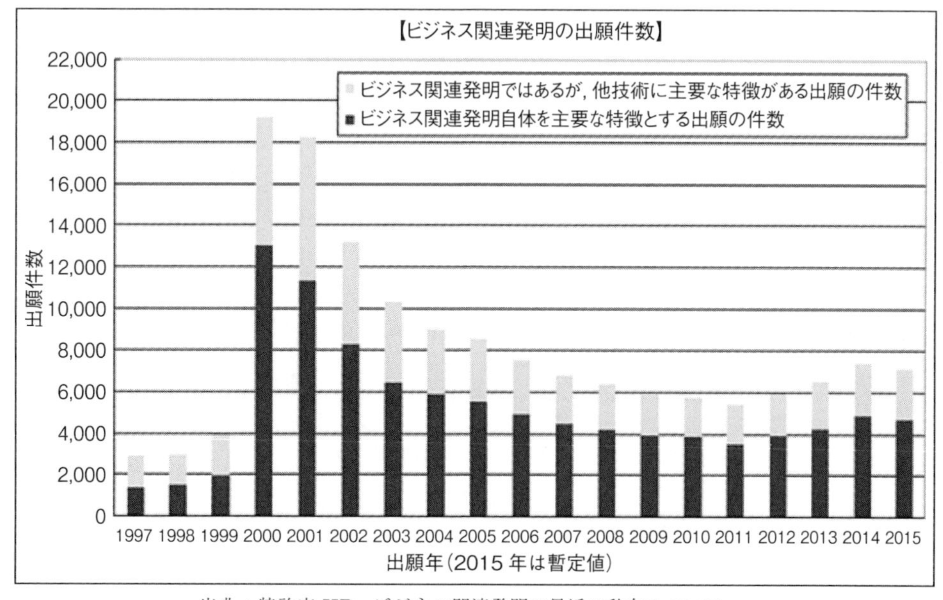


出典：特許庁 HP，ビジネス関連発明の最近の動向について，
2. ビジネス関連発明の出願関連動向　2.1　出願動向
https://www.jpo.go.jp/seido/bijinesu/biz_pat.htm

図 **8.1** ビジネスモデル特許の出願件数．

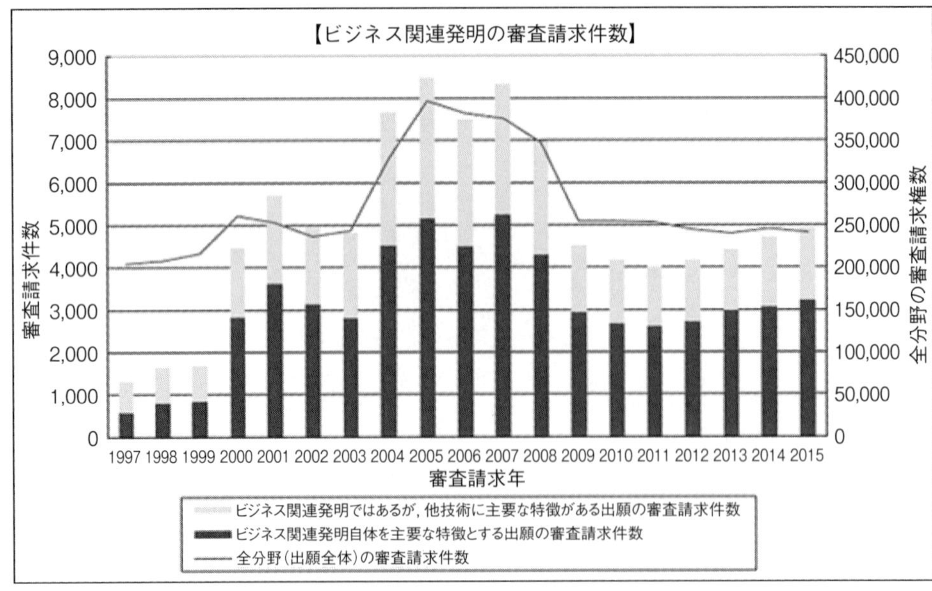


特許庁 HP，ビジネス関連発明の最近の動向について，
2. ビジネス関連発明の出願関連動向　2.2　審査請求動向
https://www.jpo.go.jp/seido/bijinesu/biz_pat.htm

図 **8.2**　ビジネスモデル特許の審査請求件数.

をピークとして，その後は漸減していた．しかしながら，2011 年を底として増加に転じている．

また図 8.2 に見る通り，審査請求の件数は 2004 年から 2008 年にかけて他の時期より多いが，審査請求期間短縮に伴う審査請求件数の一時的な増大（請求のコブ）が終了した 2009 年以降に大幅に減少した．

その後は審査請求件数も 2011 年を底として増加に転じている [9]．

#### (4) ビジネスモデル特許事例

米国および国内における代表的なビジネスモデル特許の事例を表 8.2 に示す．

## 8.3 ソフトウェアと著作権

この節では，ソフトウェアに関する著作権の扱いの経緯と現状について示す．

### 8.3.1 ソフトウェアに関する著作権の扱いの変遷

本項では，ソフトウェアが著作物として著作権で保護されるまでの変遷を示す．

#### (1) ソフトウェアが著作権で保護される以前

ソフトウェアが著作権で保護される（後述）以前は，ソフトウェアはハードウェアの付属品の位置づけであった．しかしながら，情報処理システムの中でハードウェアのコストが下がり，対照的にソフトウェアが複雑化してコストが上昇するに従って，ソフトウェアを保護する必要性が高まってきた．

表 **8.2** ビジネスモデル特許の事例.

| 事例 1 | 逆オークション |
|---|---|
| 特許 | US5794207 号（1998 年 8 月登録） |
| 特許名称 | Method and apparatus for a cryptographically assisted commercial network system designed to facilitate buyer-driven conditional purchase offers |
| 特許権者 | 米国 Priceline 社<br>特許 4803852（2011 年 8 月） |
| 内容概要 | 消費者は希望する商品の購入条件を仲介者に送信し，仲介者はそれを販売社に伝達する．各社はこの条件から見積もりを仲介者に提示し，仲介者は各社見積もりを対比して消費者の希望条件に合致する商品を選択し，その内容を消費者に連絡する． |
| 記事 | 商取引の仕組みそのものに特許が与えられた事例としてマスコミにも取り上げられたもの． |
| 参考 | 特許庁ホームページ：インターネット上の仲介ビジネスについて 2. プライスライン特許<br>https://www.jpo.go.jp/seido/bijinesu/tyuukai.htm |

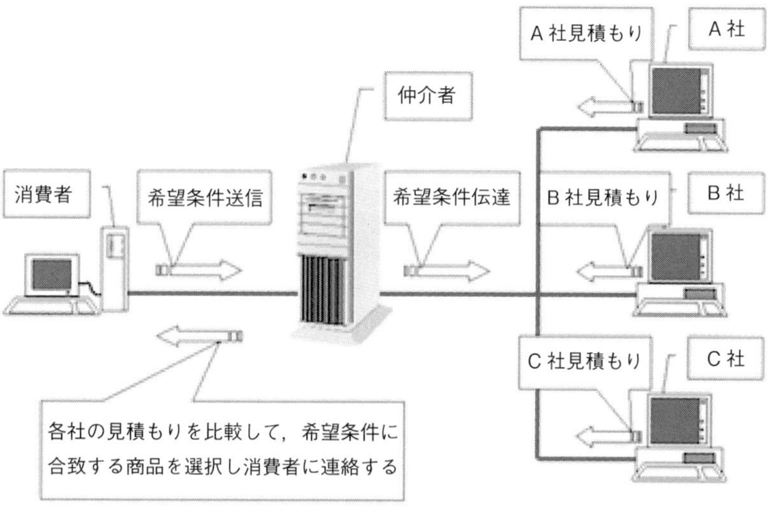

| 事例 2 | |
|---|---|
| 特許出願 | 特願平 4-507889 |
| 特許名称 | ハブおよびスポーク金融サービス構成のためのデータ処理システム，方法 |
| 出願人 | シグニチャー フィナンシャル グループ (Signaature Financial Group) |
| 内容概要 | 複数の投資信託（スポーク）が資金を単一のポートフォリオ（ハブ）にプールし，この投資用ポートフォリオを運用することにより日々発生する資産を投資資金の出資比率に従って分配する． |
| 記事 | ・事例 1 の逆オークション特許とともに米国における代表的なビジネスモデル特許．<br>・日本では特許とならなかった． |
| 参考 | 青山紘一：ビジネスモデル特許最前線，pp. 170-175，工業調査会，東京 (2003) |

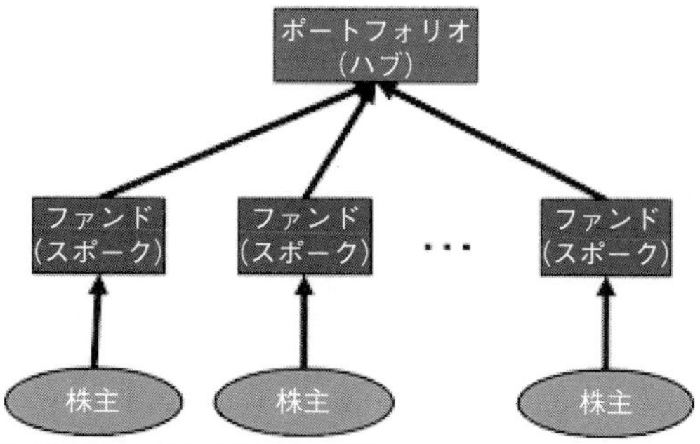

| 事例 3 | ワンクリックシステム |
|---|---|
| 特許 | 特願平 10-260502（1998 年 9 月出願）<br>特許第 4937434 号，第 4959817 号 |
| 特許名称 | アイテムの購入注文を出す方法 |
| 出願者 | 米国 Amazon.com 社 |
| 内容概要 | 消費者は一度インターネットを介して消費者名やクレジット番号等の消費者を特定する情報を入力して商品購入を行えば，次回からは商品を選んでクリックするだけでその商品を購入できる． |
| 記事 | ・2001 年に拒絶査定，請求項を減らして拒絶査定不服審判が請求されるも，2003 年 10 月に再度進歩性欠如で請求却下．<br>・1998 年に原出願を分割して再出願していたものが 2012 年 3 月に特許第 4937434 号，特許 4959817 号として認められる． |

| 事例 4 | |
|---|---|
| 特許 | 特許第 2939723 号 |
| 特許名称 | インターネットの時限利用課金システム |
| 特許権者 | インターナショナルサイエンティフィック |
| 内容概要 | インターネットプロバイダと契約手続きを行っていなくても，プリペイド課金によりインターネットへの接続を可能とするシステムである．<br>クライアントの PC<br>プリペイド金額により設定された接続度数が 0 になるまで利用可<br>パスワード 接続度数<br>拡張認証データベース<br>ターミナルサーバ<br>認証サーバ<br>認証データベース |
| 記事 | 本件特許が成立したのち，特許権者は多数のインターネットプロバイダに対し特許権侵害警告を行い話題となった．その後訴訟を起こしたが結局いずれも認められなかった．ビジネスモデル特許の権利侵害について裁判所が判断を下した最初の事例として知られている． |
| 参考 | 別冊ジュリスト (No.170)：70　ビジネスモデル特許のクレーム解釈の事例，pp. 146-147，有斐閣 |

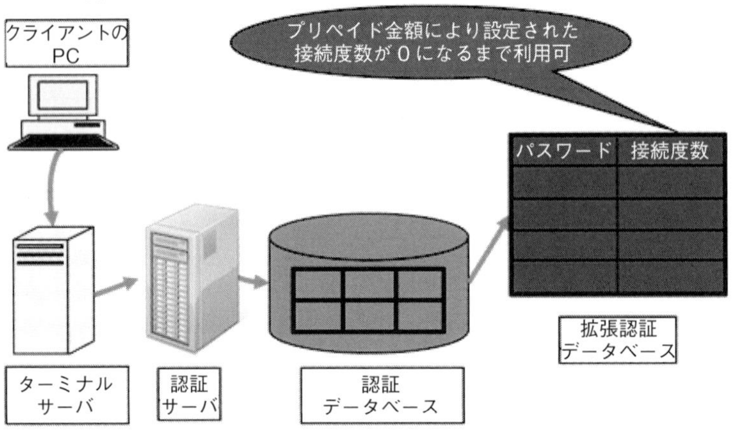

これにより，ソフトウェアをどのような形態で保護するかについて様々な議論がなされたが，大きな流れとしては従来の法律を適用する案と新たな法律により保護する案との 2 つが挙げられた [10,11]．

### A. 従来の知的財産権関連法による保護

1973 年 6 月に文化庁著作権審議会第 2 小委員会で，ソフトウェアは著作権法で保護されるとの基本的な考え方が提案され，その後 1984 年 1 月に同第 6 小委員会においてソフトウェアについての著作権制度による保護の範囲と問題点が審議され中間報告とされた．

また，特許庁では 1975 年 12 月に制定した「コンピュータ・プログラムに関する発明についての審査基準（その 1）」において，ソフトウェアはその手法が自然法則を利用していれば方法の発明として特許されうることを明示している．（8.2.1 項参照）

**B.** 新たな法律による保護

1983年12月に通商産業省産業構造審議会情報部会では中間答申において，ソフトウェアを保護するための新しい法律として「プログラム権法」を提案した．その概要は次の通りである．

ソフトウェアの需要が大幅に増大していることから，① 投下資本の回収を確保することによるソフトウェア開発の促進，② 重複投資の回避等によるソフトウェア開発の効率化，③ ソフトウェアの流通促進による利用の拡大が重要・緊急の政策課題となっており，① ソフトウェアに関する権利の明確化，② ソフトウェア情報の提供，③ ユーザの保護を一体として取引の基本ルールを確立することが必要である．

このため，ソフトウェアの法的保護制度の基本としては，① 極めて簡単かつ安価にコピー・使用され，また販売後もユーザ側で保守が必要であるといったソフトウェアの特質と取引の実態があること，② ソフトウェアが産業経済活動に欠かせない経済財であること，③ ソフトウェアは機能追加や改良によりより高度なソフトウェアへと発展すること，④ ソフトウェアの提供者のみでなくユーザの利益も十分に考慮する必要があること，⑤ ソフトウェアの技術進歩が著しいこと等を十分勘案したものとする必要があるとしている．

これらに基づき提案された「プログラム権法」を以下に述べる．

(i) 法の目的：プログラムの保護および利用を図り，プログラムの開発，流通，利用を促進することにより，産業経済の発展に寄与する．

(ii) 保護の対象：プログラム（ソースプログラム，オブジェクトプログラム）

(iii) 権利の内容：使用権の創設，改変権（範囲限定），複製権，貸与権を創設，人格権は規定しない．

(vi) 権利の発生：創作により権利発生

(v) 権利の期間：15年程度とするが，国際的合意も考慮．

(vi) 登録，寄託：形式審査による登録制度とし，登録時にプログラム寄託を受理するが，非公開．

(vii) その他

## (2) 1985（昭和60）年の著作権法改定

上述の通り，1984年1月の著作権審議会第6小委員会（コンピュータソフトウェア関係）中間報告において著作権をベースとしたソフトウェアの法的保護が答申され，これに基づき1985年にソフトウェアの保護を目的とした著作権法改正が実施された．主な改正点は以下の通りである．

用語の定義と著作物の例示として「プログラム」を追加し，職務上作成するプログラムの「著作者」の解釈や著作者人格権の中の同一性保持権の扱いを明確にした．また，プログラムの所有者がコンピュータでプログラムを利用する際に最低限必要となる複製・翻案を行って良いことやプログラムを作成した際の登録制度についても追記された．特にプログラムの登録制度については別途「プログラムの著作物にかかわる登録の特例に関する法律」が制定された．

## (3) 1986（昭和61）年の著作権法改定

1985年の著作権法改正に引き続き，1986年にはデータベースが著作権の対象となり，用語

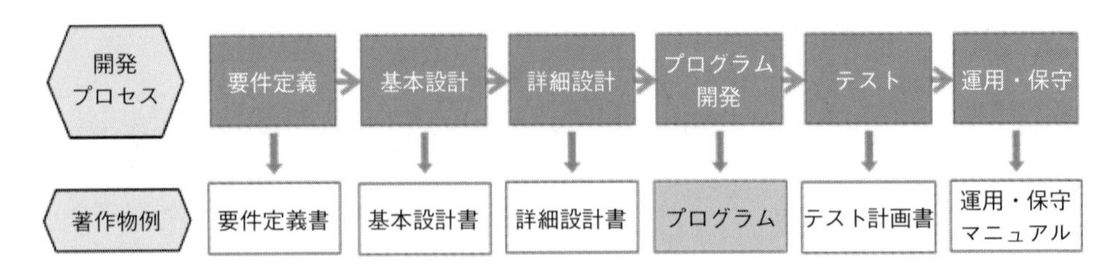


図 8.3 ソフトウェア開発プロセスと著作物例．

の定義と著作物の例示の中に追記された．ここでいうデータベースは「論文，数値，図形その他の情報の集合物」等のデータの中身のみであり，データベースに登録したり検索したりするプログラム自体は (2) に示した「プログラム」として著作権法で保護される．

### 8.3.2 著作物としてのソフトウェア

本項では，著作権の対象となるソフトウェアの種類と，ソフトウェアの形態・分類別の著作権の扱い，およびソフトウェアの著作者について述べる．

#### (1) 著作権の対象となるソフトウェア

**A. 開発プロセスとの関係**

一般的にソフトウェアの開発プロセス[8)]と著作物の関係は図 8.3 の通りとなる．

図 8.3 に示す通り，「プログラム開発プロセス」での成果物のみが「プログラム」となり，その他のプロセスでの成果物は「ドキュメント（文章や図表等）」となる．

プログラム開発プロセスで作成されたプログラムはそれ以前の要件定義，基本設計，詳細設計等のプロセスでの検討内容に基づき作成されているものであるから，それぞれの著作物のベースとなるアイデアや思想は同じものである．しかし著作としての表現について見ると，プログラムはプログラム言語を用いて記述されたプログラムコードであり，それ以外は文字や図表で表された文書である．

したがって，プログラムとそれ以外の文書類はそれぞれ独立した著作物となる．

**B. 創作性について**

ソフトウェアが著作物とみなされる限り，そのソフトウェアには創作性が備わっていることが必要である．したがって，単純・簡単であって誰が作成しても同等の表現となるプログラムは創作性が認められないため著作権法上の著作物としては扱わない．

#### (2) ソフトウェアの形態別の著作権の扱い

ソフトウェアの形態としてはプログラマが記述した「ソースプログラム」とソースプログラムをコンパイラで変換した「オブジェクトプログラム」がある．

著作権法における「プログラム」の定義は「電子計算機を機能させて 1 の結果を得ることができるようにこれに対する指令を組み合わせたものとして表現したものをいう [12]」であり，

---
8) ここではウォーターフォール型の開発プロセスを用いて説明する．

オブジェクトプログラムは，これを動かすことによってコンピュータを機能させ，1つの結果を得ることができるので，著作権法上の著作物に相当する．

なお，オブジェクトプログラムはこのままでは人間には理解できないが，著作権法で規定する著作物性には必ずしも人間に理解できるか否かという判断項目は含まれていないため，著作物であることに変わりはない．

一方，ソースプログラムはプログラマがプログラム言語で規定する命令群を組み合わせてコーディングしたものである．このままではコンピュータを動かすことはできないが，ソースプログラムをコンパイルしてオブジェクトプログラムとすることができるので，結果としてコンピュータを機能させ，1つの結果が得られる．これによりソースプログラムも著作権法上の著作物である．

ここで特記すべきは，ソースプログラムとそのソースプログラムからコンパイラでコンパイルされて出来上がったオブジェクトプログラムとの関係についてである．コンパイルは機械的に行われるのであり，ソースプログラムになんらかの新たな創作性が追加されてオブジェクトプログラムができているわけではない．したがって，この場合のオブジェクトプログラムはソースプログラムの二次的著作物ではなく，単なる複製物となる．

### (3) ソフトウェアの分類別による著作権の扱い

ソフトウェアにはその用途によって ① OS，言語プログラム，ユーティリティプログラム等の基本ソフトウェア，② データベース管理システム，通信管理プログラムなどのミドルウェア，および ③ OA 用プログラムや業務処理プログラムなどの応用ソフトウェアに分類される．

これらのソフトウェアはすべて著作権法上の著作物であるが，ソフトウェアを記述するためのプログラム言語（ソフトウェアを表現する手段としての文字その他の記号およびその体系）は著作権法の保護の対象とならない [13]．

その理由は，プログラム言語に著作権が与えられると誰も自由にソフトウェアを作成できなくなるためである．

### (4) ソフトウェアの著作者

著作物の著作者はその著作物を創作した者である．ただし，その著作者が企業等に所属している従業者の場合はいくつかの要件を満たすなら，その著作物はその企業等自身が著作者となり，その著作を「法人著作」と呼ぶ．これらの要件は以下の通りである．

① 著作物が企業等の発意に基づいて作られたもの（企業等の決定に基づく）．
② 企業等の業務に従事する者が作成したもの（その企業等の従業者である）．
③ このような従業者が職務上作成したもの（業務指示による）．
④ 企業等が自己の著作の名義のもとに公表するもの（著作者が企業等名となっている）．
⑤ 著作物作成時の契約・勤務規則等において，従業者の著作物とするという別段の定めがないこと．

1985 年の著作権法改正によって，ソフトウェアの著作物についても法人著作の規定が追加された [14]．ソフトウェアの場合は他の著作物と異なり，④ の公表名義は問わないこととした．

これは，ソフトウェアについては企業等で内部利用されたり，作成を委託した企業等にだけ提供されたりすることが一般で外部に公表されることが予定されていない，等の理由による．

### 8.3.3 ソフトウェアに対する著作権の行使

本項では，ソフトウェアに関係する著作権の支分権，および著作者人格権について述べる．

#### (1) 複製権<著作権法第21条>

コンピュータの処理の中では様々な場面でソフトウェアを複製（コピー）する必要がある．それには大きく分けて以下の2つの種類がある．

(i) 複製すること自体が目的となるもの
- コンピュータ内部のハードディスクや，DVD，ブルーレイディスク等の外部記憶媒体へ保管のためにバックアップコピーすること

(ii) 他の処理を実現する都合上一時的に複製する必要のあるもの
- ソースプログラムをオブジェクトプログラムに変換して利用する際にコピーされること
- ランダムアクセスを可能とするため，テープ等の順編成ファイルからDVD等の直接編成ファイルに変更する際にコピーされること
- ブラウザソフトウェアでWebのホームページを閲覧する際，ホームページの情報がコンピュータのメモリ上にコピーされること

これらの複製はコンピュータ処理に必要なものであるため，複製権が制限されている[9]．ただし，これらの複製が認められるのはこの複製物の所有者自身がコンピュータ上で使用する場合に限られ，この複製物を所有者から借用した人に対しては認められない [15]．

#### (2) 公衆送信権<著作権法第23条>

公衆送信とは，有線・無線通信により公衆に対して直接送信することをいう．ただし，有線通信の場合は通信設備が同一構内にあってその範囲で行う送信については公衆送信とはならない．

これにより，TV放送やインターネットを通してソフトウェアを配信，あるいは閲覧できるようにする場合には公衆送信権が適用されることとなる．ここで留意すべきは，上述の但し書きをそのまま解釈すれば同一構内に敷設されたLANの範囲内で送信を行う時には公衆送信とはならないということになる．しかしこの場合，ソフトウェアを同一事務所で1セット購入してサーバに格納し，LAN配下のすべてのコンピュータがこのソフトウェアを使用する形態も可能となるため著作者にとって著しい不利益となることから，ソフトウェアについてはこの但し書きは適用されない [16]．

#### (3) 頒布権<著作権法第26条>

頒布権は元々映画の著作物をその複製物により頒布する権利であるが，ゲームソフトウェアは「映画の効果に類似する視覚的又は視覚的効果を生じさせる方法で表現され，かつ物に固定さ

[9] (ii) に示すようなコンピュータの操作に当然伴うための複製は著作権法における「複製」ではないとする見方もある．（中山信弘：著作権法，p. 300 脚注123，有斐閣 (2007).）

れていること [17]」に相当することにより著作権法上映画の位置づけとなる[10]．したがって，ゲームソフトウェアが格納されたDVD等の媒体を有償，無償であるかは問わず譲渡，貸与する際には頒布権が適用される．

ただし，現在ゲームソフトウェアは一般家庭に広く普及しており，一度購入したゲームソフトウェアを転売・再譲渡することは頻繁に起きることが考えられるためその都度ゲームメーカに許諾を得るのは現実的ではないとして，転売・再譲渡には頒布権が適用されない．

### (4) 翻案権＜著作権法第27条＞

一般に，ソフトウェアの分野では機能拡充や品質・性能向上などで元となるソフトウェアを改造し，改訂版（バージョンアップ版）を作成することが頻繁に行われる．この場合，元となるソフトウェア（の表現）を残してそれに創作性のある新たなソフトウェアが追加されれば，これはソフトウェアを翻案したこととなり翻案権の適用を受ける．その際に作成されたソフトウェアは元のソフトウェアの2次的著作物となる．

また，プログラマがある機種のコンピュータ上で動作するソフトウェアを別の機種のコンピュータ上で動作できるよう工夫して制作し直した場合には，新たなソフトウェアは翻案された著作物である．

ここで特筆すべき事項にリバースエンジニアリングが挙げられる．ソフトウェアにおける「リバースエンジニアリング」とは，オブジェクトプログラムを分析・解釈してソースプログラムを作り出し，これによりそのソフトウェアに含まれるアイデア・機能等を調査することである．

一般に工業製品等を分解して内部構造などを調査するリバースエンジニアリングは認められているが，ソフトウェアの場合オブジェクトプログラムからソースプログラムを作成する過程は「複製」に相当するため著作権法上の保護を受ける．

これについては，ソフトウェア同士の相互運用性の確保や障害の発見等の一定の目的のための調査・解析についてのリバースエンジニアリングについては認められるであろうとのコンセンサスができつつある．また，たとえば競合ソフトウェアや革新的なソフトウェアの開発目的等までリバースエンジニアリングが認められるかについては目的や具体的範囲・条件について引き続き検討が行われることとなっている [18]．

### (5) 著作者人格権＜著作権法第20条＞

著作者人格権の中で第20条は同一性保持権を規定している．同一性保持権とは「著作物がその著作者の意に反して変更，切除その他の改変を受けないもの」であり，ソフトウェアも著作物である限りこの条文の適用を受ける．

ただし，ソフトウェアに含まれているバグを修正する場合や，そのソフトウェアをより効果的に利用するための機能や性能向上のための修正，あるいは (4) に示したような機種の異なるコンピュータで動作させるためのソフトウェアの修正等については著作者の名誉・声望を害することはほとんど無いであろうということから同一性保持権の適用を除外されている [19]．

---

[10] ただし，映像のような動きの無いシミュレーションゲームなどは映画の著作物としては認められない．

## 演習問題

**設問 1** コンピュータソフトウェアと関連する知的財産権をあげ，どのような権利であるか述べよ．

**設問 2** ソフトウェアが特許として認められるようになった経緯を述べよ．

**設問 3** ビジネスモデル特許の特徴を述べよ．

**設問 4** ソフトウェアが著作物として著作権で保護されるようになった経緯を述べよ．

**設問 5** ソフトウェアに関連する著作権の中の支分権について説明せよ．

## 参考文献

[1] 特許・実用新案審査基準：特許庁ホームページ，
（https://www.jpo.go.jp/cgi/link.cgi?url=/shiryou/kijun/kijun2/tukujitu_kijun.htm）．
[2] コンピュータ・プログラムに関する発明についての審査基準（その 1），
（http://www.furutani.co.jp/office/ronbun/soft-standard-1.pdf）．
[3] 特許法第 2 条第 1 項．
[4] 特許庁編『特許・実用新案審査基準』発明協会（1993 年 7 月 20 日）第 VIII 部 特定技術分野の審査基準，第 1 章 コンピュータ・ソフトウェア関連発明．
[5] 尾崎英男，江藤聰明編，「平成特許法改正ハンドブック」，pp. 17-18，pp. 214-215，三省堂（2004）．
[6] 民法第 85 条．
[7] 特許庁「ビジネス方法の特許について」，
（https://www.jpo.go.jp/tetuzuki/t_tokkyo/bijinesu/interbiji0406.htm）．
[8] 特許庁「特許にならないビジネス関連発明の事例集」．
[9] 特許庁「ビジネス関連発明の最近の動向について」，
（https://www.jpo.go.jp/seido/bijinesu/biz_pat.htm）．
[10] 経済産業省商務情報政策局情報処理振興課「ソフトウェアの法的保護とイノベーションに関する考え方について」，
（https://www.ipa.go.jp/files/000028292.pdf）．
[11] 中山信弘，「ソフトウェアの法的保護（新版）」，p. 272，有斐閣 (1988)．
[12] 著作権法第 2 条第 1 項 10 の 2 号．
[13] 著作権法第 10 条第 3 項．
[14] 著作権法第 15 条第 2 項．
[15] 著作権法第 47 条の 3 第 1 項．
[16] 著作権法第 2 条第 7 の 2 項．

[17] 著作権法第 2 条第 3 項における「映画の著作物」の定義.
[18] 文化審議会著作権分科会報告書 第 1 編法制問題小委員会 第 3 章 権利制限の見直しについて（平成 21 年 1 月版），(http://www.cric.or.jp/houkoku/h21_1b/h21_1b.html).
[19] 著作権法第 20 条第 2 項第 3 号.

# 第9章 コンピュータソフトウェアビジネスと知的財産権

□ 学習のポイント

コンピュータソフトウェアはパッケージ単体として，あるいはハードウェアに組み込まれた形でそれ自体が商品として売買の対象となるが，ソフトウェアに付随した知的財産権を活用したビジネスの形態も存在する．本章ではソフトウェアにかかわるビジネスの観点から知的財産権との関連を概説する．

- コンピュータソフトウェアは単体やハードウェアへ搭載あるいは組み込まれた形で販売されるなど様々な形のビジネス形態があり，またソフトウェアが持つ知的財産権もビジネスの対象となることを理解する．
- ソフトウェアは開発，販売，実行といったライフサイクルごとにいくつかの知的財産権が関連してくることを理解する．
- ソフトウェアは知的財産として特許権のライセンス付与や商標権の使用許諾の形でビジネスの対象となる．

□ キーワード

プログラムの著作物にかかわる登録，指定登録機関，使用許諾条項，シュリンクラップ契約，クリックラップ契約，ライセンス販売，知的財産の価値評価，専用実施権，通常実施権，専用使用権，通常使用権

## 9.1 コンピュータソフトウェアビジネス

ソフトウェアビジネスと呼ばれるものには大きく分けて 2 種類がある．

1 つはソフトウェア自体が商品としてビジネスの対象となるものである．たとえば，OS，アプリケーションプログラム，ツール類をパッケージとして販売[1]すること，これら既製のソフトウェアをメインフレーム，PC 等のハードウェアに搭載して販売すること，ソフトウェアを家電や情報機器などに組み込んだ形[2]で販売すること，顧客からの注文によって設計・製造したソフトウェアを単体のハードウェアや情報ネットワークシステムの構成装置に搭載して販売すること等である．(以下「ソフトウェア販売ビジネス」という.)

[1] ソフトウェアを利用者に提供する形態としては厳密にいうと販売型と賃貸型の 2 種類がある．本章ではこれらをまとめて「販売」と表現するが，9.2.2 項では内容に即しこれらを区別して表現する部分がある．

[2] 組込みソフトウェアと呼ばれるもので，一般に家電や情報機器の利用者（購入者）は装置や機器の中にソフトウェアが組み込まれていることやソフトウェアを購入しているという意識は無い．

一方，ソフトウェアに付随した知的財産権を活用してビジネスを行うことも広い意味でコンピュータソフトウェアビジネスであるといえよう（以下「ソフトウェア知的財産権ビジネス」という）．これには知的財産権自体をビジネスの対象とする場合と，知的財産権の権利を付加価値，すなわち武器としてビジネスを行う場合がある．

## 9.2 ソフトウェア販売ビジネスと知的財産権

ソフトウェア販売ビジネスと知的財産権には密接な関係があるが，これには 2 つの意味がある．1 つはソフトウェアを販売するまでに至る過程，すなわちソフトウェアを製品として開発する際に関係する知的財産権であり，他の 1 つは出来上がった製品をソフトウェア商品として販売する際に関係する知的財産権である．以下にこれらについて述べる．

### 9.2.1 ソフトウェア開発時に関係する知的財産権

ソフトウェアと知的財産権との関連は 8.1 節に示したが，ソフトウェアの開発時点により様々な知的財産権が関係する．

#### (1) 設計時

ソフトウェアで実現する機能には様々なアイデアが含まれる．これらのアイデアが発明の条件を満たしており，かつ進歩性，新規性が存在すれば特許として出願することが可能である．

したがって，ソフトウェアの設計者はソフトウェアの機能に特許の対象となる発明が含まれているか否かに十分留意し，企業等の方針に従い必要があれば特許出願を行う．また逆にすでに登録されている他者の特許を侵害していないか否かについて十分に注意を払う必要がある．

なお，企業において自社でソフトウェアを内製している場合は別として，委託により開発している場合にはそのソフトウェアに起因する特許の出願や，権利化した特許の所有について委託および受託のいずれの企業が行うかということが問題となる．これについては双方の企業間でソフトウェア製造契約等によりどのように取り扱うかを十分に規定する必要がある．

また，ソフトウェアの設計が終了した段階で設計書が作られる．これは，紙形態であるか，あるいは電子ファイル形態となっているかにはかかわらず設計内容が記載（表現）された文書情報として著作権の対象となる．

#### (2) 製造（プログラミング）時

ソフトウェアの設計書に基づき，プログラミングを行った結果としてソースプログラムが作成される．ソースプログラムはプログラム言語で規定するソースコードの集合体として表現される．これらのソースプログラムは同等の機能であっても各プログラマによりソースコードの組合せ方が異なるので，異なった表現となる．すなわち，プログラムには創作性があることになり，著作権が発生する．

したがって，ソースプログラムであってもプログラマの誰が作っても同じような表現となるものには創作性がないため，著作権法で保護されない．

また，開発手法によってはプログラミングを実施する前段階としてソフトウェアの詳細仕様書を作成したり，アルゴリズムをフローチャートとして記述したりする場合もある．これらにも当然著作権が発生することとなる．

(1) で記述したことと同様に，企業がソフトウェア製造を外部委託した場合，ソフトウェアの著作権は一義的には受託した企業に存在することとなる．したがって，ソフトウェアの著作権についても委託および受託企業間で締結するソフトウェア製造契約等の中でその扱いを明確化しておく必要がある．著作権の中でも複製権や翻訳・翻案権など著作権法第 21 条から第 28 条で規定される権利は譲渡の対象となるが，著作権法第 18 条から第 20 条までに規定される著作者人格権は譲渡することができない．たとえば，委託企業は受託企業に対して著作権法第 18 条から第 20 条まではその権利を行使しないという契約書条文を盛り込むように要求する等の措置が必要となる．

#### (3) ソフトウェア完成時

作成したソフトウェアには (2) で示した通り著作権が発生する．日本の著作権は無方式主義であるのでソフトウェアが完成した段階で自動的に著作権が付与されている．そこで，仮にこのソフトウェアを販売した後に，他者 A によってこのソフトウェアが勝手に複製され使用された場合には A に対して著作権侵害を警告することになる．もし A が警告を無視すれば訴訟を起こすことになるが，この場合提訴する側は自分自身のソフトウェアに著作権が存在し，A がソフトウェアを複製していることを立証する必要がある．しかし，ソフトウェアは公表するわけではないのでその作成時期と内容を証明することはかなり困難である．

以上のような状況から，著作権法ではソフトウェアの作成時期および内容を文化庁長官から指定を受けた「指定登録機関[3]」において公的に証明できるよう「登録」の制度 [1]，および登録手続方法等 [2] を規定している．

これにより，著作権侵害を受けて訴訟を起こす場合にソフトウェアの作成日や内容を立証することが容易となる．

### 9.2.2 ソフトウェア販売時に関係する知的財産権

#### (1) ソフトウェア販売準備時

ソフトウェアを販売店でパッケージとして販売する際には，パッケージに商品名やロゴを表示する．この時の商品名やロゴについてはあらかじめ商標登録を行っておくことが望ましい．これにより，自社商品を他社商品と区別するのみでなく，他社が同じ，あるいは非常に類似した商品名でソフトウェアを販売することを防止することができる．また，他社が同じ商品名を勝手に使用してソフトウェアを販売した場合にはその商品名の使用を差し止めたり，損害賠償を請求したりすることができる．

#### (2) ソフトウェア販売時

ソフトウェア販売時にそのソフトウェアに対して新たな知的財産権が発生することは無いが，すでに発生している権利，とりわけ著作権に関しては次に示す通り留意すべき取扱い方法がある．

[3] 現在は一般財団法人「ソフトウェア情報センター (http://www.softic.or.jp/)」において一元的に実施している．

### A. ソフトウェアを販売し，使用許諾する場合

一般消費者がソフトウェア販売店からパッケージソフトウェアを購入する場合，ソフトウェアが格納されている媒体の所有権は購入した消費者に譲渡される．しかし，中身のソフトウェアについては使用権が許諾されるという形態が一般的である．その際，消費者が媒体の包装を開封すると使用許諾条項に同意したと見なされるような契約形態をシュリンクラップ契約と呼ぶ．また，同様のケースとしてオンラインでソフトウェアを購入し，ダウンロードした際に使用許諾の内容に同意して同意ボタンをクリックすると使用許諾条項に同意したと見なされるような契約形態をクリックラップ契約と呼ぶ．

本来，著作権の中にはソフトウェアの使用権という支分権は存在せず，利用者はソフトウェアを購入すればその後の使用は自由である．しかし，現実にはこれらの使用許諾条項により様々な条件が付されていることが多い．

使用許諾の内容は，たとえば「利用者が購入した本ソフトウェアは自身が所有するPC上でのみ使用が可能」，「本ソフトウェアの著作権は本○○○会社に帰属」，「本ソフトウェアに関して譲渡不可能な権利を利用者に許諾」といったものである．

これは，ソフトウェアの販売（利用者から見れば購入）という行為が著作権の譲渡を伴うか否かにより意味合いが異なってくる．

仮にソフトウェアの販売によって著作権も利用者に譲渡されたとすれば，それ以降著作権者（ソフトウェア制作企業等）はそのソフトウェアに対して著作権の行使ができなくなる．一方，著作権の譲渡を伴わなければ引き続き著作権の行使は可能である．

以上のことから使用許諾条項は，著作権者が自分自身に著作権が留保されており利用者に対してはソフトウェアの複製を許諾していること，すなわち販売したソフトウェア（の複製物）を利用者が自分のPC等で利用するために必要となる限度でのみ複製できる[3]こと等を再確認するものであるといえる．

利用者はこれらのパッケージソフトウェアをソフトウェア販売店やオンラインショップより購入し，直接著作権者から購入するわけではないのでこのような使用許諾条項への同意行為を通して著作権者の権利を利用者に明確化かつ許諾させていると考えられる．

### B. ソフトウェアをライセンス販売する場合

企業や大学等の組織に対してソフトウェアを販売する場合には「ライセンス販売」という形態を取ることが多い．これはその組織に対してソフトウェアを一式のみ引き渡し，上限を決めた範囲内で必要な部数だけコピーして利用できるというものである（ボリュームライセンスという呼び方をし，個別に販売するよりも価格を割り引くことが多い）．これは個人1人ずつが購入するわけではないので販売側，利用者側双方にとって管理の手間も省けることから一般に見られる形態である．

この形態では，A. に示した場合と同様にソフトウェアの著作権を譲渡することなく使用を許諾し，ライセンス期間を設定することが一般である．ライセンス契約が切れればソフトウェアを提供側に返却，あるいは使用していたPC等から削除するという条件になっていることが多い．

### 9.2.3 ソフトウェア実行時に関係する知的財産権

ソフトウェアをPC上で実行させた時に，そのソフトウェアによってPCのディスプレイ上に文章や写真，画像，映画，音楽などが表示・再生されることがある．これらはソフトウェアそのものではなく，ソフトウェアが動作することで生成された著作物である．

したがって，これらの表現・再生物は言語や画像，映画，音楽等の著作物として保護されるので，ソフトウェア作成時にこれらの著作権に十分留意する必要がある．

## 9.3 ソフトウェア知的財産権ビジネス

9.2節ではビジネスの対象となる商品はソフトウェアであり，ソフトウェアに付随する知的財産権は何かという観点で概説した．

本節では見方を変えて，ソフトウェアに付随する知的財産権自体がビジネスの世界でどのように活用されるかという観点で述べる．

### 9.3.1 ソフトウェアにかかわる知的財産権が持つ付加価値

本項では，ソフトウェアを販売する際にソフトウェアに付随する知的財産権がビジネス上どのような効果を持つかという視点で述べる．

#### (1) 特許権

ソフトウェアに限定されたことではないが，商品として販売するソフトウェアについて特許を取得しておけば企業はその発明を独占的に実施できる．すなわち，他社がその発明と同等のソフトウェアを販売していればそれに対し警告したり訴訟を起こしたりすることによって販売を中止させることができ（差止請求権 [4]），また特許権を侵害した者に対して損害賠償を請求することもできる（損害賠償請求権 [5]）．

これにより，他社はその発明と同等の内容をもつソフトウェアを販売することはできないので特許を取得した企業は市場を独占することができる．

一方，近年ICTの分野では提供するサービスや製品がますます高機能，高性能となり技術が複雑化している．このためこれらのサービス・製品のソフトウェアについても単独の企業一社で開発することは極めて困難なことから，複数の企業が企業体（組織体）を構成して共同で開発するケースが増えてきている．このような場合は，それぞれの企業が自社の特許を独占せずこの企業体に特許権をライセンスして集中化し，それぞれの企業が必要な特許のライセンスを受けるという形態をとることが多くなっている．このような形態をパテントプールと呼ぶ（パテントプールの詳細については第14章参照）．

#### (2) 著作権

ソフトウェアは制作者自身が利用する場合を除けば，商品として販売し利用者に使用してもらうことで初めてビジネスとして成り立つ．この点 (1) に示した特許とは異なり独占実施という概念はない．

表 9.1 知的財産の価値評価方法．

| 評価方法 | 概要 | 特徴 |
| --- | --- | --- |
| コスト法 | 知的財産の元となる商品・製品等を開発したり，外部から購入したりする際に必要となるコストが知的財産の価値とする方法 | ＜メリット＞<br>企業内で実際に支払われた費用を元に計算ができるので算定が容易である．<br><br>＜デメリット＞<br>将来得られると想定される収益や市場の価値が反映できない． |
| マーケット法 | 市場における同等の知的財産が生み出す収益を参考にして対象となる知的財産の価値を類推する方法 | ＜メリット＞<br>市場での実際の売買価格なので客観的な価値評価でありわかりやすい．<br><br>＜デメリット＞<br>知的財産権の取引事例の情報入手が困難なため，参考情報が得がたい． |
| インカム法 | 対象となる知的財産が将来生み出す事業収益を予測し，その現在価値を類推する方法 | ＜メリット＞<br>将来の収益力を織り込んでいるので合理性がある．<br><br>＜デメリット＞<br>将来の収益予測は困難で，主観的要素が入ってしまう． |

ビジネスの観点から見れば，ソフトウェアの正規版ではなく不正にコピー（複製）されたソフトウェア，いわゆる海賊版が大量に出回ることは結果として売り上げの減少を招くので大きな問題となる．この時，ソフトウェア全体を完全にコピーした場合のみでなく，一部であってもモジュール等のある程度まとまりのある機能部分のコピー，あるいは極めて類似したプログラミングである場合には著作権を侵害していることになる．

したがって，著作権者は侵害者に対して警告を発したり，場合によっては訴訟を起こして差止請求したり（差止請求権 [6]），損害賠償を求めることができる（損害賠償請求権 [7]）．

### 9.3.2 ソフトウェアの知的財産権にかかわるビジネス

本項では，ソフトウェアに付随する知的財産権そのものがビジネスの対象として価値を持つことについて述べる．

#### (1) 知的財産の価値評価

知的財産権の元となる知的財産の価値評価方法には大きく分けて，コスト法，マーケット法，インカム法がある．これらの内容と特徴を表 9.1 に示す [8]．また，知的財産の評価を行う目的には次のようなケースがある．

① 企業に対して投資したり，企業自体を M&A（企業の合併や買収）の対象としたりする場合に，その企業が保有している知的財産の価値を算出するケース

② 企業が経営戦略や知的財産戦略を策定するために，自身が保有する知的財産の価値を算出するケース

③ 知的財産権を売買したりライセンスしたりする際の権利の価値を算出するケース

④ 知的財産権に対する侵害が発生した際に，損害賠償額を決定するために権利の価値を算出するケース

所有する知的財産の価値を評価するにはこれらの評価方法のメリット，デメリットを十分に把握し，目的に合わせて評価方法を選択する必要がある．

たとえば，資金調達や担保価値など企業の価値を見積もる目的であればマーケット法やインカム法を用い，企業が経営戦略を策定する際にはコスト法とインカム法を組み合わせ，知的財産権の売買やライセンスが目的であれば，マーケット法を用いるといったことが考えられる．

以下，具体的な知的財産権についてビジネスの観点から述べる．

### (2) 特許権

特許を保有する企業に対し，他社がその特許を使用したいと申し入れてきた場合，対応する方法には大きく分けて 2 つある．特許権を譲渡する場合と使用のためのライセンス契約を結ぶ場合である．

#### A. 特許権の譲渡

特許を保有する企業が今後その特許を自社で実施する可能性が全く無い場合には，特許を実施したい旨を申し入れてきた他社にその特許を譲渡してしまうこともあり得る．次に示すライセンス契約より高額で譲渡できるなら，特許を保有することによるコスト（特許庁への特許料＜年金＞支払いや特許権侵害への監視等）を削減する意味でも有効な手段である．

一般承継（相続や合併などで特許権を譲渡する場合）と異なり，このようなビジネス上の理由で特許権を譲渡（特定譲渡）する場合には特許庁に対し，名義変更の為特許権の移転の登録を行う必要がある [9]．

#### B. 特許権のライセンス付与

特許を保有する企業（特許権者）がその権利を放棄したくない場合は，特許実施を申し入れてきた企業に対し実施の権利を与える（ライセンスする）方法がある．実施の権利には 2 つの方法がある．

① 専用実施権 [10]

特許権の全範囲，あるいは時間的・場所的・内容的制限を付けた範囲で特許庁に設定登録すれば，専用実施権者はビジネスとして特許発明を実施する権利を専有することができる．

特許権者にとっては高額のライセンス料を得ることができるというメリットがあるが，一度専用実施権を与えると自分自身はその特許を実施できなくなる．ライセンス料を受け取るメリットと特許を実施できないというデメリットを比較して考察する必要がある．

② 通常実施権 [11]

特許権者もその特許を実施したい場合は，相手企業に対して通常実施権を許諾することになる．通常実施権者は権利が設定された範囲で特許を実施できるが，その権利を専有することはできない．したがって，特許権者は他の企業にも通常実施権を許諾することができる．また，専用実施権と異なり，特許庁に登録しなくても 2 企業間で契約を交わせば効力が発生する．

### (3) 著作権

9.3.1 項 (2) で示した通り，著作権は利用者にとってソフトウェアを購入し，あるいはライセンスを受けて使用する際の条件であると考えられる．すなわち，著作権のみがビジネスの売買，あるいはライセンスの対象として扱われることはない．

### (4) 商標権

ソフトウェアの登録商標が有名であったり良い印象であったりする場合，その商標権を保有する企業に対し，他社が商標の使用を申し入れてくることがある．この時の対応方法としては，商標権を譲渡する場合と使用を許諾する場合の 2 つがある．

#### A. 商標権の譲渡

自社が今後販売する商品にその商標を使用する予定がなければ，その権利を譲渡することを考えてもよい．ただし一度権利を譲渡してしまうと，それ以降はその商標を使用していた従来商品の販売を続けていると権利侵害となる．このような状況では逆に商標権を譲渡した相手からその商標を使用する許諾を受ける契約を交わしておく必要がある．

#### B. 商標権の使用許諾

他社が商標の使用を申し入れてきた時，その商標を譲渡したくない場合は使用の許諾を与える方法がある．使用許諾の方法は次の通りである．

① 専用使用権 [12]

専用使用権者は設定によって定めた範囲内でそのソフトウェア商品の商標を専有で使用する権利がある．この場合，特許庁に登録する必要がある [13]．商標権者は専用使用権者に権利を許諾すると，自社の商品にはその商標が使用できなくなる．

② 通常使用権 [14]

商標権者も引き続きその商標を使用したい場合は，相手に対し通常使用権を許諾する．この場合特許庁への登録は必要ないが，使用許諾料や対象商品，使用期間，使用地域などについて相手企業と契約書を取り交わすことが望ましい．

## 演習問題

**設問 1** ソフトウェアの開発，販売，実行時において関連してくる知的財産権について述べよ．

**設問 2** 私たちがソフトウェア・パッケージを購入した際の使用許諾の方法にはどのようなものがあるか？

**設問 3** 知的財産の価値評価の方法にはどのようなものがあるか？

**設問 4** ソフトウェア特許の権利をライセンス付与する方法を 2 つ上げ，説明せよ．

**設問 5** ソフトウェアに関する商標の使用許諾を行う方法を 2 つ上げ，説明せよ．

## 参考文献

[1] 著作権法 第10節「登録」第75条~78条の2条.

[2] プログラムの著作物に係る登録の特例に関する法律.

[3] 著作権法第47条の3 プログラムの著作物の複製物の所有者による複製等.

[4] 特許法第100条第1項 差止請求権.

[5] 民法第709条 不法行為による損害賠償.

[6] 著作権法第112条 差止請求権.

[7] 著作権法第11条第3項 損害の額の推定等.

[8] 鮫島正洋編著,「新・特許戦略ハンドブック—知財立国への挑戦」, pp. 284-292, 商事法務 (2006).

[9] 特許法第98条第1項 登録の効果.

[10] 特許法第77条 専用実施権.

[11] 特許法第78条 通常実施権.

[12] 商標法第30条 専用使用権.

[13] 商標法第30条第4項 登録の効果.

[14] 商標法第31条 通常使用権.

# 第10章
# コンテンツ流通ビジネスと著作権

□ 学習のポイント

インターネットやパソコン，インターネットに普及できるデジタル機器の普及によって，コンテンツ流通は大きく変わろうとしている．本章では，コンテンツ流通ビジネスの仕組み（特徴や形態）とコンテンツ配信における著作権，ライセンス問題について学ぶ．

- コンテンツ流通ビジネスの仕組みと特徴を理解する．
- コンテンツ流通ビジネスのうち，映画配信・音楽配信・電子書籍について，どのような権利が関係するか理解する．
- デジタル・コンテンツ流通における関係者への利益配分の問題について理解する．

□ キーワード

広義のコンテンツ流通，狭義のコンテンツ流通（コンテンツ配信），ストリーミング型・ダウンロード型・ライブラリ型・ビューワ型，ロングテール，データベース・マッチング，オンデマンド配信，ライブ配信，ワンチャンス主義，出版権（音楽業界における），原盤権，電子書籍，出版権設定契約，出版契約書

## 10.1 はじめに—コンテンツ流通・動画共有ビジネスの隆盛

2000年代以降，映像や音楽，書籍，ビデオゲームなどのデジタルコンテンツの電子商取引(EC：Electronic Commerce)が活発化している．デジタルコンテンツのECをコンテンツ流通(digital distribution)と呼ぶことがある [1].

日本において最初に大きく成功したコンテンツ流通は，フィーチャーフォン（いわゆる，ガラケー）向けの着信音サービスである着メロや着うた（Ring Tones）の配信であった．2004年には，1曲全体をダウンロードできる着うたフルと呼ばれるサービス[1]が登場すると，このサービスは大きな支持を受けた．2009年には，910億円の市場規模まで成長した [2].

ところが，その後フィーチャーフォンからスマートフォンへの買い替えが進むことで，着うた・着うたフルの市場は急速に縮小していった．2014年頃から，国内向けにも，いわゆるサブスクリプションサービスと呼ばれる会員向け定額制聴き放題の音楽提供サービスが登場するこ

---

[1] 着うたと着うたフルは，ソニーミュージックエンターテイメントの登録商標である．日本レコード協会の音楽配信サービスの統計では，Ring Tones およびシングルトラックとして集計されている．

とで，音楽関連市場はだんだんと盛り返している．2013年の音楽配信サービス金額417億円から，2016年には529億円へと徐々にだが盛り返しつつある（7.7.1項参照）[3].

2010年には，電子書籍のインターネット販売が注目された．同年，すでに米国で電子書籍サービスを開始し，ユーザの注目を集めていた米Amazon社が，Kindle2の販売を日本でも開始した．また，米Apple社が電子書籍端末にもなるタブレットPCのiPadを全世界で発売し，同社のコンテンツ販売サイトiTunesStoreで電子書籍販売を開始した．この年は，日本における電子書籍元年と呼ばれることもある [4,5][2].

その後，電子書籍・電子雑誌の購読に便利なタブレットPCの普及も後押しとなって，電子書籍市場は徐々に拡大し，2015年には1584億円と，書籍・雑誌市場全体の1/10にまで達する規模となった [6].

2010年以降，音楽市場と同様に，定額制読み放題サービス（サブスクリプションサービス）が広がることで電子書籍市場の成長が後押しされたと言われる．国内では，Amazon.co.jpの提供するAmazon Unlimited，NTTドコモが提供するdマガジン（2014年開始）が急速にユーザー数を増やしたとされ，両者ともに電子雑誌の提供で拡大している [7].

一方，多くのユーザに対して容易に動画を公開し，共有できる動画共有サービス (video hosting service) も成長した．動画共有サービスも，広義のコンテンツ流通に属する．日本の動画共有サービスでは最大規模のニコニコ動画が，2016年12月末時点で一般会員登録者数約6210万人，有料会員（プレミアム会員）約252万人以上となった [8]. 有料動画共有サービスにおいても，サブスクリプションサービスが主流で，Gyao!やHulu，Netflixなどが人気を集める．同時に，画面の小さなモバイルでの利用は思ったよりも伸びず，マルチデバイスと呼ばれる，タブレットPCやノートPC，デスクトップPC等に加えて，大画面テレビ等で映像を楽しめるサービスが主流である [9].

2001年に示された日本政府のe-Japan戦略の後押しと熾烈な企業競争の結果，日本社会においてブロードバンドインターネットが広がり，定着した [10–12]. コンテンツ流通と動画共有サービスは，ブロードバンドインターネットを十分に活用し，消費者の文化的生活を豊かにするとともに，産業として成長することで経済的発展に寄与することが期待されている．

デジタルコンテンツの多くは著作物であって，コンテンツ配信ビジネスを展開するにあたっては，著作権問題を避けることはできない．本章においては，コンテンツ配信ビジネスにおける著作権や契約の問題について説明する．

## 10.2 コンテンツ流通のビジネスと流通形態

### 10.2.1 コンテンツ流通の概要

広義では，コンテンツ流通とは，インターネットのような情報通信ネットワークを通じて，消

[2] ただし，日本における電子書籍（電子ブック）の歴史は古く，1980年代の電子辞書の発売にさかのぼることもできるし，1990年代初めには，NECおよびソニーがフロッピーディスク (FD) やCD-ROMを利用する電子書籍専用端末を発売した．2000年代になってからも，パナソニックやソニーが電子書籍専用端末を発売している．しかしながら，これらの電子書籍端末は大きな市場を獲得できなかった．

費者にデジタルコンテンツをアクセスさせるサービスを指す．ここで，アクセスとは，消費者が動画・映像を視聴したり，ゲームをプレイしたり，電子書籍を閲覧することなどを指す．したがって，広義のコンテンツ流通においては，デジタルコンテンツを消費者の端末にダウンロードさせることは，必要条件ではない．

一方，コンテンツ流通を，消費者に対してデジタルコンテンツを配信・配達するサービスに限るものがある．これを狭義のコンテンツ流通と呼ぶ．狭義のコンテンツ流通は，DVD や CD などのパッケージメディアにコンテンツを収録して販売するビジネスの代替的形態であると考えられている．したがって，この意味でコンテンツ流通という言葉を使用する場合，消費者の端末へのデジタルコンテンツのダウンロードが，このサービスの必要条件となる．この意味でのコンテンツ流通サービスにおいては，動画共有サービスのようなストリーミング型のコンテンツ流通などは除外される．

狭義のコンテンツ流通と動画共有サービスなどのローカルでの繰り返し視聴を目的としないコンテンツ流通とは，課金や収益のあげ方が異なることが多い．前者が，一般的にはコンテンツの購入に応じて対価を得る一方，後者は，① 動画・音楽の視聴にともなう広告の表示，または，② 広告の表示と課金サービスの組み合わせ，③ 月間・年間の会員向け定額制視聴し放題サービスの，3 つの方法によって収益を上げる．2017 年現在，後者の国内サービスについて，YouTube が ①，ニコニコ動画が ②，Amazon Unlimited や LINE MUSIC, Gyao!, Netflix などが ③ のビジネスモデルを採用する．

インターネット登場以前のアナログコンテンツやデジタルコンテンツの流通においては，物の移動が伴うパッケージメディアによる流通であるか，テレビやラジオなど放送による流通が行われていた．インターネット登場と比較すると，インターネット登場後に確立した広義のコンテンツ流通は，コンテンツへの消費者のアクセスに物の移動を伴わないこと，放送ではなく双方向通信ネットワークであるインターネットを主に利用することが，重要な特徴になる．

現在，広義のコンテンツ流通の対象となるコンテンツは，動画や音楽，テキスト，電子書籍，ビデオゲーム，ソフトウェアなど多岐にわたる．

本章においては，とくに断らない限り，コンテンツ流通というとき，インターネット登場後の広義のコンテンツ流通を指すことにする．

### 10.2.2 コンテンツ流通ビジネスの特徴

コンテンツ流通ビジネスは，従来のマスメディアやパッケージメディアの流通と比較して，次の 4 つの特徴がある [13].

#### (1) データベース・マッチング

データベース・マッチングとは，インターネットでは，ウェブ検索を含むデータベース検索によって人々が自分の好みや必要に従って目的とするものや人を自由自在に検索でき，需要者と供給者，顧客と商品を容易に結びつけることができることをいう．とくに，インターネットでは需要者と供給者を容易に結びつけることができる点に，データベース・マッチングの特徴がある [14].

### (2) ロングテール

ロングテールとは，ジャーナリストのアンダーソンがインターネット EC の大きな特徴として指摘したもので，上記のマッチングの機能によって，従来は「死に筋」と考えられていた非ヒット商品やマイナーな商品であっても，それを需要する熱心な顧客がいれば販売が可能となるうえ，インターネット EC の参加者が多数であることから，このようなニッチな商品の販売額を合計すれば，その全体の売り上げは極めて大きなものとなる．商品を需要する人々の数の多さを縦軸，製品を横軸にとって，人気の高い商品から低い商品へと並べていくと，ずっと尾を引くように人気の低い商品がずらっと並ぶことになる．この部分をアンダーソンは「ロングテール」と呼び，インターネット EC においてはロングテールが重要な利益の源泉であると指摘した [15]．

### (3) 顧客主導

インターネット EC においては，消費者が商品の性能・品質や価格などに関する情報を豊富に有しているうえ，地理的移動のコストを負うことなくクリック 1 つで自由にウェブサイトを利用できるため，顧客に強い決定権があるとも指摘されている [16]．そのため，インターネット EC ビジネスでは，リピーターをいかに増やすか，顧客をいかに囲い込むかが重要な要素となる [17]．

### (4) 創業期・導入期における，収益よりも市場シェアの重視

コンテンツ流通市場においては，早く成長し，注目を集めて早く市場シェアを拡大した企業がより多くの市場シェアを獲得するポジティブ・フィードバック現象がみられる．このポジティブ・フィードバック現象は，一般的にマタイ効果と呼ばれる．マタイ効果とは，聖書マタイ伝に由来し，持てる者と持たざる者の格差が，時間経過とともに拡大する現象を示す用語である．マタイ効果によって先行して市場シェアを拡大した企業が有利であることから，多くの EC 企業は創業期や製品の導入期において収益よりも市場シェアの拡大を重視し，製品を無料もしくは低価格で配布し，その後その製品と組み合わせて消費・利用する補完財で儲けるなどのビジネスを展開することがある [18,19]．

### (5) 消費者の関心・購買情報の取得の容易性

コンテンツ流通市場においては，消費者のウェブサイト利用履歴や購買履歴を追跡することができるので，消費者の関心・購買情報に関する情報を記録し，分析することが比較的容易である．これらの情報を統計的に利用すれば，コンテンツ流通市場の動向をいち早くつかむことができ，商品開発などに役立てることができる．また，個別の消費者の関心・購買情報を蓄積し分析することで，その消費者がその時点では意識してないが，もしかすると欲しがるかもしれない商品をうまく推奨できるかもしれない．

ただし，これらの消費者の関心・購買情報は，個人識別情報を含む，または，ほかのデータと照合して容易に個人を特定できる場合には，個人情報に該当する．そのため，これらの情報の収集にあたっては不正な手段によらないことや利用目的の通知など，個人情報保護法の制限を受ける点に注意するべきである．また，個人情報保護法においては，個人情報の第三者提供にあ

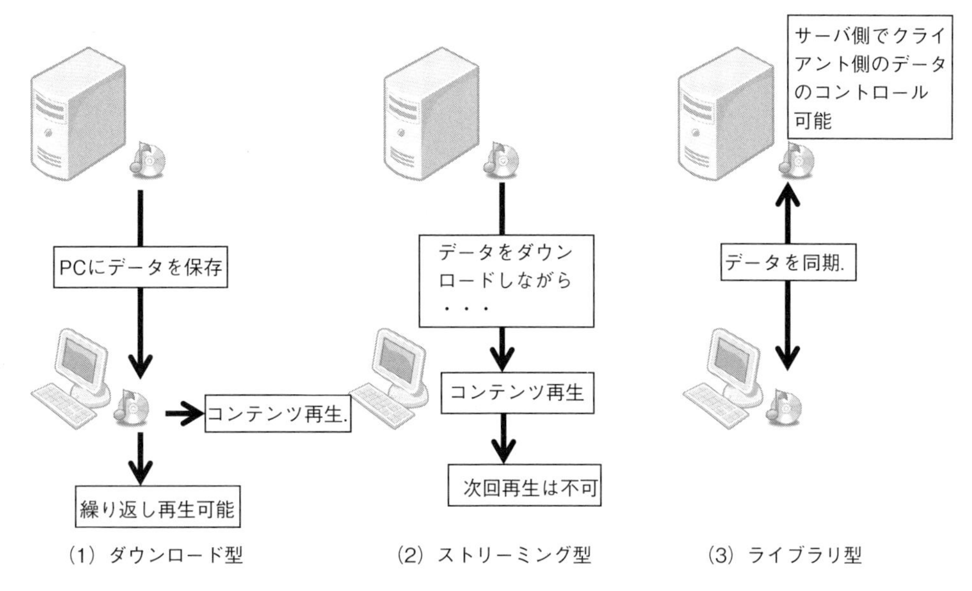


図 10.1 ダウンロード型，ストリーミング型，ライブラリ型の区別．

たっては，その点を該当する個人の同意を得るか，匿名加工を施す必要があるとされる [20]．

なお，この 5 つの特徴は，物財の EC にも共通している．つまり，ここで述べたことは，EC に共通する特徴である[3]．

### 10.2.3 コンテンツ流通の形態

現在あるコンテンツ流通の方法には，大きく分けると，ダウンロード型とストリーミング型，両者の組合せ，ライブラリ型，ビューワー型に分けられる（図 10.1）．本節においては，それぞれの特徴や代表的なサービスを説明する．

#### (1) ダウンロード型コンテンツ配信

パーソナルコンピュータや携帯電話，スマートフォンなどの端末機の補助記憶装置（HDD など）に対して，利用者にデータをダウンロードさせて，ダウンロードが完全に終了してからデジタルコンテンツにアクセスさせるサービスである．

ダウンロード型のメリットは次の通りである．

① 一般的に，後述するストリーミング型よりも動画・音楽を高品質で提供できる．
② データが端末機に置かれることから，2 回目以降のデジタルコンテンツのアクセスにおいてインターネット接続が必要なくなる．2 回目以降の利用においては，インターネット接続環境がなくてもデジタルコンテンツにアクセスできるうえ，インターネットの障害や輻

[3] なお，物財の EC においては，顧客起点の SCM も重要な要素である．顧客起点の SCM とは，デルなどのオンラインで注文を受け付けるパソコンメーカが注文に応じてパソコンを組み立て出荷する受注生産だけでなく，自社在庫や供給者からの製品供給をうまく組み合わせ，従来よりも迅速かつ効率的に顧客のもとへ，場合によっては注文された日時に合わせて商品を届けることを意味する [13]．

輳によって利用が妨げられない.

次に，ダウンロード型のデメリットは次の通りである.

① ユーザから見ると，デジタルコンテンツをダウンロードする間に待ち時間が生じる点で，1 度目のアクセスにおいて利用者にストレスを与えることがある.
② デジタルコンテンツの供給者から見ると，ダウンロード型コンテンツ配信は，利用者がコンテンツを自由に転送することができるため，供給者がデジタルコンテンツの流通をコントロールできなくなる問題がある．P2P ファイル共有ネットワークなどを介して，デジタルコンテンツが勝手に流通することによって，供給者に対して機会損失を与えることが懸念される.

したがって，ダウンロード型のコンテンツ配信においては，DRM（デジタル著作権管理システム）や電子透かしなど，無許諾の複製や転送などを予防したり，事後的に複製者や転送者の責任追及ができる仕組みと組み合わせて提供されることが多い.

代表的なダウンロード型コンテンツ配信サービスは，次のものがある.

① iTunesStore

iTunes Store (iTS) [21] は，米アップル社が提供するコンテンツ配信サービスである．同社が提供するコンテンツ再生ソフトウェア iTunes からコンテンツをダウンロードして利用する.

2003 年 10 月開始当時は，iTunes Music Store (iTMS) の名前で，サービスを提供していた．日本においては，2005 年 8 月に約 100 万曲の楽曲を揃えてサービスを開始した.

2006 年 9 月，映像配信および iPod 向けのゲーム配信を開始し，現在の iTS に名称を変更した（日本では，2010 年 11 月から映画販売・レンタルを開始)．2008 年 1 月，映画のレンタルサービス (30 日間経過後，ダウンロードした映画が消去)，2008 年 7 月，iPod Touch，iPhone 向けのアプリケーション・ソフトウェア（アプリ）提供を行う App Store を開設.

2010 年 1 月，電子書籍を閲覧できる iPad（米アップル社のタブレットコンピュータ）向けの iBooks と呼ばれるアプリの提供と，このアプリからアクセスできる電子書籍販売サービス iBooksStore を発表した（日本での開始は，2010 年 5 月).

② 学術情報流通

現在，学会誌や予稿集，大学紀要などに発表された論文や記事は，大学の機関リポジトリ，科学技術振興機構（JST）の電子ジャーナル出版プラットフォーム J-Stage，学協会のホームページなどから配信されている．これらのデータの多くは PDF 形式である．学会誌や予稿集に掲載された論文・記事については，最近のものについては購読料金が必要なものもある．長引く不況から企業会員が退会したり，学会誌購読をやめる傾向があるうえ，海外学会への参加が盛んになっていることから，国内の学会および学会誌の運営は厳しくなっているとされる．このように，インターネットによる学術情報流通は，社会への研究成果の還元という観点からは無料で誰でも閲覧できるオープンアクセス化が望ましいとされる．その一方で，学術情報の創造と流通の場である学会の維持という観点からみると，何らかの形で購買料金をとるべきだという主張も依然有力である [22,23].

なお，前出のiTSでは，iTSUというエリア（コーナー）を設けて，大学や研究所の講義などの配信を行うようになっている．

#### (2) ストリーミング型コンテンツ配信

一方，動画や音楽などのデジタルコンテンツについて，ダウンロードしながらデータの実行・再生を行うコンテンツ配信の方法をストリーミングという．ストリーミング型コンテンツ配信においては，デジタルコンテンツ全体が1つのファイルとして利用者の端末の補助記憶装置内に保存されることはない．

利用者から見ると，ダウンロードされながらデジタルコンテンツが再生されるので，ダウンロードしてから再生するまでの待ち時間が生じないことが第一のメリットである．インターネット接続ができないと視聴ができないので，インターネット接続環境に視聴が影響されることが，ダウンロード型と比較したデメリットである．

供給者から見ると，ダウンロード型コンテンツ配信と違って，利用者は視聴するたびに供給者のサイトにアクセスする必要があるので，コンテンツ流通をコントロールしやすいメリットがある．そのため，動画や音楽のコンテンツ配信においては，ストリーミング型が好まれる傾向がある．

代表的なストリーミング型のサービスには，次のようなものがある．

① Netflix

Netflix [9]は，米国発の映像ストリーミング配信サービスである．もともとオンラインDVDレンタルサービスから始まった同社だが，2010年，ストリーミングサービスを独立させた．日本では，2015年9月からサービスを開始した．

同サービスは，マルチデバイス対応で，PCのほか，Netflixに対応するインターネット接続できるテレビでも見ることができる．また，同サービスに対応していない場合でも，Netflix対応のセットトップボックスを取り付けて，インターネットに接続することで閲覧できる．同サービスは，既存の映画・テレビ番組・スポーツ番組等を放映するだけでなく，全世界でさまざまな媒体での放映・上映を見込んで巨額の資金をかけて自社で番組を制作することでも知られる．もっとも著名かつ成功した番組としては，『ハウス・オブ・カード　野望の階段（House of Cards）』が知られている．

2016年11月末，一部コンテンツについてダウンロードできるようになった．

② Hulu

米国の大手映像系マスメディア（テレビ局や映画スタジオ）が出資して開始された映像配信サービス．米国の全国ネットワーク系テレビ局放映の番組や大手映画スタジオの制作した映画などを配信する．2011年日本で定額制サービスが開始され，上記の番組・映画などのほか，日本テレビ系テレビ局の制作・放映した番組が追加されている．同サービスは，Netflixと同様，マルチデバイス対応で，PCのほか，Huluに対応するインターネット接続できるテレビ，Hulu対応セットトップボックスを取り付けたインターネット接続可能なテレビ，スマートフォン等で閲覧できる．

表 10.1 NHK オンデマンドのサービス体系（2017 年 10 月現在）.

| | 提供内容 | 価格 |
|---|---|---|
| 見逃し番組サービス | 放送後 7 日～14 日後までの番組. | 単品 108 円～. 見逃し見放題パック（ニュース番組含む. 972 円）. |
| 特選プレミアム | 見逃し番組サービス終了後，一部の作品が移行. 放送後 3 ヵ月までの番組. | 単品 108 円～. 2012 年 3 月現在パックは非提供. |
| 特選ライブラリ | 放送後 3 ヵ月以上経過した番組. | 108 円～. 特選見放題パック（972 円）. |

③ GyaO!

GyaO! [24] は Yahoo! Japan が提供するストリーミング型動画配信サービスである．専用アプリや対応デバイスのほか，Flash Player および Microsoft Silverlight 対応のブラウザで視聴できる．

2005 年，USEN が GyaO の動画配信サービスを開始し，2008 年 Gyao 事業を分社化，2009 年 4 月 Yahoo!と合弁となり，2010 年から Yahoo!の子会社となる．

同サービスは，無料コンテンツと有料コンテンツとを組み合わせて配信する．無料コンテンツサービスに関しては，シリーズもののうち全話を無料で見られるもののほか，第 1 話目のみお試しで無料のものがある．有料コンテンツに関しては，話題作を中心に提供する定額制見放題のサービス（プレミアム GyaO!）のほか，会費が不要で 1 コンテンツずつ購入ができるサービス（GyaO!ストア）がある．

④ NHK On Demand

NHK On Demand [25] は NHK が提供する放送後のテレビ番組の配信サービスであり．2008 年 12 月に開始された．

放送後 7～14 日間，テレビ番組をストリーミング配信する「見逃し番組サービス」と，過去の名作を配信する「特選プレミアム」および「特選ライブラリ」の 3 つのサービスを用意する．特選プレミアムは最近の番組，特選ライブラリは 3 ヵ月以上経過した過去の番組を配信する．有料サービス（表 10.1）のほか，一部作品は無料で配信する．

NHK On Demand は，法律上放送ではなく通信と解釈されるため，有料番組は NHK の受信料とは別に料金の支払いが必要である．料金の支払いはクレジットカードや Yahoo!ウォレットでできる．

⑤ 動画共有サービス（YouTube，ニコニコ動画など）

動画共有サービスは，インターネットユーザの投稿や CP の提供による映像・音楽をストリーミングによって提供するサービスである．代表的なサービスは，YouTube およびニコニコ動画がある．

動画共有サービスは，利用者同士のコミュニケーション機能が充実していることに大きな特徴がある．映像にコメントを残したり，友人間で動画を非公開で共有する機能などが用意されていることが多い．

インターネットユーザの投稿による映像・音楽は，著作権侵害や名誉棄損などにあたる内容がある場合もあるので，動画共有サービスの経営・運用には慎重さが要される．

⑥ 放送型サービス（ニコニコ生放送（ニコ生）など）

放送のように，決められた開始時刻からコンテンツ送信を行い，開始時刻後にアクセスしたインターネットユーザはその時点からの映像のみを視聴できるサービスである．非オンデマンド型と呼ばれることもある．なお，1回目の送信終了後，番組のウェブにオンデマンド（インターネットユーザのリクエストによって，コンテンツ最初から送信を行うこと）によって視聴できるストリーミングデータを用意する場合もある．

インターネットユーザが制作・放映する番組は，著作権侵害や名誉棄損などにあたる内容がある場合もあるので，動画共有サービスの運用にはこれらの十分な対策が求められる．

### (3) ストリーミング型＋ダウンロード型コンテンツ配信

上記のストリーミングとダウンロードを組み合わせるコンテンツ配信の形態もある．ダウンロード型のほうが高画質の動画を提供できるので，同じコンテンツであってもダウンロード型配信のほうを高額な価格設定にしたり，一定期間無料のストリーミング型配信を行った後一部のコンテンツのみをダウンロードできるようにさせたりするなどのサービスが提供されている．

・Amazon プライムビデオ（ストリーミング型サービス）および Amazon ビデオ（ダウンロード型サービス）

Amazon プライムビデオおよび Amazon ビデオ [26] は，総合 EC サイト Amazon.co.jp が提供するオンライン動画サービス．Amazon プライムビデオは，Amazon.co.jp の会員優遇プログラム Amazon プライムの会員向けの特典の 1 つ．Amazon プライムは年会費 3900 円または月額 400 円で会員となることができ，ストリーミング型サービスの Amazon プライムビデオを自由に視聴できる．また，Amazon ビデオはダウンロード型サービスで，テレビ番組・映画コンテンツのレンタル（100 円〜）または購入（999 円〜）ができる．

・U-NEXT

株式会社 U-NEXT が運営するストリーミング型サービス．U-SEN の GyaO!から派生．2009 年 GyaO!Next から U-NeXT に名称変更．映像・電子書籍・雑誌を配信する．iOS および Android 向けの専用アプリにダウンロード機能がある．ビデオ見放題サービスは 1990 円で，レンタルと販売の都度課金がある．レンタルは期間内で何度も視聴可能で，販売は無期限で何度でも視聴できるが，退会すると視聴ができなくなる．マルチデバイスで視聴できるが，テレビでの視聴のためには，U-NEXT 対応テレビまたは専用端末（U-NEXT TV）をテレビに取り付け，インターネットに接続する．

### (4) ライブラリ型コンテンツ配信

電子書籍においては，ライブラリ型と呼べるコンテンツ配信の方法を取ることがある．このタイプのコンテンツ配信においては，端末機側に専用のブラウザ（閲覧ソフト）を用意することが多い．あるサイトで利用者が電子書籍を購入すると，利用者はこの電子書籍の利用権を手に入れることができる．

購入後，端末機の電子書籍ブラウザには購入した電子書籍のタイトルなどが並ぶ．このタイトルは，電子書籍販売サイトの側に用意された購入者の「ライブラリ」と呼ばれるデータ保存スペースに仮想的に蓄積されている．電子書籍の内容を読書するためには，サイトから本体データをダウンロードする必要がある．

電子書籍の購入者は，複数の端末からライブラリにアクセスして，それぞれの端末に電子書籍の本体データをダウンロードして読書ができる．

デジタルコンテンツの供給者がライブラリにあるデータを修正したり，場合によっては改変できる仕様になっていることがあり，著作権問題が発覚した電子書籍を即座にライブラリから消去するなどの運用によって，利用者に対して不信感を抱かせるような事例も報告されている [19].

・Amazon Kindle Store

2007 年 11 月発売の Kindle に合わせて，Amazon が提供を始めた電子書籍配信サービス．専用端末の Kindle のほか，Windows および Android 向けのアプリケーションの Kindle を用意している．購入した電子書籍は，どの端末からでも読むことができる．アメリカにおいては，電子書籍の価格が 2.99～9.99 ドルならば，CP は価格の 70%を受け取る（9.99 ドルを超えると 35%となる）．ただし，ユーザが利用する専用端末 Kindle の通信費を CP が負担する [27,28].

### (5) ビューワ型コンテンツ配信

電子書籍において，ダウンロードやライブラリによる閲覧のようにコンテンツのローカルへの保存を行わず，ウェブブラウザのプラグインとして機能する専用ビューワによって閲覧するタイプのサービスもある．つまり，コンテンツ閲覧を行う都度ウェブサイトにアクセスする必要が生じる．代表的サイトは，コミックスを閲覧できる J コミがある．

・マンガ図書館 Z

2011 年 4 月，漫画家の赤松健が立ち上げたコミックスおよびライトノベルのコンテンツ流通を目的とするウェブサイトである．著作者の許諾を受けたうえで，ネット上でコンテンツを無料公開する．広告による収益に加え，会員登録による会費による運営を行う．広告による純利益が著作者に渡るとしている．会員登録をすると，アダルトコンテンツの閲覧に加え，付加的な機能を利用できる [29].

## 10.3 コンテンツ流通における著作権およびライセンス

### 10.3.1 コンテンツ配信における著作権および著作隣接権

#### (1) 自動公衆送信にかかわる権利

インターネットにおけるストリーミング型・ダウンロード型・ライブラリ型・ビューワー型の配信は，すべて自動公衆送信にあたると考えられる[4]．著作権者は自動公衆送信権を専有する．著作隣接権者は送信可能化権を専有する．

公衆送信には，① 放送，② 有線放送，③ 自動公衆送信，④ 手動公衆送信の 4 つがある（2 条 1 項 7 の 2 号）[30]．放送とは，公衆が同時に受信する著作物の送信のうち無線を使うもの，有線放送とは同じく有線を使うものをいう（2 条 1 項 8 号，同条 1 項 9 の 2 号）．自動公衆送信は，無線または有線を媒介とし，公衆の求めに応じての，著作物の自動送信をいう．例えば，動

[4] ただし，ストリーミング型のうち，非オンデマンド型の送信（インターネット放送）は，有線放送にあたるという解釈もある．文献 [31] 参照．

画配信等を含むインターネットのウェブ一般が，自動公衆送信に当たる（2条1項9の4号）．また，これ以外にも，無線または有線を媒介とし，公衆の求めに応じての，著作物の手動による送信（手動公衆送信）も，公衆送信の一部である．これは，例えば，FAXによる情報サービスなどを指す．ただし，同一の建物・同一構内における放送・有線放送・自動公衆送信・手動公衆送信は，プログラムの著作物の送信を除き，公衆送信にはあたらない（2条1項7の2号）．自動公衆送信は，「公衆送信のうち，公衆からの求めに応じ自動的に行うもの（放送又は有線放送に該当するものを除く）をいう」（2条9の4項）．

送信可能化とは，著作物を公衆送信可能な状態に置くことである．これは，次の4つの場合が考えられる（2条1項の5号）．

① インターネットなどの情報通信ネットワークに接続されたコンピュータに
　(ア) データを記録すること
　(イ) コンピュータにデータが記録された補助記憶装置を接続すること
　(ウ) データが記録された補助記憶媒体を変換して公衆送信可能な状態にすること
② データを記録，もしくは入力されているコンピュータを情報通信ネットワークに接続すること

一般的に，①（ア）は「データのアップロード」と呼ばれる．アップロードされたデータをユーザなどが手元のコンピュータやモバイル端末，ケータイなどに複製することを「ダウンロード」と呼ぶ．ストリーミング型のデータについては，映像や音楽の受信と再生という「当該情報処理を円滑かつ効率的に行うために必要と認められる限度」である限り，受信・再生のために記録媒体（メモリやハードディスク）に記録しても，著作権侵害にあたらない（著作権法47条の8．詳細は7.8.2項参照）．しかしながら，ストリーミング型のデータを何度も再生できるようにHDDなどの補助記憶装置に保存する場合，これは複製にあたる．

なお，公衆とは，不特定少数あるいは，特定もしくは不特定の多数を指す [30]．不特定の誰でも加入できたり，誰でも受信できたりするインタラクティブ送信サービスは，公衆送信にあたる[5]．

**(2) コンテンツ配信における諸権利のかかわり**

次に，5つの場合に分けて，コンテンツ配信において著作権や著作隣接権がどのように働くか説明する（表10.2）[30, 31]．

① 適法に録音された実演の録音物によるコンテンツ配信（自動公衆送信）

音楽や演劇，落語などを録音したCDのコンテンツ配信が想定される．

適法に録音された実演の録画物による公衆送信については，著作権（作詞者・作曲者・編曲

[5] まねきTV事件最高裁判決（最判平成23・1・18判時2103号124頁）においては，デジタル化された著作物が1対1に送信される場合でも，その送信サービスが誰でも加入・受信できるサービスであれば，つまり，不特定者，もしくは多数が加入・受信できるサービスであれば，自動公衆送信にあたると判断された．また，送信可能化該当行為を行う者が誰であるか，「対象，方法，関与の内容，程度」によって総合的に判断すべきとされた．明瞭な基準を設けず，裁判所の総合的判断に任せた点で，ICTサービスを行う者から見ると，ビジネスの法的リスクを事業者が過剰に見積もり，萎縮効果が発生しないかやや懸念される．ロクラクⅡ事件最高裁判決（最判平成23・1・20判時2103号128頁）における複製主体の判断についても，同様の総合的判断が使われた．文献 [32] 所収の諸論文など参照．

表 10.2 コンテンツ配信（音楽の著作物の自動公衆送信）にかかわる著作権と著作隣接権.

| 自動公衆送信の種類 | 著作権（公衆送信権） | レコード製作者の著作隣接権（送信可能化権） | 放送事業者・有線放送事業者の著作隣接権（送信可能化権） | 実演家の著作隣接権（送信可能化権） | 根拠 |
|---|---|---|---|---|---|
| ①適法に録音された録音物による自動公衆送信 | 許諾必要あり. | 許諾必要あり. | — | 許諾必要あり. | 23 条 1 項（著作権），96 条の 2（レコード製作者），92 条の 2 第 1 項（実演家） |
| ②適法に録画された実演の録画物による自動公衆送信 | 許諾必要あり. | 許諾必要あり. | — | 許諾必要なし. | 23 条 1 項（著作権），96 条の 2（レコード製作者），92 条の 2 第 2 項 1 号（実演家） |
| ③適法に録音・録画された映画の著作物による自動公衆送信 | 許諾必要あり. | 許諾必要あり. | — | 許諾必要なし. | 23 条第 1 項（著作権），96 条の 2（レコード製作者），92 条の 2 第 2 項 2 号（実演家） |
| ④放送された実演の録画物による自動公衆送信 | 許諾必要あり. | — | 許諾必要あり. | 許諾必要あり. | 23 条 1 項（著作権），93 条 2 項（実演家），99 条の 2（放送事業者） |
| ⑤生中継による実演の自動公衆送信（録音・録画を伴わない） | 許諾必要あり. | — | — | 許諾必要あり. | 23 条 1 項（著作権），93 条 2 項（実演家） |

者，演出家など）およびレコード製作者・実演家（アーティスト，俳優など）の著作隣接権が適用される.

ただし，音楽の著作物においては，レコード会社や原盤権者（10.3.2 項参照）は，送信可能化権を含む実演家（アーティスト）の著作隣接権をすべて譲渡される契約を結ぶことがある．この場合，配信事業者は，レコード会社や原盤権者の許諾を得ればよいことになる.

② 適法に録画された実演の録画物によるコンテンツ配信（自動公衆送信）

演劇やコンサートの舞台を録画した録画物のコンテンツ配信が想定される.

この場合，著作権（作詞者・作曲者・編曲者，演出家など）およびレコード製作者の著作隣接権は働くが，実演家（アーティスト，俳優など）の送信可能化権は適用されない．実演家の利用許諾契約は必要ない．実演家は，原盤権者やレコード会社などとの契約に基づき，配信にかかわる印税を受け取る.

③ 適法に録音・録画された映画の著作物によるコンテンツ配信（自動公衆送信）

これは，映画のコンテンツ配信である.

この場合，映画の著作物の著作権に加えて，既存の楽曲を BGM や主題曲に利用した場合，音楽の著作権およびレコード製作者の著作隣接権が適用される.

ただし，実演家の送信可能化権は適用されない．実演家は，映画製作会社や原盤権者やレコード会社などとの契約に基づき，配信にかかわる印税を受け取ることができる場合がある．なお，映画のサントラ盤の場合，アーティスト（実演家）の著作隣接権が適用される（① の場合と同じ）．

④　放送された実演の録画物によるコンテンツ配信（自動公衆送信）

これは，放送を録画した映像をコンテンツ配信する場合である．

この場合，放送される著作物の著作権および放送事業者の著作隣接権が適用される．加えて，放送された実演の録画物による公衆送信においては，あらかじめ録音・録画して二次使用する契約をむすんでいない限り，実演家の著作隣接権が適用される．

⑤　既存の録音物・録画物にかかわらないコンテンツ配信（自動公衆送信）

次の 2 つの場合が考えられる．

(i) インターネット放送によるコンサートや演劇の舞台中継の配信（実演の配信）

コンサートで歌われる楽曲や演劇の著作権者（脚本家および原作者，それらの著作者から著作権の譲渡を受けた者）と，演出家および出演する実演家の著作隣接権が適用される．

(ii) インターネット放送オリジナルの番組の配信

番組で著作物を利用する場合，その著作物の著作権（脚本や原作，番組内で流す音楽や映像などの著作権）と，演出家および出演する実演家の著作隣接権．さらに，番組で利用する著作物が録音物や放送，実演の場合，それらの著作物にかかわるレコード製作者や放送事業者・有線放送事業者，実演家（演出家含む）の著作隣接権が適用される．

### (3)　コンテンツ配信事業者の権利

コンテンツ配信事業者は，著作物のエンコーディングや配信設備（サーバやネットワーク回線，負荷分散のための設備など）の整備，配信内容の宣伝・営業などについて投資が必要であるが，著作隣接権は有していない．

著作権者や原盤権者，放送事業者などと公衆送信および送信可能化にかかわる非独占的な著作物の利用許諾契約を結んでいる場合，配信されたコンテンツを利用したい者は，配信事業者以外の著作権者や著作隣接権者の許諾を得ることになる．送信可能化権の譲渡契約を結んでいる場合，送信可能化権については配信事業者の許諾を得ることになる．送信可能化権について独占的な利用許諾契約を結んでいる場合，コンテンツの無許諾利用などの侵害があった場合には，配信事業者が著作権者や著作隣接権者に代わって，差止請求・損害賠償請求ができるとされる[6]．

また，コンテンツ配信事業者は単なる流通事業者であるから，著作権者の了解なく配信する著作物に独自の DRM（デジタル著作権管理）を適用したとしても，著作権法上の技術的保護手段とは認められない．なぜならば，著作権等の権利侵害を防止・抑止する電磁的方法によるコピーガードであっても，「著作権等を有する者の意思に基づくことなく用いられている」ものは，技術的保護手段から除かれているからである（2 条 1 項 20 号）[33]．

今後コンテンツ配信を行うことを意図して，コンテンツの権利の包括的な譲渡や利用許諾を

[6] 差止め請求権は物権的権利であるから利用許諾契約を受けた利用権者に認めるかどうかは議論がある．文献 [30] では，独占的利用許諾契約を受けた利用権者の場合，差止請求権の代位行使を認める理由があるとしている．

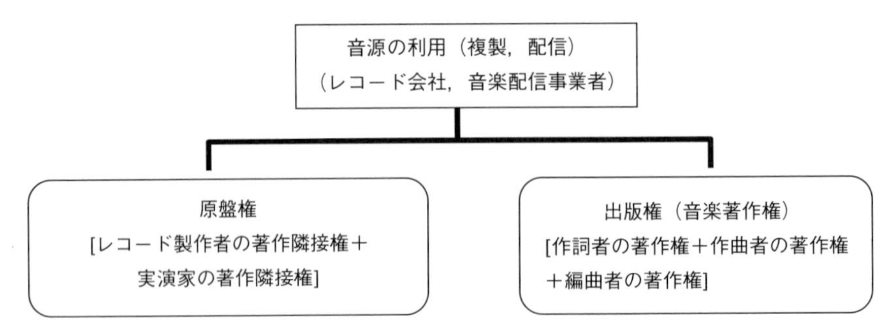


図 **10.2** 音源の利用にかかわる2つの権利．

受ける場合，著作権者・著作隣接権者の利用許諾や譲渡の範囲を明確にするため，インターネットなどの情報通信ネットワークを介して送信を行う公衆送信権・送信可能化権も含むことを契約に明記することがある．

ところで，学術著作物の場合，学会が著作権の譲渡を受ける目的の1つには，学会誌掲載の論文のコンテンツ配信などを想定してのことである．ところが，著作権を譲渡した場合，もとの著作者が自分の論文を著作集に収録する場合，学会に許諾を得る手続きを行うなどの面倒があるので，著作者が著作権の譲渡を嫌う場合がある．そのため，コンテンツ配信にかかわる権利のみ利用許諾（非独占的利用許諾）や譲渡を受けることもある．

### 10.3.2 音楽配信

#### (1) 音楽ビジネスにかかわる権利―「原盤権」と「出版権」

CD制作や音楽配信など，音楽ビジネスにかかわる権利は，大きく「原盤権」と「出版権」（著作権）がかかわっている（図10.2）．

原盤権も出版権も，音楽業界独特の用語である．原盤権は，マスターテープにかかわる権利で，音楽を媒体に固定するレコード製作者の著作隣接権と，音楽を演奏する実演家の著作隣接権のことである [34,35]．

実演家等保護条約では，一旦許諾を与えて実演（演奏や演技など）を録音・録画させれば，同じ目的での録音・録画物の増成には実演家の権利は働かない．これをワンチャンス主義という [36,37]．しかし，日本の著作権法では，録音に関しては，たとえば，CDを増成する場合も許諾が必要である（91条）．一方，実演家の許諾を得て適法に録音・録画された実演の放送・有線放送は，実演家の許諾は必要ないが，報酬を支払う必要がある（92条2項2号，94条2項）．ただし，自動公衆送信（送信可能化）にあたっては，録画された実演には実演家の許諾は必要ないものの，録音された実演の許諾は必要である（92条の2）．

なお，実演の放送・有線放送に関しては，その放送・有線放送の目的以外の録音・録画や，再放送，インターネット配信にあたっては実演家の許諾が必要である．ただし，放送の有線放送による自動再送信には実演家の権利は働かず，相当な額の補償金を支払えばよい（92条2項1号，94条の2）．

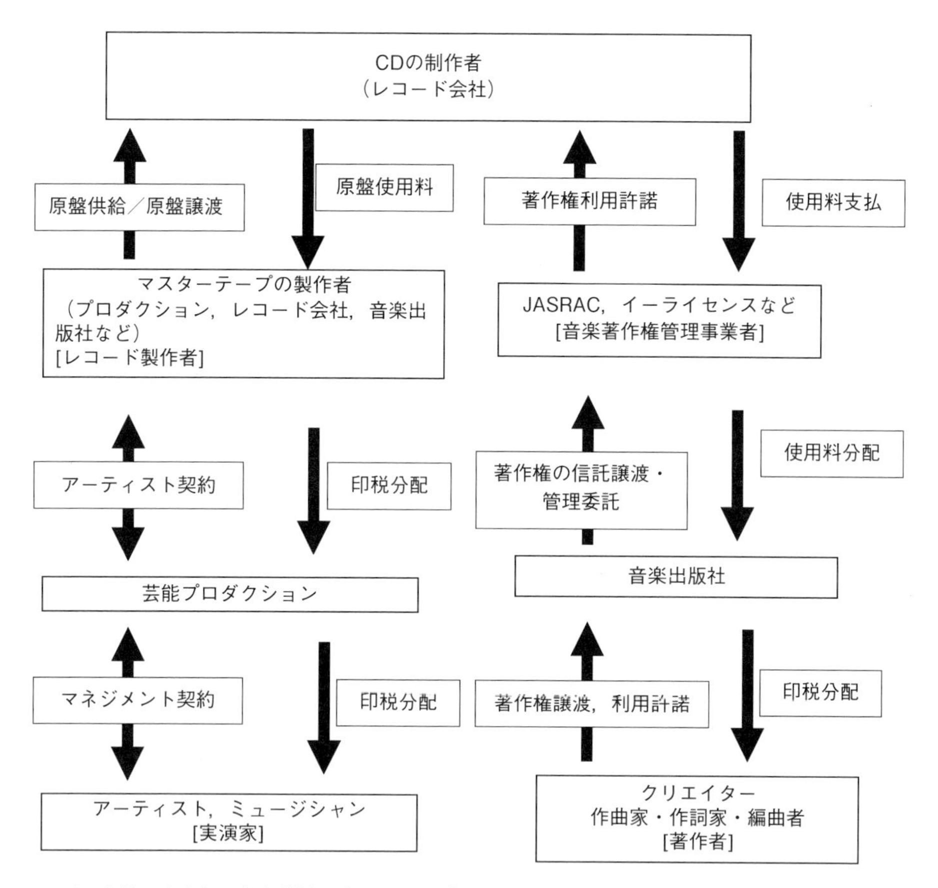


図 **10.3** CD 制作にかかわる音楽業界のプレイヤーと契約，お金の動き（文献 [34] p. 8 および文献 [35] pp. 80-95 などから作成）.

一方，出版権は，作詞者・作曲者・編曲者（著作者）[7]の著作権のことである．著作権法上は，著作隣接権とは違い，CD 音源の放送，映画の増成にあたっても許諾を得る必要がある．ただし，実務的には，音楽著作物の著作者は著作権管理事業者に著作権を譲渡・信託し，著作権管理事業者が許諾や報酬請求などの実務を行う．一般的に，規定の著作権使用料を支払えば，音楽の著作物を利用できる．

CD 制作を行う場合の主要プレイヤーと契約，お金の動きの概要は，図 10.3 の通りである．それぞれのプレイヤーの役割と彼らがかかわる契約関係について簡単に説明する．

① クリエイター

クリエイターと呼ばれる作曲者・作詞家・編曲者は，著作権法上は著作者にあたる．著作者は，著作権と著作者人格権を専有する．編曲（アレンジ）とは，一般に，「楽曲を，実際に演奏するための演奏形態（楽器編成や演奏時間など）に応じて改変すること」をいう [38]．しかし，著作権法上は新たな創作性を加える曲の改変が「編曲」で，単純な変形は編曲ではない．編曲

7) 編曲者は，原曲を変形・翻案する二次的著作物の著作者に当たる．作曲家の許諾や，作曲家またはその正当な代理人の依頼を受けた場合以外，編曲をする際には，著作権に関して，その楽曲の音楽著作権管理事業者に許諾を得ることに加えて，著作者人格権（特に同一性保持権）に関して，作曲家の許諾を得る必要がある．

によって創作された著作物は，原曲の二次的著作物にあたる．編曲者は，原著作物に創作的に加えた部分につき著作権が認められる [30,33]．

クリエイターは，一般的に音楽出版社と著作権譲渡契約を結ぶ．著作権（もしくはその支分権，支分権を分割した権利など）の譲渡によって著作権者（一部譲渡の場合はその支分権の権利者など）は音楽出版社となる．譲渡には契約期間が設けられ，契約期間が終了すると，クリエイターに著作権は移転する [35]．

音楽出版社と著作権譲渡契約を結ばない場合，クリエイター自身が著作権を管理（もしくは，音楽著作権管理団体に信託譲渡・管理委託）し，その音楽が利用されるよう（演奏・録音など）プロモーションをすることとなる [35]．

② 音楽出版社

音楽出版社は，契約期間中クリエイターから著作権を譲渡され，著作権者としてこの音楽著作物の利用を開発する．音楽著作権管理団体に，著作権を信託譲渡するか，管理委託をするので，音楽出版社は，管理業務よりも音楽の利用開発が主要な仕事である．音楽出版社は，音楽が利用されるように，宣伝や営業（売り込み）などのプロモーション活動を行う [35]．

音楽出版社は，マスターテープ制作を行い，原盤権者となることもある．

音楽出版社は，契約に基づいて，著作権料（印税）をクリエイターに支払う．

③ 音楽著作権管理事業者

音楽著作権管理事業者は，音楽出版社やクリエイターに代わって，音楽の著作権を管理・行使し，音楽の著作物の利用許諾と利用に伴う著作権使用料の徴収を行う．音楽著作権管理事業者は，一般社団法人日本音楽著作権協会（JASRAC）および株式会社 NexTone など，5団体・3企業が現在存在する．

著作権の信託譲渡とは，著作権を音楽著作権管理事業者に譲渡し（つまり，著作権は音楽著作権管理事業者に移転する），著作権の管理と利用許諾から得られる収益（著作権使用料）について，信託者（音楽出版社やクリエイター）が分配を受ける制度である [39,40]．

著作権の信託譲渡および管理委託は，著作権契約書に付随する「支分権表」（図10.4）によって，どの範囲を譲渡・管理委託するか決定する [41]．

著作権使用料は，使用料規定によって定められている．著作物使用料規定は，文化庁長官に届け出が必要である．また，著作権使用料の分配は，著作権使用料分配規定によって行われる．著作権使用料の一部は管理手数料として，音楽著作権管理事業者の業務の維持に使われている．

④ アーティスト，ミュージシャン

アーティストやミュージシャンは実演家である．著作隣接権と実演家人格権を専有する．

アーティストやミュージシャンは芸能プロダクションとマネジメント契約を結ぶ．また，レコード会社と専属実演家契約を締結する．

⑤ 芸能プロダクション

芸能プロダクションは，アーティストの育成やプロモーション，アーティストのスケジュール管理，役務の提供先との条件交渉・契約締結などの活動を行う [35]．

レコード会社とアーティストが直接専属実演家契約を結ぶ場合は少なく，レコード会社とアー

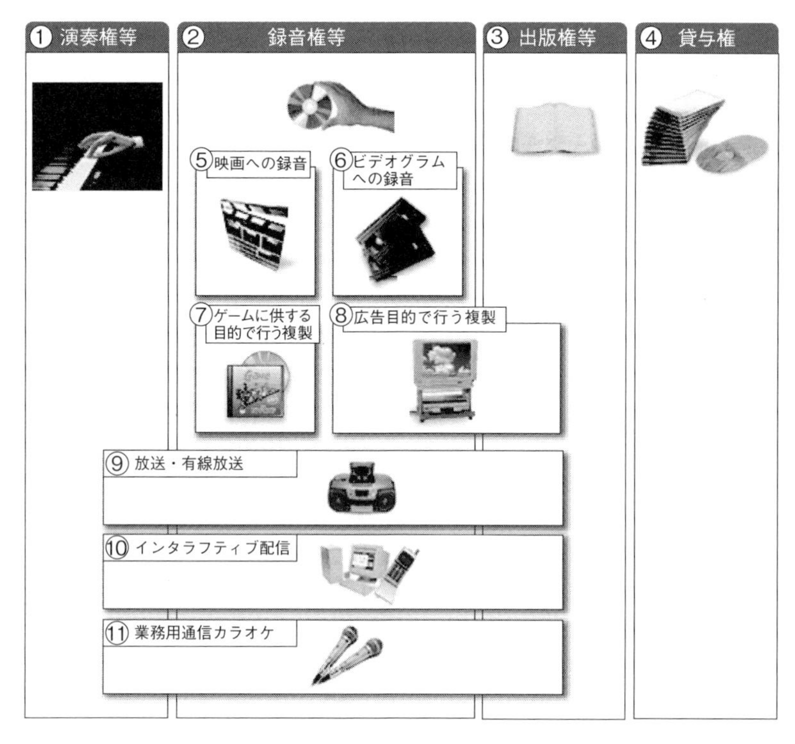


図 **10.4**　支分権表．文献 [42]．

ティストとマネジメント契約を結んだ芸能プロダクション，アーティストの3者が専属実演家契約を結ぶことが多い．専属実演家契約や業界慣行によって，レコード会社から芸能プロダクションに対して，印税や援助金・育成金などが支払われる．

⑥　マスターテープ製作者

マスターテープ製作者は「原盤権者」と呼ばれる．原盤権者はスタジオ代，編曲料，エンジニア料，演奏料などの製作費を負担して，マスターテープを製作する．著作権法上，原盤権者は「レコード製作者」にあたり，レコード製作者の著作隣接権などを有する（図10.2）．現在，原盤権者は，レコード会社，音楽出版社，芸能プロダクション，アーティスト，クリエイターと多様化している．1950年代まで，レコード会社がすべての原盤を製作していたが，その後音楽出版社，芸能プロダクションが原盤制作に乗り出した．これは，レコードの売り上げからより多くの収益を上げようとしてのことである [35]．ただし，製作費を負担しなければならないので，原盤製作はハイリスク・ハイリターンのビジネスである．そのため，大きな資本をもつ者でなければ手がけることは難しい．

⑦　レコード会社

レコード会社は，現在CDなどのパッケージソフトや音楽配信などの音楽ビジネスの企画，制作，宣伝を行っている．レコード会社はどんなレコードを作成するか構想を練り（企画），その構想に基づきレコーディングをして原盤を製作し（制作），このCDなどの音楽を販売するためプロモーション活動を行う（宣伝）[35]．

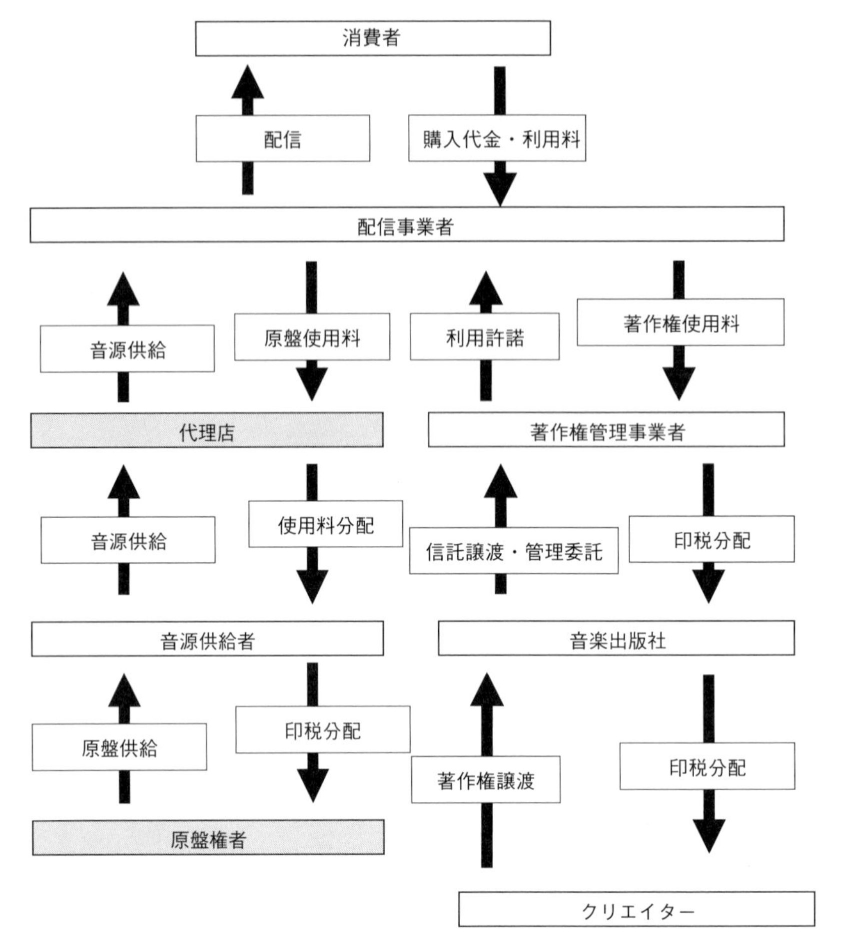


図 **10.5**　音楽配信ビジネスにかかわるプレイヤー．文献 [34] pp. 94, 99, 104 より作成．

マスターテープからマスターを制作し CD をプレスし，印刷したジャケットとともにパッケージする製造や，商品として出荷して全国の CD ショップに卸す販売の機能は，外注化が進んでいる．

### (2)　音楽配信にかかわる権利とライセンス

CD などの音源を利用する音楽配信を例にとると，一般的に，図 10.5 のようなプレイヤーがかかわっている．このように，一般に，音楽配信においては原盤権と著作権（出版権）の両方が関係することに注意しよう．

配信事業者によって代理店（図中網掛け）が関与する場合としない場合がある．また，放送されたテレビやラジオ番組の配信や，MIDI による演奏データの配信，ライブ中継などでは，原盤権者（網掛け）はかかわらない．放送事業者・有線放送事業者（放送番組の配信），MIDI データ作成者（MIDI データの配信），イベント企業・芸能プロダクション（ライブ中継の配信）などが音源供給者となる．

一般的に，配信事業者は，著作権については，著作権管理事業者から自動公衆送信（インタ

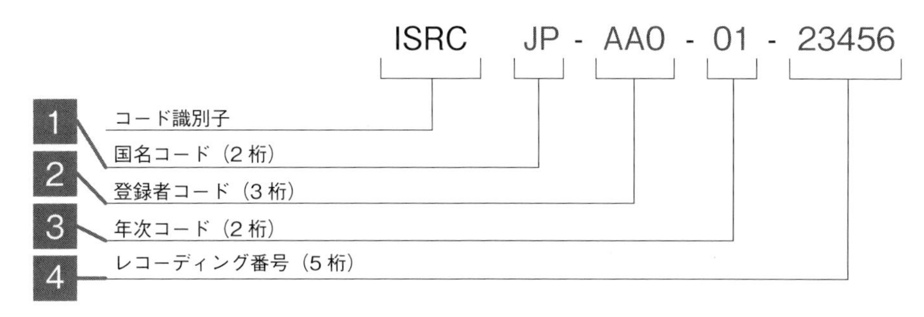


図 **10.6** ISRC の構成 [43].

ラクティブ送信）に関する権利の利用許諾を得る．ただし，著作者や音楽出版社が自動公衆送信（インタラクティブ送信）に関する権利について，著作権管理事業者に信託譲渡・管理委託を行っていない場合，音楽出版社や著作者と契約を結び，利用許諾を得る必要がある．

iTS などのコンテンツ配信サービスでは，国際標準レコーディングコード (ISRC: International Standard Recording Code) の取得を要請することがある．ISRC は，音源を識別するための国際標準符号で，図 10.6 のような構成である．音源は，1 つの録音ごとにユニークな ISRC が割り振られる．ISRC の申請は，一般社団法人日本レコード協会のホームページ (https://isrc.jmd.ne.jp/index.html) から行う．

着メロのように，携帯電話などの端末側の演奏機能によって再生されるデータ（MIDI データ）を送信するサービスもある．この場合，楽曲の演奏者やレコード製作者は関係ないので，原盤権は適用されない．MIDI データを作成する者はレコード製作者とみなせるという見解もあるが，この見解に反対もある [31,35]．

### (3) コストと印税配分—CD と音楽配信の比較

音楽配信のコストを理解する前提として，CD のコストを説明する．

CD の定価（税込定価）には，原盤印税（原盤使用料），著作権印税（著作権使用料），レコード会社制作費，レコード会社利益，販売店マージン，物流会社マージンが含まれる．アーティスト印税は，原盤印税から支払われる（図 10.7）．

CD の原盤印税（原盤使用料）および著作権印税（著作権使用料）については，次のような計算式で求める [34]．

① 原盤印税

原盤印税 ＝（税抜小売価格 − 容器代）× 印税率 × 出荷枚数 ×90%

※印税率は，通常 10〜16%．容器代は，ジャケットの制作費（原盤印税対象は音楽そのものとの考えから）．90%は返品を考慮しての掛け率．

② 著作権印税

著作権印税 ① ＝ 税抜小売価格 × 印税率 × 出荷枚数

※ JASRAC が管理する音楽著作物の著作権使用料規定による．印税率は 6%．

著作権印税 ② ＝（税抜小売価格 − 容器代）× 印税率 × 出荷枚数 ×80%

| 原盤印税 (14%) | | | | | | | | | | | (円) |
|---|---|---|---|---|---|---|---|---|---|---|---|
| 7 | 14 | 7 | 100 | 50 | 112 | 130 | 180 | 330 | 70 | | 1000 |
| アーティスト印税 | プロデューサー印税 | プロモーション印税 | 他原盤印税 | 著作権印税 | レコード会社契約金制作費・管理費他 | レコード会社利益（税引前） | 返品 | 販売店マージン | 物流会社マージン | | |
| 1,000 税抜定価 | | | | | | | | | | 80 消費税 | |
| 1,080 税込定価 | | | | | | | | | | | |
| 7 | 14 | 7 | 100 | 50 | 112 | 130 | 180 | 330 | 70 | 80 | 1,080 |
| 1% | 2% | 1% | 10% | 5% | 11% | 13% | 18% | 33% | 7% | 8% | 108% |

**図 10.7** 1000 円の CD に含まれるコスト [34] p. 46（消費税は，2018 年 1 月現在）.

**表 10.3** ダウンロード型コンテンツ配信（音楽の再生期間の制限がない場合）における JASRAC の著作権使用料規定 [44, 45].

| 楽曲提供の情報料 | | 1 曲あたり使用料 | 最低使用料（月額） |
|---|---|---|---|
| 情報料あり | | 情報料の 7.7%または 7.7 円 | 5000 円（5 日までの場合 1 日 5000 円） |
| 情報料なし | 広告料等収入あり | 6.6 円 | |
| | 収入なし | 5.5 円 | |

**表 10.4** ストリーミング型コンテンツ配信における JASRAC の著作権使用料規定 [44, 45].

| 著作権料の支払い方法 | | 使用料金 | |
|---|---|---|---|
| 1 曲 1 回 | | 情報料の 4.5%または 4.5% | |
| 月額 | ジャンル | 月額情報料もしくは広告料等の収入あり | 収入なし |
| | 音楽 | 収入の 3.5% | 年額 50000 円（1 年未満の場合，1 か月 5000 円） |
| | 一般娯楽 | 収入の 2.5% | |
| | スポーツニュース | 収入の 1% | |

※ JASRAC が管理する音楽著作物で，メジャーレーベル発売のレコードの場合．容器代は，（税抜小売価格 ×5.35%），80%は出庫控除（返品見込み）.

一方，音楽配信については，著作権使用料金については，音楽著作権管理事業者が決めている．ダウンロード型とストリーミング型，サブスクリプション型で著作権使用料金は異なっている．ここでは，JASRAC の例を示す（表 10.3，表 10.4，表 10.5）.

音楽配信における原盤印税やコンテンツ配信事業者・代理店などの取り分については，サービスごとに大きく変わっている．iTS のコストについて，図 10.8 に示す．なお，原盤印税を何%にするかは，個々の契約によって変わる．したがって，図中の原盤印税率は一例である．

レコード会社が音楽配信を手掛ける場合，原盤印税の印税率は従来通りとしたうえで，次の計算式で実際に支払う原盤印税を求めるとされている．

原盤印税 = 配信価格 × 印税率 × ダウンロード数 ×80%

ここで，「80%」とあるのは，配信控除と呼ばれるもので，配信費用にあたるとされている．

**表 10.5** サブスクリプション型コンテンツ配信における JASRAC の著作権使用料規定 [44, 45].

| | 楽曲の聴取の仕方 | 情報料収入等の有無 | 使用料金 |
|---|---|---|---|
| 月額 | 楽曲単位で聴取選択可能な場合 | 月間の情報料・広告料収入あり | 収入の 7.7%，または 77 円 × 月間の総加入者数 |
| | | 月間の情報料・広告料収入なし | 55 円 × 月間の総加入者数 |
| | 楽曲の聴取選択に制限あり，契約促進のため 1 ヵ月以上無料，受信者が受信者以外に楽曲データを聞かせる場合など | 月間の情報料・広告料収入あり | 収入の 4.5%～12%，または 13.5 円～120 円 × 月間の総加入者数 |
| | | 月間の情報料・広告料収入なし | 9.5%～55 円 × 月間の総加入者数 |

| 原盤印税 (49.6%)* | メディア・プロヴァイダー (30%) | 著作権料 (7.7%) | プロヴァイダー (12.4%) |
|---|---|---|---|
| 94<br>自分（自社） | 57<br>iTunes Store | 15<br>JASRAC | 24<br>代理店 |
| 190<br>税抜定価 | | | |

**図 10.8** iTS で配信される 200 円（税抜価格 190 円）の楽曲のコスト [34] p. 101.

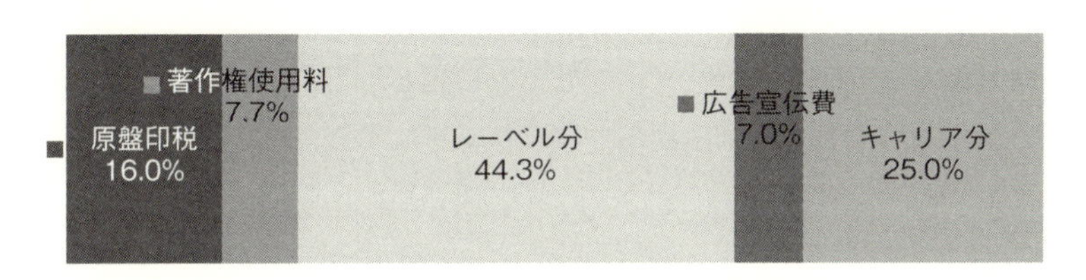


**図 10.9** レコード会社が配信事業を手掛ける場合の音楽配信コスト [35] p. 293.

ところが，レコード会社の音楽配信事業では，CD と比較してレコード会社の取り分が大きすぎるため（図 10.9），原盤印税の印税率と配信控除を見直すべきとの提案が行われている [35].

### 10.3.3 映像配信

#### (1) オンデマンド配信にかかわる権利処理

インターネットユーザのリクエストに応じて，映画や放送の録画を送信するタイプのサービスである．これは，すでにみたように，ストリーミング型とダウンロード型，サブスクリプション型がある．

① 映画の著作物の場合

映画の著作物の著作権者は，映画制作会社などの映画製作者と著作者となるクリエイターが約束して制作する場合，映画製作者となる．したがって，映画の著作物の配信を行う場合，映画の著作物の著作権者以外のコンテンツ配信事業者は，第一義的には，映画製作者と交渉し，コンテンツ配信について著作権利用許諾契約をする必要がある．ただし，いわゆる「製作委員会」

方式や，SPC（Special-Purpose Company：特別目的会社）または特定目的信託による資金調達を行った映画の場合，誰がコンテンツ配信にかかわる支分権（公衆送信権）を保有しているのか問題になるケースがある（6.8.3項参照）．

一般的に，映画に出演した俳優や映画音楽を演奏したミュージシャンの著作隣接権は，放送・有線放送においては，前出のワンチャンス主義により，適用されない（10.3.2項(1)参照）．したがって，映画を放送・有線放送する際には，映画の著作権者の許諾を取れば，実演家の許諾を得る必要はない．また，実演が録音された映画の著作物および実演の録画物をインターネットで配信しようとする場合も，同様である．この点，CDのような録音物のインターネット配信とは異なる（著作権法92条の2 2項）．

② 放送の録画物の場合

放送番組の著作権は業界慣行によって，その番組の制作を発案し最初に放送した放送事業者が有することが多く，同時に放送事業者は著作隣接権を有している．したがって，放送の録画物のコンテンツ配信を行う場合，まずは放送事業者とのインターネット配信にかかわる著作権・著作隣接権利用許諾契約が必要である．

実演家の録音物の送信可能化権についてはワンチャンス主義が取られていないので，実演家に許諾を得る必要がある．しかし，放送事業者と実演家との間で放送を録画して二次利用する契約がされている場合には，許諾は必要ない [30]．

③ オリジナルコンテンツの場合

オリジナルコンテンツの場合，コンテンツ配信を前提として，クリエイターやアーティストと著作権・著作隣接権の譲渡もしくは利用許諾契約を結ぶことになる．

### (2) ライブ配信の場合

インターネットによって，コンサート・演劇の舞台やイベントを中継する場合，演出家・脚本家などのクリエイターおよび出演者と著作権・著作隣接権の譲渡もしくは利用許諾契約を結ぶ．イベントにおいて著作物が利用されている場合（BGMなど），その番組がニュースなど時事の報道にかかわるものでない限り（41条），その著作権者や著作隣接権者の許諾が必要になる．

### (3) 動画共有サービスにおける包括的利用許諾契約

YouTubeやニコニコ動画などの動画共有サービスにおいては，ユーザが動画を投稿できる．これらの動画には，権利者の許諾を得ずに投稿されている動画も多く，その中には，ポピュラー音楽の宣伝用ビデオ（ミュージックビデオ．日本では，プロモーションビデオと呼ばれることも多い）や劇場用映画・テレビ番組，CDなどに固定された音源を利用するオリジナル動画，既存の映像や音楽などを編集したMADなど，他者の著作物が利用されているものが少なくない．

一般に，YouTubeやニコニコ動画では，著作権者・著作隣接権者から権利侵害の申立のあった映像については，映像もしくはその映像の音声が削除される．また，YouTubeにおいては同一の登録ユーザが3回の著作権侵害を行った場合には，アカウントを抹消される罰則がある．

権利侵害を行うことなくユーザによるサービスの利用を促進するため，動画共有サイトにおける著作権や著作隣接権利用許諾契約を結ぶ動きもある．音楽，映画，テレビ番組について，現状を説明する（各社ニュースリリースおよびインターネット上のニュースを参照）．

① 音楽の著作物，音源の利用

主要な音楽著作権管理事業者およびレコード会社と交渉を重ね，包括的利用許諾契約を結び，楽曲や音源を利用できるようにしている．YouTube およびニコニコ動画は，一定金額を支払う代わりに管理著作物について利用できる包括的利用許諾契約を主要な著作権管理事業者との間に結んでいる．契約を結んだ著作権管理事業者が管理する楽曲については，ユーザが演奏・歌唱した動画を投稿することが適法にできる．ボーカロイドと呼ばれる人間の声をもとに音声を合成して歌唱するように聞こえるソフトウェアで演奏することもできる（7.8.5 項参照）．

アマチュアが作詞・作曲・編曲をした楽曲については，著作権管理事業者に楽曲の著作権の管理委託を行っていないことが多い．その結果，ボーカロイドを使った作品が利用されても，クリエイターが利益配分を受けられないケースがある．クリエイターへの利益配分と作品の円滑な利用を促進する目的で，ボーカロイドを使った作品など自主制作の楽曲や音源などの著作権・著作隣接権の管理を行う企業も登場している．

音源については，ニコニコ動画は，複数のレコード会社と音源を利用する包括的利用許諾契約を結んでいる．利用できる楽曲については「ニコニコ動画許諾楽曲検索（http://license-search.nicovideo.jp/ 2018 年 1 月 2 日アクセス）」ページで検索ができる．

YouTube においては，複数のレコード会社が公式チャンネルを設けて，ミュージックビデオなどの配信を行っている．国内においては，YouTube に対して主要音楽レーベルが公式チャンネルを提供する．

なお，これらの包括的利用許諾契約は，著作者人格権や実演家人格権には及ばない．

② 映画の利用

YouTube においては，複数の映画配給会社（映画の劇場へのフィルム（デジタルデータ）の貸し出しを行う会社）が公式チャンネルを設けて，映画予告編の配信を行っている．

③ テレビ番組の利用

YouTube においては，複数のテレビ放送局が公式チャンネルを設けて，主にニュースの配信を行っている．これは，番組にかかわる著作権・著作隣接権の問題が少ないためである．

### 10.3.4 電子書籍

#### (1) 書籍・雑誌の権利とプレイヤー

従来の紙媒体においては，書籍・雑誌にかかわる権利とプレイヤーは，図 10.10 の通りである．

図 10.10 に見るように，紙媒体の場合，出版社および印刷事業者・製本事業者，取次（書籍・雑誌の卸業者），小売店による製造・流通プロセスを経て，読者の手に著作物が届く．

これに対して，電子書籍の流通がコンテンツ配信になった場合には，出版社，印刷事業者・製本事業者，取次・小売店が不要になる可能性が指摘されている．つまり，直接著者がコンテンツ配信サイトを通して消費者に電子書籍を送信することができるようになる．

コンテンツ配信による電子書籍の流通が大きくなったとき，出版社や印刷事業者・製本事業者，取次・小売店は，どのような役割を果たすかが問われている．

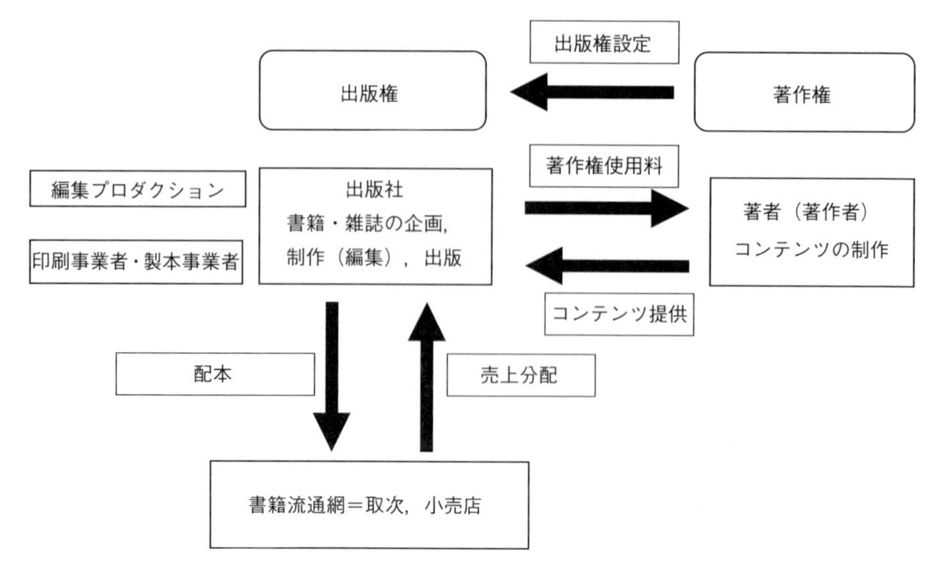


図 10.10 書籍・出版にかかわる従来の権利とプレイヤー．

### (2) 電子書籍の出版契約

平成 26 年（2014 年）著作権法改正によって，権利者が書籍を出版する者に対して設定できる出版権は，電子書籍にまで拡大された [46]．複製権者・公衆送信権者は，次の 2 つの行為を引き受ける者に対して，出版権を設定できる（著作権法 79 条）（ただし，複製権のみ有する者は下記の ②，公衆送信権のみ有する者は下記の ① に関する出版権設定はできない）．出版権の設定は，一般的に，著者と出版社との間の出版契約書で行う．

① 著作物を文書または図画として出版すること（記録媒体に記録された著作物の複製により頒布することを含む）※記録媒体は，紙・電子媒体を含む．CD-ROM や USB メモリ等に複製しての頒布が含まれる．

② コンピュータで読める文書または図画として記録媒体に複製された著作物の複製物を用いて公衆送信を行うこと（たとえば，電子書籍・電子雑誌等のインターネット配信．放送・有線放送も含む）．

つまり，著作権法における「出版」の概念は，紙媒体等によるものから，電子媒体によるパッケージ販売およびインターネット等の放送・通信メディアを媒介とするコンテンツ配信まで広がっている．

これにともなって，出版権の内容は次の通りである（80 条）．出版権は，著作者の死亡または，設定行為で特別の定めがない限り，3 年間有効である（80 条 2 項，83 条）．

① 頒布の目的をもって，原作のまま機械的または化学的方法によって文書または図画として複製する権利またはその一部の専有（電子媒体に複製する権利を含む）．

② 原作のまま記録媒体に複製された著作物の複製物を用いて公衆送信する権利の専有．

③ 複製権者の許諾があれば，出版権者は，他人に出版権の対象となっている著作物の複製ま

たは公衆送信を許可できる．

一方，出版権者は，次の義務を負う（81条）．

① 複製権者から原稿提出を受けて6ヵ月以内に出版，または公衆送信行為を行う義務．
② 慣行に従い継続してその著作物を出版，または公衆送信行為を行う義務（つまり，勝手に絶版することはできない）．

一方，著作者（複製権者・公衆送信権者ではない点に注意）には次の権利がある．

① 著作物の修正・増減の権利（82条）
出版権者が増刷・公衆送信をする場合，正当な範囲内において，著作物に修正または増減を加える権利．増刷の際に，出版権者から通知を受ける権利もある．
② 出版権の消滅請求権（84条）
次の場合，出版権者に通知して，出版権を消滅できる．
(i) 出版権者が上記の81条に定めた義務に反したとき．ただし，公衆送信行為に関しては，3ヵ月の猶予期間を定めて出版を促しても，それを経過して履行されないとき．
(ii) 著作物の内容が自己の確信に適合しなくなったとき（あらかじめ通知が必要）．ただし，出版権者に通常生じる損害の賠償をあらかじめ行わないときは，出版権者は従わなくてもよい．

なお，出版権の全部・一部の譲渡や，質権設定は，複製権者・公衆送信権者の承諾が必要である（87条）．また，トラブルが起こった際に正当な出版権者であると主張する第三者対抗要件として，出版権登録が必要である（88条）．

日本出版協会の紙媒体の出版・電子出版両方を含む出版契約書ひな型（2015年版『出版契約書』[47]）においては，出版権の内容として，公衆送信には，データベースへの格納も含むと規定する（2条(1)③）．さらに，上記の80条の内容に加えて，電子化にともなう加工・改変や，見出し・キーワードの付加，プリントアウトを可能にするしかけ，自動音声読み上げによる音声化利用を含むとしている（2条(2)）．また，インターネット配信業者が別にいる場合もあるので，公衆送信による出版の再許諾も契約内容に含まれる（2条(3)）．

同契約書においては，著者がホームページやブログ，メールマガジン等に原稿を転載する場合，出版権者に通知・同意を得ることを条件とする（3条(2)）．また，出版用電子データ（原稿含む）の権利帰属は明確にしないものの，著作権者が出版権者に書面で事前同意を得ない限り，他人に利用させないと定めている（5条(1)）．出版権者が有する電子データの利用に関する規定は，上記の2条(3)以外にはないのが気になるところである．

### (3) Amazon.comにおけるKindle書籍の自費出版

Amazon.comでは，Kindleによる自費出版(independent publishing)サービスを提供している．自分が著作権を保有する著作物について出版できる．英語だが，丁寧な出版方法のガイドがある[48]．書籍出版契約にあたる部分のみを以下解説する．

Amazon.comで自費出版する場合，「Rights&Pricing」でいくつか選択が必要である．

**表 10.6** 紙媒体の書籍のコスト構成.

| 内容 | 定価に対する割合 | 備考 |
|---|---|---|
| 出版社卸価格（卸価格，正味） | 定価の 69-74% | |
| 著者印税 | 定価の 7～15% | 通常 10% |
| 出版社の収入 | 定価の 25～35%程度 | |
| 制作費用 | 定価の 25～35%程度 | |
| 取次の収入 | 定価の 8% | |
| 小売店の収入 | 定価の 18～23% | |

**表 10.7** 電子書籍のコスト構成（Amazon.com の Kindle の場合）.

| 項番 | 項目 | コスト |
|---|---|---|
| 1 | 卸価格（正味） | 定価の 35～70% |
| 2 | Amazon.com の収入 | 定価の 30～65% |

まず，著作物をパブリックドメインにするかどうかを選択する．パブリックドメインにした場合，ユーザは無償で自由にその著作物を利用できる．次に，著作権が有効な地域を選択する必要がある．ここでは，ある地域内で有効か，世界中で有効かを示す．一般的に，自分自身の著作であれば世界中で有効 (Worldwide rihgts) を選択する．

これらが終わったら，印税 (Royalty) を選択する．Amazon.com では，35%印税と 70%印税を用意している．70%印税を得るためには，9.99 ドル以下に価格を設定する必要がある．35%印税については，価格制限はない．印税選択後，各地域（米国，イギリス，ドイツ，フランス，スペイン，イタリア）の Amazon での価格を設定する．

この自費出版においては，Amazon.com はコンテンツ配信の独占的許諾利用を受けるわけではないので，ほかのコンテンツ配信サイトにも同じ電子書籍の配信を依頼することができる．また，著作物の提供者はいつでも配信をやめてもよいとの条項も契約書には書かれている．ただし，Amazon.com の審査によって配信を拒絶される場合もあるとされる．

### (4) 紙媒体の書籍と電子書籍のコスト構成

紙媒体の書籍のコスト構成は，表 10.6 の通りである．

「正味」と呼ばれる取次への卸価格（出版社の取り分）は老舗の出版社ほど高い傾向にある．著者印税は通常 10%だが，契約によって 7～15%程度の変動がある．正味から，外注に支払う制作費も支出する．出版社の収入の中から，販売管理費用や宣伝広告費用，編集者などの人件費も支出される [49].

一方，コンテンツ配信される電子書籍の場合，Amazon.com では関係者の収入は表 10.7 のようになる．

自費出版の場合，著者印税は 35～70%となるように見えるが，校正やレイアウトの手間がかかること，第三者（編集者）によるレビューと校閲を経ないで出版しなければならないことを考えると（英文のレビュー，校閲サービスはあるが，高額な料金がかかることがある)，実際の収益はより下がるものと思われる．

なお，iBookStore では，卸価格は定価の 70%とされている．また，講談社や小学館は，電子書籍の著者印税率を出版社販売価格の 25%としている．これは，出版社販売価格が定価の70%にあたることを考えると，定価の 15%程度となる [28]．

## 演習問題

**設問 1** コンテンツ流通の概念について説明しなさい．

**設問 2** コンテンツ流通ビジネスの特徴について，次の用語を使って説明しなさい．

① データベース・マッチング

② ロングテール

③ 顧客主導

④ 市場初期における利益よりもシェアの重視

⑤ 消費者の関心・購買情報の取得の容易性

**設問 3** 次の (1)〜(5) の用語について解説しなさい．

(1) 出版権（音楽業界における）

(2) 原盤権

(3) 原盤印税

(4) ワンチャンス主義

(5) 出版権（著作権法における）

**設問 4** 音楽ビジネスにおける，パッケージメディアと情報通信ネットワークによる流通の違いについて，教科書を参考にしてまとめなさい．

**設問 5** 映画の著作物のコンテンツ配信について，オンデマンド配信と非オンデマンド配信（ライブ配信）の違いについて説明しなさい．

**設問 6** 日本書籍出版協会のホームページ（http://www.jbpa.or.jp/publication/contract.html）から，出版権設定契約書ヒナ型 1（紙媒体・電子出版一括設定用）をダウンロードして，電子出版に関する記述を著作権法における出版権のさまざまな規定（著作者の権利や出版権者の義務含む）とを比較しなさい．そのうえで，現在の電子書籍・電子雑誌の流通形態や将来的な流通形態の可能性について調べ，将来の電子書籍・電子雑誌の制作・流通に当たって，何らかの不都合が生じないか検討しなさい．

## 参考文献

インターネットソースはすべて 2018 年 1 月 2 日時点でアクセス可能．

[1] 亀山渉, 金子格, 川添 雄彦ほか,「デジタルコンテンツ流通標準教科書」, p. 7, インプレス, 東京 (2006).

[2] 日本レコード協会,「日本のレコード産業 2014」日本レコード産業協会, 東京, pp.1-2

(2014).

[3] 日本レコード協会,「日本のレコード産業 2017」日本レコード産業協会, 東京, pp.1-2 (2017).

[4] 西田宗千佳,「iPad VS. キンドル 日本を巻き込む電子書籍戦争の舞台裏」, エンターブレイン, 東京 (2010).

[5] 田代真人,「電子書籍元年 iPad&キンドルで本と出版業界は激変するか?」, インプレス, 東京 (2010).

[6] 永沢茂,「2015年度の国内電子書籍市場は1584億円規模, 前年度から25.1%増加, 8割がコミック」,『Internet Watch』2016年7月27日, (http://internet.watch.impress.co.jp/docs/news/1012421.html).

[7] インプレス総合研究所,「多様化する電子書籍市場の今後 インプレス総合研究所「電子書籍ビジネス調査報告書 2016」より<第4回>」,『Internet Watch』2016年9月29日, (http://internet.watch.impress.co.jp/docs/special/1019138.html).

[8] カドカワ株式会社,「2017年3月期第3四半期決算」, 2017年2月9日, p.7, (http://pdf.irpocket.com/C9468/Wc5N/iE1a/II3b.pdf).

[9] 西田宗千佳,「ネットフリックスの時代 配信とスマホがテレビを変える」, 講談社, 東京 (2015).

[10] 上村圭介,「日本のインターネットの発展」, 吉岡斉代表編集, 新通史 日本の科学技術 第1巻, pp. 203-219, 原書房, 東京 (2012).

[11] 大谷卓史, 名和小太郎,「序説 デジタル社会」, 吉岡斉代表編集, 新通史 日本の科学技術 第2巻, pp. 304-320, 原書房, 東京 (2012).

[12] 名和小太郎,「通信ネットワークの世代交替」, 吉岡斉代表編集, 新通史 日本の科学技術 第2巻, pp. 321-338, 原書房, 東京 (2012).

[13] 大谷卓史,「情報通信技術によるビジネスイノベーション インターネットECを中心に」, 吉岡斉代表編集, 新通史 日本の科学技術 第2巻, pp. 428-453, 原書房, 東京 (2012).

[14] 大谷卓史, 亀井聡, 高橋寛幸,「P2Pがビジネスを変える」, 翔泳社, 東京 (2001).

[15] 篠森ゆりこ訳,「ロングテール 「売れない商品」を宝の山に変える新戦略 アップデート版」, 早川書房 (2009) (原著 Chris, Anderson, "The Long Tail: Why the Future of Business Is Selling Less or More, Revised and updated version," Hyperion, New York (2008)).

[16] 国領二郎,「オープン・アーキテクチャ戦略 ネットワーク時代の協働モデル」, ダイヤモンド社, 東京 (1999).

[17] 島田陽介訳,「なぜ誰もネットで買わなくなるのか 米国eビジネスの失敗に学ぶ」, ダイヤモンド社, 東京 (2002) (原著 Roger D, Blackwell. and Kristina, Stephan, "Customers Rule!: Why the e-commerce honeymoon is over and where winning business go from here," Crown Business, New York (2001)).

[18] 山田英夫,「デファクト・スタンダードの競争戦略 第2版」, pp. 347-370, 白桃書房, 東京 (2008).

[19] 大谷卓史,「情報倫理　技術・プライバシー・著作権」, pp. 429-434, みすず書房, 東京 (2017).
[20] 宇賀克也,「個人情報保護法の逐条解説　第5版」, pp. 229-291, 有斐閣, 東京 (2016).
[21] Apple Japan 合同会社のニュースリリース参照, (http://www.apple.com/jp/pr/).
[22] 特集 デジタルネットワーク時代の著作権, 情報の科学と技術, Vol.56, No.6, pp. 251-292, (2006).
[23] 時実象一,「電子化が進む学術情報」, 吉岡斉代表編集, 新通史 日本の科学技術 第2巻, pp. 552-565, 原書房, 東京 (2012).
[24] Gyao!ホームページ, (http://www.gyao.yahoo.co.jp/).
[25] NHK オンデマンドホームページ, (http://www.nhk-ondemand.jp/).
[26] Amazon ビデオ, (https://www.amazon.co.jp/Amazon-Video/b?node=2351649051).
[27] Amazon.com の Kindle Direct Publishing に関するホームページ, (https://kdp.amazon.com/self-publishing/help).
[28] 山田順,「出版大崩壊 電子書籍の罠」, 文藝春秋, 東京 (2011).
[29] マンガ図書館 Z, (https://www.mangaz.com/).
[30] 島並良・上野達弘・横山久芳,「著作権法入門　第2版」, 有斐閣, 東京 (2016).
[31] 小倉秀夫,「第10章　インターネット配信, 金井龍彦, 龍村全編著『エンターテイメント法』」, 522-525, 528-531, 学陽書房, 東京 (2011).
[32] 特集 まねき TV・ロクラク II 最判のインパクト, ジュリスト, No.1423, pp. 6-43.
[33] 作花文雄,「詳解 著作権法 第4版」, ぎょうせい, 東京 (2010).
[34] 鹿毛丈司,「最新 音楽著作権ビジネス 原盤権から配信ビジネスまで」, ヤマハミュージックメディア, 東京 (2009).
[35] 安藤和宏,「よくわかる音楽著作権ビジネス 基礎編 4th Edition」, リットーミュージック, 東京 (2011).
[36] 加戸守行,「著作権法逐条講義　六訂新版」, p.564-565, 著作権情報センター, 東京 (2013).
[37] 中山信弘,「著作権法　第2版」, pp. 545-546, 有斐閣, 東京 (2014).
[38] リットーミュージック,「最新音楽用語事典」, p. 12, リットーミュージック, 東京 (1998).
[39] 著作権法令研究会,「逐条解説 著作権等管理事業法」, 有斐閣, 東京 (2001).
[40] 紋谷 暢男,「JASRAC 概論 音楽著作権の法と管理」, 日本評論社, 東京 (2009).
[41] 一般社団法人日本音楽著作権協会,「著作権信託契約とは」, (http://www.jasrac.or.jp/contract/trust/explan.html).
[42] 一般社団法人日本音楽著作権協会,「お預けいただく範囲の選択について」, (http://www.jasrac.or.jp/contract/trust/range.html).
[43] 一般社団法人日本レコード協会,「ISRC の構成・様式」, (https://isrc.jmd.ne.jp/about/pattern.html).
[44] 一般社団法人日本音楽著作権協会,「使用料規定」, pp. 86–92, (http://www.jasrac.or.jp/profile/covenant/pdf/royalty/royalty.pdf).

[45] 一般社団法人日本音楽著作権協会,「使用料規定早見表」,
(http://www.jasrac.or.jp/network/side/hayami.html).
[46] 文化庁,「平成 26 年通常国会著作権法改正等について 著作権法の一部を改正する法律概要」, (http://www.bunka.go.jp/seisaku/chosakuken/hokaisei/h26_hokaisei/).
[47] 日本書籍出版協会,「出版権設定契約書ヒナ型 1(紙媒体・電子出版一括設定用) 2017 年版『出版契約書』(PDF)」, (http://www.jbpa.or.jp/pdf/publication/hinagata2015-1.pdf).
[48] Amazon.com, "kindle direct publishing",
(https://kdp.amazon.com/en_US/help/topic/G200641280).
[49] 日本エディタースクール編,「本の知識」, p. 53, 日本エディタースクール出版部, 東京 (2009).

# 第11章
# オープンソースソフトウェアとコモンズの思想

□ 学習のポイント

オープンソースソフトウェアと呼ばれる特別な利用許諾契約（ライセンス）を要求するソフトウェアの利用が広がっている．オープンソースソフトウェアには，通常の商業用ソフトウェアにはないメリットがあることが知られている．また，オープンソースソフトウェアが知られるようになって，著作物の利用許諾権を独占するよりもできるだけ著作物を自由に利用してもらいたいと願う著作者がその意思表示をする方法も現れてきた．本章においては，利用が広がるオープンソースソフトウェアの利用許諾契約や著作物の自由利用の意思表示を行う方法について学ぼう．

- オープンソースソフトウェアの定義について理解する．とくに，Opensource Initiative (OSI) が定めるオープンソースソノトウェアの条件を知る．
- オープンソースソフトウェアは，フリーソフトウェア運動からどのように発展してきたかを理解する．
- オープンソースソフトウェアの利用に関する法的リスクを理解する．
- 特定の著作物の利用について，事前に著作者が意思表示を行う仕組みについて理解する．

□ キーワード

オープンソースソフトウェア，フリーソフトウェア，フリーウェア，シェアウェア，パブリックドメインソフトウェア，オープンソースイニシアティブ (OSI：Opensource Initiative)，Gnu/Linux，ハッカー倫理，GNU 一般公用利用許諾契約 (GNU GPL: GNU General Public License)，BSD ライセンス，オープンソースソフトウェアの法的リスク，GNU フリー文書ライセンス，クリエィテイブ・コモンズ

## 11.1 オープンソースソフトウェアの広がり

現代の情報社会は，オープンソースソフトウェア (OSS) によって支えられているといっても過言ではない．

ある調査によると，ウェブサイトで使われるオペレーティング・システム (OS) のうち，66.9%がUNIX であり，そのうち 55.3%が OSS の Linux を利用している [1,2]．さらに，ウェブサーバのうち，Microsoft ISS が 10.5%であるのに対して，OSS の Apache と呼ばれるソフトウェアが 48.0%，同じく OSS の Nginx が 36.2%も使われている [3]．

また，オープンソースソフトウェアを利用するデジタル製品は，身の回りにもある．ハイブ

リッドレコーダーやデジタルテレビなどのデジタル家電の多くのOSは，Linuxであるとされる[4,5]．スマートフォンのOSも，同様にOSSであるAndroid（2017年のシェアで65.2%）が利用されている[6]．

OSSは特別な仕様のソフトウェアではなく，利用許諾契約（ライセンス）に共通の特徴を有するソフトウェアである．OSSが広く活用される重要な理由の1つに，知的財産権によるソフトウェアの保護におけるジレンマがある．ソフトウェアビジネスの経営的持続性という観点から見ると知的財産権によるソフトウェアの保護が必要とされる一方で，研究開発や利用という面からみると現在のソフトウェアの法的保護に課題があると考える知的財産権の専門家や開発者は多い．特有の利用許諾契約を有するOSSは，ソフトウェアの研究開発や利用を促進し，結果として市場におけるソフトウェアの普及と標準化を推進すると考えられている．

本章では，OSSとは何であって，その利用許諾契約にどのような特徴があり，OSSが広く活用される背景には何があるのか考察する．さらに，現在の知的財産権制度の中で利用者の利便性を図るため，著作物の自由利用を許諾する権利者の意思を伝達する様々な手段について紹介する．

## 11.2 オープンソースソフトウェア(OSS)とは何か

### 11.2.1 OSSの定義

OSSは，利用者に対して一定の要件を満たす内容の利用許諾契約を結ぶことを要求するソフトウェアである．ソフトウェアそのものに特別の仕様が要求されるわけではない．

OSSの定義の管理と認証を行う非営利団体オープンソースソフトウェアイニシアティブ(OSI: Open Source Initiative)によれば，OSD (Open Source Definition)と呼ばれる次の10の要件を満たすソフトウェアがOSSである[7][1]．

① 自由な再配布：ほかのソフトウェアの一部として販売・譲渡する場合も制限を加えてならない．利用許諾契約において，販売・譲渡に伴うロイヤリティや料金などを要求してはならない．
② ソースコードへのアクセス：コンパイル結果であるオブジェクトコードだけでなく，ソースコードを容易に入手できるようにしなくてはならない．
③ ソースコードの改変と翻案（派生的作業）：ソースコードの改変・翻案を許諾しなくてはならない．
④ 著作者のソースコードのインテグリティ：例外的に改変したソースコードの配布を禁止する場合には，ビルドを行った場合にそのソフトウェアを改変できる「パッチ・ファイル」の配布を許可しなければならない．利用許諾契約においては，改変した場合には，オリジナルのソフトウェアと異なる名前やバージョン番号をつけるよう要求できる．
⑤ 個人・集団の無差別：利用許諾契約においていかなる個人・団体も差別してはならない．
⑥ 分野・用途の無差別：利用許諾契約においていかなる分野・用途も差別してはならない．

[1] なお，「オープンソースの定義」日本語訳は，文献[8]も参照．

表 11.1 OSS とそれに類似する利用許諾契約の関係.

| | OSS | | シェアウェア | フリーウェア | パブリックドメインソフトウェア（PDS） | プロプリエタリ |
|---|---|---|---|---|---|---|
| | フリーソフトウェア(GNU) | それ以外のOSS | | | | |
| 著作権 | あり | あり | あり | あり | なし | あり |
| 再配布に関する制限 | なし | なし | なし | なし | なし | あり |
| 再配布禁止規定の禁止 | あり | あり | なし | なし | なし | なし |
| ソースコードへのアクセス | あり | あり | なし | なし | なし | なし |
| 改変と再配布に関する制限 | なし | なし | あり | あり | なし | あり |
| 改変と再配布禁止規定の禁止 | あり | あり | なし | なし | なし | なし |
| 「ウィルス性」 | あり | なし | なし | なし | なし | なし |
| 無償／有償 | 無償※ 1 | 無償※ 1 | 一般的に有償※ 2 | 無償 | 無償 | 有償 |

※ 1 OSS は無償で配布されているソフトウェアであっても，有償の製品に組み込んで販売することを禁じていない．

※ 2 開発費用の負担を寄付で募るという本来の意味から離れて，現在は試用期間付ソフトウェアという位置づけになっている．

⑦ 利用許諾契約の配布：利用許諾契約はソフトウェアを受け取る人すべてに適用される．

⑧ 利用許諾契約は特定製品に限定されない：特定のソフトウェア製品に組み込まれた OSS が別の製品に組み込まれた場合も，同一の利用許諾契約が適用される．

⑨ 利用許諾契約はほかのソフトウェアに制約を与えない：特定のソフトウェア製品に OSS が組み込まれた時，OSS の利用許諾契約は，そのソフトウェア製品で利用される OSS 以外のソフトウェアに影響を与えてはならない．

⑩ 利用許諾契約は技術中立的でなければならない：OSS の利用許諾契約は，特定の技術やインタフェースを使うよう強制してはならない．

OSI によれば，OSD に準拠しない利用許諾契約によって配布されるソフトウェアは，OSS と名乗ってはならないとしている (11.4.1 項参照)．

### 11.2.2 OSS とその他の利用許諾契約

OSS 以外にも様々な利用許諾契約を有するソフトウェアが存在するので，簡単に紹介する（表 11.1)．

**フリーソフトウェア**：OSS の利用許諾契約の 1 つである Gnu GPL (Gnu General Public License) に従って配布される OSS は，とくにフリーソフトウェアと呼ばれることがある．「ウィルス性」の有無によって，ほかの OSS の利用許諾契約と区別される．Gnu GPL とフリーソフトウェアについては，後述する．

**シェアウェア**：本来は，利用者に対して，開発費用の共同負担（シェア）を求めるソフトウェアという意味．個人やベンチャー企業等が，インターネットなどを通じて配布するソフトウェアでこの利用許諾契約を採用することが多い．現在の多くのシェアウェアは，試用期間・試用回数などの制限があり，一定期間・一定回数を超えて利用する場合に一定金額の支払いを要求する．そのため，シェアウェアは試用が可能なプロプリエタリなソフトウェアとほぼ同義である．ソースコードの公開や，改変・再配布は一般的に許さない．

**フリーウェア**：一般的に無償配布されるソフトウェアのこと．寄付を歓迎することが多い．「フリーソフト」と呼ばれて，上記のフリーソフトウェアと混同されることが多いので注意．一般的に著作権を放棄せず，再配布は許しても改変を許さないことがある．ソースコードも必ずしも公開されるとは限らない．著作権を放棄する場合もあるが，その場合には下記のパブリックドメインソフトウェア (PDS) と同じになる．

**パブリックドメインソフトウェア (PDS)**：著作権を放棄したソフトウェア．ソースコードは必ずしも公開されるとは限らない．日本の著作権法上，著作権放棄はできないため，日本国民が作成したり，国内で発表されたりしたソフトウェアには PDS は存在しないとされる．

**プロプリエタリソフトウェア**：多くの商業的ソフトウェア．自由な再配布や改変，改変したプログラムの再配布などを許さない利用許諾契約を有するソフトウェアのこと．

### 11.2.3 OSSのメリットとデメリット

OSSには，その提供者とユーザにとってそれぞれ異なるメリットとデメリットを与える．OSSを提供しようとする者，OSSを利用する者は，それぞれメリットとデメリットを認識する必要がある．ここで，「OSSのユーザ」には，OSSを自社製品（ハードウェア，ソフトウェアを問わない）に組み込もうとする企業も含む．

#### (1) OSSの提供者にとってのメリットとデメリット

① メリット

i) ソフトウェア仕様の有利な標準化：OSSとして複製を自由にすることで，市場に急速に広がることが期待される．自社のソフトウェア仕様が事実上の標準になることを期待できる [9]．

ii) 市場拡大効果：市場への急速な拡大によって，そのソフトウェア自体もしくは関連製品（そのソフトウェアを組み込んだソフトウェアや関連するハードウェアなど）の市場拡大が期待される．OSSの関連製品の市場を広げ，この市場から大きな利益を得られる場合がある [10]．

iii) 開発費用の低減と品質向上の両立：開発者コミュニティの人的資源の投入を期待できるので，開発費用の支出を抑えながら品質を向上できる．

iv) 宣伝効果：OSSとOSSコミュニティへの共感を表明することで，自社および自社製品へのOSSユーザや利害関係者の忠誠心を上げる．

② デメリット（11.4.3項参照）

i) 知的財産権上のリスク：不注意もしくは悪意のOSSの開発者が，OSSではないプロプリエタリなソフトウェアのソースコードを事故もしくは故意で紛れ込ませることで，法的紛争に巻き込まれる可能性がある．

ii) OSS の誤解・無理解による濫用：ライセンスに対する誤解・無理解から，ライセンスと矛盾する知的財産権ポリシーの適用やコードの導入を行って，OSS コミュニティと対立する．

iii) フリーライダーのコスト：OSS のライセンスを理解せず，OSS を濫用するユーザが出現し，意図通りの効果が得られない場合がある．

iv) 市場競争の激化：OSS を提供することで，その OSS を利用する同種・類似の製品が乱立する可能性がある．市場競争が激化する可能性がある．

**(2) OSS のユーザにとってのメリットとデメリット**

① メリット

i) ソフトウェアの改良・改善：提供元によるサポートがなくても，技術力の高いユーザはソフトウェアの改良・改善ができる．

ii) セキュリティの向上：ソースコードを見ることができるので，技術力の高いユーザはソフトウェアにバックドアが仕込まれていないことを確認できる．安全保障にかかわるソフトウェアを OSS とする動きがある（例，中国国産 OS の Neokylin など）[11,12]．

iii) ソフトウェア開発費用の低減：ゼロからソフトウェアを開発しなくても既存の OSS をもとに開発できるのでソフトウェア開発費用を低減できる．ただし，ライセンスによっては新しく開発したソフトウェアも OSS で公開する義務が生じる．

iv) 学習：ソースコードをソフトウェアの学習に利用できる．

② デメリット（11.4.3 項参照）

i) 知的財産権上のリスク：上記の OSS ではないソフトウェアのソースコードの混入により，ユーザ企業も法的紛争に巻き込まれる可能性がある．

ii) OSS の誤解・無理解による濫用：ライセンスに対する誤解・無理解から，ライセンスでは許されない OSS の利用や知的財産権ポリシーの導入をして，OSS コミュニティと対立する．

iii) セキュリティへの脅威の増大：ソースコードが公開されているため，悪意あるユーザが研究してセキュリティ上の脅威を増大させることがある．

iv) サポートの不足：自分でソースコードを理解し改良できるユーザでない場合，ソフトウェア利用に必要なサポートを受けられないことがある．

### 11.2.4 OSS を活用する IT ビジネス

OSS には前項で示したようなメリットがあることから，2000 年代以降個人ユーザだけでなく，企業ユーザが広く活用するようになったうえ，OSS を活用するビジネスも拡大している（初期のビジネスの広がりについては，文献 [13] 参照）．

OSS のなかでも，GNU GPL（11.3.2 項参照）を採用するフリーソフトウェアは商業的な利用を禁じられていると考える人々もいる．

しかしながら，それはまったくの誤解である．たとえば，GNU GPL を採用するフリーソフトウェアを組み合わせてソフトウェア・パッケージを作成し，DVD に収めたうえで，これに値付けをして販売することも，GNU GPL は禁止していない．

そうではなくて，GNU GPL で配布（販売）されているソフトウェア・パッケージの複製を禁じたり，改造やその改造したものを再配布することを禁じたりするライセンスを適用することを禁じているにすぎない．これは，GNU GPL の有する「ウィルス性（コピーレフト）」（11.4.2 項参照）に由来する帰結である．

なお，GNU GPL 以外の OSS ライセンスには上記のようなウィルス性がないので，OSS の商業的利用には上記のような制約はない．

OSS を活用する IT ビジネスや企業による OSS の活用の仕方には，次のようなものがある．

① OSS のディストリビューションパッケージの製造・販売．

OSS 単独だけでは，一般ユーザには利用が難しいので，ユーティリティやユーザインタフェースにかかわるソフトウェアと同梱してディストリビューションパッケージを作成し，販売する．RedHat Enterprise Linux などの Linux ディストリビューションが著名である．

② OSS を利用するシステム・インテグレーション事業．

メールサーバやウェブサーバ，OS などのソフトウェアとハードウェアを組み合わせて，企業や政府などの情報システムを構築することが増加している．OSS を利用する情報システム構築のノウハウがない組織向けにシステム・インテグレーションサービスを提供する事業を多くの企業が行っている．

③ OSS を組み込むハードウェアやソフトウェアの開発・製造．

ネットワーク接続機器や情報家電に OSS を利用するケースが増えている．多くの家電メーカが Linux を採用するハイブリッドレコーダーを販売しており，著名なネットワーク接続機器製造メーカが BSD を組み込むルーターを製造販売している．前出の Linux ディストリビューションパッケージ製造・販売企業も，自社で Linux を改造していることが多く，自社のソフトウェアに OSS を組み込んで販売するビジネスを行っているといえる．

④ OSS コミュニティへの研究開発アウトソーシング．

ソフトウェア企業やインターネット・サービス企業が，自社で開発したソフトウェアを OSS として公開し，インターネット利用者による自由な開発を許すことがある．1998 年，米 Netscape 社が，自社のウェブブラウザの中核部分を Mozilla と名付けて OSS として公開したのは，OSS コミュニティに研究開発をアウトソーシングし，他者との競合優位に関係する付加価値の開発・製造に注力するためであった（11.3.4 項参照）．このように，研究開発費用を節約するため，OSS を利用するケースがある．

⑤ 関連製品の販売

OSS に関連する製品の販売を行う企業も多い．OSS のマニュアル本であるとか，OSS と組み合わせて利用するユーザインタフェースであるとか，広く関連製品を販売する企業がある．

⑥ 戦略的な OSS の活用

携帯電話やタブレット PC 向けの OS として米 Google 社が供給する Android も，OSS である．Google 社の開発ディレクターは，共通プラットフォームとなる Android を供給することで，携帯電話会社が強く支配するインターネット接続を動揺させ，垂直統合型の業界構造を水平分業型に変革することを目指していると表明している [14]．OSS を提供することで，業界構造を変革するなどの戦略的な目標を追求する企業もある．

## 11.3 フリーソフトウェア運動から OSS へ

OSS の思想と背景を知るためには，その登場の経緯を知ることが必要である．本節では比較的詳しく，OSS 登場までの歴史を説明する．

### 11.3.1 フリーソフトウェア運動とハッカー倫理

ソースコードを公開し，自由に複製・改変・改変したコードの再配布を行えるソフトウェアの利用許諾契約をつくる動きは，フリーソフトウェア運動に始まった [15–17]．

1983 年，マサチューセッツ工科大学 (MIT: Massachusetts Institute of Technology) 人工知能研究所（AI 研究所）のコンピュータ・エンジニアだったリチャード・ストールマン（Richard Stallman）が，GNU（Gnu is Not Unix）と名付けた UNIX 完全互換のオペレーティング・システム（OS）とコンピュータプログラム開発環境の開発プロジェクトを開始すると，ニューズグループで宣言した．ストールマンは，UNIX 向けのテキスト編集・プログラム開発環境である Emacs の開発者としてすでに知られていた．

当時，まだフリーソフトウェアの概念はなかった．上記の開発開始の告知では，使える者には誰にでもフリーで提供するとだけ述べられていた．

UNIX を開発した米国の電話企業 AT&T は，1982 年に初の商用版 UNIX である System III を発売し，翌年 UNIX System V を発売した．商業化される以前，UNIX は無料で配布され，研究者・技術者の人的ネットワークを介して複製が広がっていった．当時，電話市場で独占的地位にあった AT&T は，反トラスト法の制約によってほかの分野の商品を発売することができなかった．AT&T は米国司法省との協定によって，地域電話会社と長距離電話会社，研究部門の分割を受け入れることで，電話以外の市場に進出できるようになったばかりだった．

1970 年代，大学生だったストールマンがコンピュータ・エンジニアとして働き始めた AI 研究所は，ハッカー文化の拠点の 1 つであった．『ハッカーズ・ニュー・ディクショナリー』[18] によれば，現在ハッカー文化の精神（エトス）（ハッカー倫理）は，次のように説明されている．

1) 情報共有は強力な積極的善であって，フリー・ソフトウェアを書き，可能な場合には常に情報とコンピュータ資源へのアクセスを促進することで自分の経験を共有することはハッカーの倫理的義務であるという信念．
2) クラッカーが盗みや破壊，機密漏洩にかかわらない限り，楽しみと探究のためのシステム・クラッキングは倫理的に OK であるという信念．

当時，ミニコンピュータ向けのコンピュータプログラムは複製に制限がなかったうえソースコードが公開されており，必要があれば改変することができ，それを友人・知人に複製して渡すこともできた．いわば，コンピュータプログラムは，学術的知識と同じように，誰の成果であるか明らかにすれば，無料で利用し，改善・改良した成果を発表することもできた．

ところが，1970 年代後半になると，多くのメーカはコンピュータプログラムのソースコードの配布をやめ，複製を禁じるようになった．ストールマンは，ミニコンピュータ向けのプリンタの使い勝手を向上させるために（現在の言葉でいうと）プリンタ・ドライバを改良しようとしたが，ソースコードがないために改良ができないという経験をしている．

また，AI 研究所のミニコンピュータに，ユーザ ID とパスワードによるユーザ認証が導入されたことにもストールマンは反発した．ハッカー文化においては，空いていれば誰でもコンピュータ資源にアクセスしてよいと考えていたからである．現に，1960 年代から 1970 年代前半まで，学生やスタッフでもないのに大学のコンピュータを空き時間に使わせてもらった 10 代の少年が，その後コンピュータ・エンジニアになるという例はよく見られた [19].

このようにハッカー文化が退潮する中で，頑固にハッカー文化を守ろうとするストールマンは AI 研究所でだんだんと孤立していった．同時に，彼は誰もが使え，改良・改変も自由で，改良した結果も配布できるソフトウェアという考えを形成するようになる．1984 年に AI 研究所を退職すると，上記の GNU プロジェクトを開始するための準備を始めた [19].

### 11.3.2 フリーソフトウェアの概念と GNU GPL

ストールマンは，その後フリーソフトウェアの概念をつくりあげた．フリーソフトウェアとは，次の 4 つの自由を満たす利用許諾契約を有するソフトウェアのことである [20].

1. いかなる目的に対しても，プログラムを実行する自由（第零の自由）．
2. プログラムがどのように動作しているか研究し，必要に応じて改造する自由（第一の自由）．ソースコードへのアクセスは，この前提条件である．
3. 身近な人を助けられるよう，コピーを再配布する自由（第二の自由）．
4. 改変した版を他に配布する自由（第三の自由）．これにより，変更がコミュニティ全体にとって利益となる機会を提供できる．ソースコードへのアクセスは，この前提条件となる．

また，フリーソフトウェアの「フリー」とは，無料（フリー）のビールのフリーではなく，自由（フリー）な言論のフリーであると説明される．フリーソフトウェアにおいては，無料・無償であるかどうかが重要ではなく，上記の 4 つの自由が提供・保障されているかどうかが重要なのである．

フリーソフトウェアの哲学は，弁護士の支援も受けて GNU GPL（GNU General Public License：GNU 一般公有利用許諾契約）というライセンスとしてまとめられた．フリーソフトウェアは，GNU GPL とともに配布されるようになった．GNU GPL の詳細は次節で見るが，この利用許諾契約はソフトウェアの著作権を放棄せず，著作権を根拠にしてソフトウェアの自由な複製・改変・改変物の配布を義務付けようとする点に特徴がある．著作権を放棄した場合，フリーソフトウェアを受け取った何者かがそれを自分のソフトウェアに改造して，複製や改変・改変物の配布を許さないプロプリエタリ・ソフトウェアにしてしまうかもしれないからである．フリーソフトウェアは，この哲学の点でフリーウェアや PDS と大きく区別される．

### 11.3.3 Linux の登場

1991 年，ヘルシンキ大学 2 年生のリーナス・トーバルズ (Linur Touvalds) が，PC 版 UNIX クローンである MINIX をモデルに，独自に OS を開発した．プログラミングにのめり込んでいたトーバルズはこの夏 PC と MINIX を購入し，付属の C コンパイラを使ってプログラミングを始めた．ファイルをインターネットからダウンロードするために書き始めたプログラムなどを MINIX に付け加えていくことで，新しい OS が育ち始めた．トーバルズは，友人の勧めで彼の名前を取りこの OS を「Linux」と呼ぶことにした [16,21]．

91 年秋，トーバルズは Linux 開発について MINIX のニューズグループで発表した．同時に，インターネットからのダウンロードで同 OS を入手できるようにしたところ，翌年 1 月までに約 100 人のユーザがダウンロードした．また，同月，MINIX の開発者で著名な OS 研究者であるアンドリュー・タネンバウムと Linux のアーキテクチャについて論争したことで，さらに Linux とトーバルズを有名にした．このエピソードがさらに多くのユーザを Linux にひきつけた．

やがて Linux 開発は，トーバルズを中心とする世界中のチームによる集団的な開発に発展していった．誰でも修正版の提出やバグ報告ができ，修正版を取り入れるかどうかはトーバルズがレビューして判断する．開発に数百人・数千人が参加するまで規模が拡大すると，トーバルズは自分の作業を「副官」と呼ばれる長年の開発協力者で優秀な者たちに徐々に委任し，彼らの判断も活用するようになった．トーバルズ自身は設計・実装を積極的にやるよりも，開発チームをまとめ上げ，議論を整理する役に徹した．この開発方式が急速に Linux を成長させ，世界中に広げていった大きな理由とされる [16]．

エリック・レイモンド (Eric S. Raymond) は，リーダーが権限を委譲し，多数の人々が好き勝手に開発を進めるプロジェクト運営の仕方を「バザール方式」と呼んだ．これに対して，GNU プロジェクトはハッカー倫理というイデオロギーを核とする中央集権的な開発方式であることから，秘教的な知識を備えた僧侶だけが入れる荘厳なカテドラルになぞらえて「カテドラル（伽藍）方式」と呼ばれた．1997 年，彼は，この比喩を含む「カテドラルとバザール」と題する論文を同年ドイツで開催された Linux コンファレンスで発表した [15,22]．

Linux は OS の基本的機能を実現する OS カーネルだけであったので，実際に OS として使うためには様々なユーティリティやユーザインタフェース（シェル）が必要だった．そのため，あちこちから GNU プロジェクトの成果を利用した．たとえば，GNU プロジェクトで開発された Bash をシェルとして搭載した．Linux バージョン 0.12 には C コンパイラである GCC (Gnu C Compiler) を付属したが，GCC も GNU プロジェクトの成果である．トーバルズはこのバージョンから，Linux のライセンスとして GNU GPL を採用する．現在 Linux が GNU/Linux と呼ばれるのは，GNU プロジェクトの成果に大きく依拠し，GNU GPL を採用するためである．なお，OS カーネルを意味する場合には，Linux と呼ばれる [16]．

### 11.3.4 OSS 概念の成立

1997 年頃までに，多くのフリーソフトウェアが登場し，プロプリエタリソフトウェアに抗議するストールマンの思想が色濃く投影されており，反商業的とみなされていた．また，「フリー」は上記の4つの自由を意味し，フリーソフトウェアを販売して利益を上げることができるにもかかわらず，「無料」と受け取られ，商業的価値を有するフリーソフトウェアであっても企業が興味を持たない傾向があった．

一方，トーバルズは極めてプラグマティックな判断でGNU GPLを採用し，複製や利用に厳しい制限を設ける商業的ソフトウェア（プロプリエタリソフトウェア）に対しても寛容だった．彼はマイクロソフト社のパワーポイントを好んでプレゼンテーションに使った．GNU GPLとフリーソフトウェアの思想は，実はトーバルズには深い影響を与えていなかったように見える．

いずれにせよフリーソフトウェアと商業的なソフトウェアの世界は長年別のものと考えられていた．ところが，1998年，フリーソフトウェアと商業的なソフトウェアの世界をつなぐ出来事が立て続けに起こった．

1998年1月，米ネットスケープ・コミュニケーションズ社（以下，ネットスケープ社）は，将来的にフリーソフトウェアのようにソースコードを公開すると約束した．この発表に先立って，同社はエリック・レイモンドを招いて，同社のマーケティング戦略について相談していた．ネットスケープ社は，ウェブ・ブラウザのNetscape Navigatorや同ソフトを含むインターネットコミュニケーションソフトウェアのNetscape Communicatorやウェブサーバの開発・提供を行ってきたが，マイクロソフト社が同社のWindows OSにバンドルするInternet Explorerと不利な競争を強いられていた．レイモンドはソースコードの公開によって開発者コミュニティの参加によって開発費用を下げ，ユーザの間に知名度と忠誠心を広げることを提案した [15]．

また，同時期，レイモンドは米国サンフランシスコに拠点を置くヴイエー・リサーチ社で開催されたオライリー社主催の会議にも出席した．ヴイエー・リサーチ社は，GNU/Linux搭載のワークステーションを製造・販売する企業であり，オライリー社はUNIXおよびインターネットに関連するアプリケーションや話題を好んで扱う出版社である．この会議は小規模だった．焦点は，フリーソフトウェアを支持するユーザや企業が，米ネットスケープ社の決断をどのように活用するかであったと，レイモンドは後年振り返っている [15]．

このときには，GNU GPL以外のライセンスで，ソースコードを公開し，ソフトウェアを自由に改変し，改変した結果を配布することもできるソフトウェアがすでに多数登場していた．たとえば，スクリプト言語のPerlはArtistic Licenseという利用許諾契約を採用し，UNIXクローンであるOSのBSDは，BSD Licenseを採用していた．

これらのソフトウェアはプロプリエタリな商業ソフトウェアに劣らない性能や品質・信頼性を有していた．米ネットスケープ社の選択によって，フリーソフトウェアの運動は広くコンピュータ企業にも広がる可能性があった．

しかしながら，前述の通り，フリーソフトウェアには，「フリー」という言葉が無料を連想させ，反商業主義的色彩が強いという印象があった．

そこで，この会議の席上，ソースコードを公開し，複製・改変・改変結果の配布を許諾するライセンスを有するソフトウェア全体を指す用語について検討が行われ，最終的に3つの候補案から「オープンソースソフトウェア」という新しい言葉が選択された．当然，ストールマンはこの用語を拒否したものの，オープンソースソフトウェアという名称は，GNU/Linuxをはじめとする多くの便利なソフトウェアとともに広がっていくこととなった [16,22].

このような動きに対して，米マイクロソフト社は同社と同社製品に対する非常に大きな脅威だと考えるようになっていた．1998 年 10 月 31 日および 11 月 3 日，OSS 運動を分析し，どう対抗するか戦略を述べた匿名の内部メモが 2 回にわたって同社から流出した．これらのメモは前出のレイモンドのもとに送り付けられたものだった．10 月 31 日はキリスト教文化のもとではハロウィーンである．このことにちなみ，同メモは「ハロウィーン文書」と呼ばれた．この文書において，マイクロソフト社の匿名の人物は GNU/Linux などの OSS を同社製品に対する主要な脅威と位置づけ，どのようにこの OS を骨抜きにして同社製品の優位を保持するかについて分析し，戦略を示していた．1990 年代末には，米マイクロソフト社が脅威と見るまでに OSS は育っていたことがわかる [21,22].

OSS という名称は，フリーソフトウェアが広く企業や一般社会へと広がる際にまとった別名であるといえる．現在では，GNU GPL で公開されるソフトウェアや，GNU プロジェクトで開発されたソフトウェアなどが，OSS と区別してフリーソフトウェアと呼ばれることが多い．

## 11.4 OSS のライセンス

### 11.4.1 OSS の認定プロセス

個人・企業・政府などが開発したソフトウェアを「OSS」として広く社会で通用させるためには，前出の OSI による審査 (review) と認定 (approval) を受けたほうがよい．また，一度 OSI に認定を受けた OSS を廃止する場合にも OSI によるレビューと認定が求められる．OSI のウェブを参考に認定プロセスを整理する [23].

1) OSI のレビューの対象

OSI のレビュー対象は，次の 3 つのカテゴリに分けられ，審査に応募できる者が誰であるか決まっている．

① 廃止 (retirement)：ライセンス幹事のみが要請可能．
ライセンス廃止の要請．
—廃止するライセンスの版の明示が必要．
—後続ライセンスがある場合には，後続ライセンスの指定が必要．

② レガシーライセンスの認定 (legacy approval)：ライセンス幹事と利害関係があるユーザが応募可能．
すでに一定規模のコミュニティが用いているライセンス（レガシーライセンス）の認定を行う．
—後述の「ライセンス拡散分類」による分類を行うことが望ましい．
—通常の認定審査よりも認定根拠の審査は緩い．

③ 認定 (approval)：ライセンス幹事のみが応募可能．
完全に新しいライセンスもしくは一企業・団体のみが用いていたライセンスの認定審査．
—最終版の提出までに，フィードバックを受けて必要があれば何度でも再提出できる．

—新しいライセンスを提唱する認定根拠が必要.
—よく似たOSI認定ライセンスとの比較・対照が必要.
—可能ならば法律的分析結果を提示すること.
—「ライセンス拡散分類」(11.4.2項参照)による分類を行うことが望ましい.

2) 審査手順

審査は次のように行われる.

① 審査カテゴリを選択.
② “License Review” と呼ばれる審査用メーリングリスト (license-review@opensource.org) に登録(すでに登録している場合は必要なし).
③ “License Review” に正式の審査要請を行う.
④ 最低30日間 “License Review” メーリングリストで議論.
⑤ 同メーリングリストの議長がOSI役員会に議論の要約と勧告を提出.
⑥ 次回月例役員会で最終決定. もしくは追加情報の要請を決める.
⑦ 議長が役員会の決定をメーリングリストにフィードバック.
⑧ 認定された場合, OSIのウェブサイトの認定ライセンスに表示.

3) 審査時に要求される情報

上記③の審査要請はメーリングリストへの投稿によって行う. 審査要請時には, 次の情報を記入する必要がある. 審査は英語で実施.

① メールの件名への必須記入事項
—審査カテゴリ (submission type)
—ライセンス名 (license name)
② メール本文への必須記入事項
—HTML形式もしくはテキスト形式のライセンス内容(同内容へのリンクでも可).
③ 審査上メール本文に記入したほうがよい事項
—ライセンス拡散カテゴリにおける分類.
—ライセンス拡散カテゴリの分類を変更したい審査要請の場合はその根拠.
—公的な議論がすでに行われている場合は, その議論へのリンク.

### 11.4.2 OSSライセンスの選択

個人・企業・政府などが自分で開発したソフトウェアをOSSとして社会に流通させたい場合, 既存のOSSライセンスを利用することがある. 新しいライセンスをつくるよりも, 既存のライセンスを利用するほうが, 労力が少ないうえ, すでに内容やその効果を理解されているので, ソフトウェアのユーザにも便利である.

OSSライセンスを選択する場合, 次のポイントに注意する必要がある.

1) ソフトウェアをOSSとする目的を明確にする.

なぜソフトウェアをOSSとするのかその目的を明確にする必要がある. 個人の場合, OSS

やフリーソフトウェアの理念への共感を示し，OSS コミュニティに参入することを目指して，自分で開発したソフトウェアを OSS とすることがある．

企業や政府の場合，理念への共感だけではなく，利害関係者への責任を考えれば，OSS のメリットとデメリットを考慮したうえで，開発したソフトウェアを OSS とするべきであろう（11.2.3 項参照）．

2) 広く利用されているライセンスを選択する．

OSI 認定のライセンスであっても，広く利用され多くの開発者やユーザに理解されているライセンスから比較的知名度が低いものまで様々である．一般的に広く利用されているライセンスのほうが，多くの開発者やユーザにとって便利であり，自社のソフトウェアを OSS として公開することに向く．

OSI は，どのライセンスが広く利用されているか，「ライセンス拡散カテゴリ」という分類によって示しているので，これを参照するとよい．「ライセンス拡散カテゴリ」によれば，ライセンスは次のように分類される．

① よく知られかつ広く利用されている，もしくは強力なコミュニティに支持されている．
② 特定目的のライセンス
③ 認知度が高いライセンスと重複する内容を有するライセンス
④ 再利用不可能なライセンス（特定の製品以外には適用できないもの）
⑤ その他のライセンス
⑥ 更新済ライセンス
⑦ 自発的に廃止されたライセンス

上記の ⑥ と ⑦ は現在利用されていないライセンスである．

OSI は，開発したソフトウェアを OSS にする場合，① に分類されるライセンスを選ぶことを勧めている．上記の ① に分類されるライセンスは次の ⓐ ～ⓘ の 9 つである．

ⓐ Apache License, 2.0
ⓑ New BSD License
ⓒ Free BSD License
ⓓ GNU General Public License (GPL version 2)
ⓔ GNU Library or "Lesser" General Public License (LGPL version 2)
ⓕ MIT License
ⓖ Mozilla Public License 2.0 (MPL-2.0)
ⓗ Common Development and Distribution License
ⓘ Eclipse Public License

3) ライセンスの特性を理解する．

開発したソフトウェアを OSS として公開する場合，それぞれのライセンスの特性を考えてライセンスを選ぶ必要がある．

代表的な OSS ライセンスを大きく分けると，GNU GPL とそれ以外のライセンスに分けて

表 11.2 GNU GPL とその他のライセンスの比較.

| | GNU GPL v.3 | Apache License | 修正 BSD ライセンス | GNU LGPL | Mozilla Publice License | MIT License |
|---|---|---|---|---|---|---|
| GNU GPLv.3 との両立性 | — | 問題なし | 問題なし | 問題なし | 問題なし | 問題なし |
| 特許訴訟回避条項 | あり | あり | なし | なし | あり | なし |
| コピーレフト | あり | なし | なし | なし | なし | なし |
| Tivo 化 注 無効条項 | あり | なし | なし | なし | なし | なし |
| DRM に関する条項 | あり | なし | なし | なし | なし | なし |

注:「Tivo 化」とは，ハードウェアに組み込まれた GPL ソフトウェアの改変を禁じる条項の導入のこと．GPL ver.3 では明示的に Tivo 化が禁じられた．

考えることができる．GNU GPL とその他のライセンスの大きな違いは，それぞれのライセンスで配布されているソフトウェアを改変したソフトウェア「派生ソフトウェア」のライセンスや著作権にかんする扱いの違いである（表 11.2）．

① GNU GPL とその他の OSS ライセンスの共通点

11.2.1 項で説明した OSS の定義で示した特徴が，GNU GPL とその他の OSS ライセンスの共通点である．

② GNU GPL とその他の OSS の相違点

GNU GPL の派生ソフトウェアは必ずその利用許諾条件として GNU GPL を採用する必要があるとされることから，GNU GPL は「ウィルス性」があると形容されることがある．つまり，GNU GPL は派生ソフトウェアに次々と「感染」していく．

特許権や DRM の法的保護（DRM を回避・無効化して，ソフトウェアを複製する，もしくはソフトウェアを利用することを法律的に禁止する）について，GNU は否定的であって，GNU GPL v.3 では GNU GPL を適用したソフトウェアから派生したソフトウェアや製品について，特許権の主張ができないこと，DRM の法的保護を受けられないことを明示している [24]．

両立性とは，あるライセンスが適用される OSS とほかのライセンスが適用されている OSS とを組み合わせて新しいソフトウェア製品をつくることができることができるかに関する概念である．たとえば，A という OSS と B という OSS の両立性が低い場合，A のソースコードを B のソースコードに組み込んだり，リンクさせて利用しようとすると，ライセンスに矛盾が生じ，OSS 開発コミュニティからの批判にさらされるなど問題が生じることがある．GNU GPL v.2 まではほかの OSS との両立性が比較的低かったが，GNU GPL v.3 はほかの OSS との両立性が高まっている（表 11.2）[25]．

GNU GPL v.3 や Apache License 2.0，Mozilla Public License 1.1 (MPL) には，OSS 提供者が，知らぬ間に紛れ込んだプロプリエタリなソフトウェアのコードなどによって知的財産権紛争に巻き込まれないようにする配慮がある．

また，GNU GPL においては，ユーザやほかの開発者による改良・改変を許す代わりに，ソフトウェアのバグによって生じた被害などについて保証しないことが明示的に述べられている．これは，多くのプロプリエタリソフトウェアにも共通の条項であるが，製造者の無過失責任を認める製造物責任法（PL 法）とのかかわりから，ソフトウェアを組み込んだハードウェアについても有効な契約であるかどうか問題になることが考えられる．

### 11.4.3 OSS にかかわる法的リスク

OSS には次のような法的リスクがあるとされる（11.2.3 項も参照）[26]．

① OSS ライセンスの無理解による訴訟・紛争リスク

著作権を放棄するフリーウェアと OSS とを混同し，OSS ライセンスに反する利用を行うことで，OSS コミュニティと法的紛争を起こす企業のケースが海外では見られる．たとえば，GNU GPL に基づいて配布される OSS を組み込んだハードウェアやソフトウェアについて，OSS のソースコードを非公開にするなどの行為は，ライセンス違反にあたる．また，商業的利用ではなくても，研究目的で開発したソフトウェアに GNU GPL をライセンスとして採用する OSS を組み込み，ソースコードを非公開にする場合，ライセンス違反となる．このように，OSS ライセンスの特性やその内容を理解して利用しないと，法的紛争に巻き込まれるケースがある [26,27]．

② OSS に組み込まれたプロプリエタリソフトウェアによる訴訟・紛争リスク

OSS は，自由に複製を行い，自由に改良・改善し，その改善結果を配布することができる利用許諾契約を採用している．この OSS に，特許権があるソフトウェアのソースコードや，OSS または PDS（11.2.2 項参照）ではないソフトウェアのソースコードを組み込むことで，OSS コミュニティや OSS の幹事・主催者，OSS ユーザが法的紛争に巻き込まれることがありえる．OSS の特許権侵害やプロプリエタリなソフトウェアのソースコード組み込みなどについては判明すれば報道されることが多いので，報道があった場合には，自社が権利侵害の意図がなかったことを明確にする，問題の OSS の利用について即座に停止するなど，法的リスクを下げるよう迅速に対応を取る必要がある．

OSS ライセンスにかかわる法的紛争について，OSS コミュニティの側から活動を行う NPO である Software Freedom Law Center (http://www.softwarefreedom.org/) が，海外では訴訟を起こすケースが見られる．OSS を活用する企業などは，同センターのウェブなどを注視し，法的リスクの登場に警戒を行う必要がある．

## 11.5 著作物の自由利用の意思表示

### 11.5.1 著作物利用のリスクと自由利用

ソフトウェアに限らず，著作物の利用にあたっては，著作権法の著作権の制限規定に明示的に示されている利用方法以外では，著作権や著作隣接権・出版権の侵害になる可能性がある．ところが，場合によっては，著作者や著作権者などが著作権の制限規定にあたらない場合であっても，著作物の利用について権利主張を行う意図がないケースもある．

たとえば，同人誌などの二次創作において，アニメ制作会社の著作権に関する考え方が違い，あるアニメ制作会社 A の作品のパロディを制作しても著作権侵害で訴えられる可能性は薄いものの，別のアニメ制作会社 B の作品のパロディを制作した場合にはすぐに警告が来ると，二次創作を楽しむ人々の間では語られることがある．

著作権法においては，技術的保護手段の回避をもっぱら行う装置・ソフトウェアの提供などの犯罪を除き，権利者が著作権などの権利侵害が行われたことに対して刑事告訴を行わない限り，公訴が提起されない2)．したがって，権利者が，特定の利用方法や特定の利用者について，自らの権利主張を行うつもりがなければ，著作権侵害を理由に刑事告訴がされたり，民事的な請求を行われる可能性は極めて低い．

しかしながら，現行の著作権法においては，事前に権利者に対して連絡を取らない限り，著作者や著作権者などが，自分が権利を主張できる著作物について，どのような意図を有しているか知る方法がない．いちいち権利者に対して問い合わせをさせるのでは権利者が煩雑であるうえ，権利者自身が著作権侵害の申立をしたいと思わないケースがあっても，利用者はそれを知ることができない．その結果，権利者の著作物の流通と利用を促進したいという意図に反して，著作物の流通と利用が萎縮し，著作物の活用による新しい情報・知識の生産が滞ることもありえる．

そこで，現行の著作権制度において，著作物の流通と利用を促進するため，権利者がその著作物についてどのような権利主張を行いたいか意思表示を行える制度や仕組みが提案されている．

### 11.5.2 クリエイティブ・コモンズ・ライセンス

クリエイティブ・コモンズ (Creative Commons) は，2001 年に米国で設立された NPO である．2002 年から，前出の GNU プロジェクトに触発され，「クリエイティブ・コモンズ・ライセンス」と呼ばれる権利者の主張を表示する方法の普及啓発運動を行ってきた [23]．

クリエイティブ・コモンズ・ライセンスにおいては，権利者がどのような条件で著作物の利用を許諾するか示すことができる．前述のように，現行の著作権法においては，権利侵害の警告や訴訟が起きるまで，著作物の利用者には権利者の意思がわからないため，著作物の利用に一定のリスクが伴う．権利者の意思表示を著作物に表示し，このリスクを低減して，著作物の流通と活用を促進することが，クリエイティブ・コモンズ・ライセンスの目的である（著作権そのものを弱めるという主張ではないことに注意）．日本では，クリエイティブ・コモンズ・ジャパンが普及啓発活動を行っている [28]．

クリエイティブ・コモンズ・ライセンスは，4 つの基本的記号を組み合わせることによって，権利者が著作物の利用条件について意思表示を行うことができる（表 11.3）．

この 4 条件を組み合わせることで，著作権・著作者人格権をすべて留保する状態から，著作権主張を行わないという状態までの両極の間の権利主張を表現できる（図 11.1）．

### 11.5.3 GNU フリー文書ライセンス

前出の GNU GPL は，ソフトウェアに対して適用される利用許諾契約だが，ソフトウェアに貼付されるドキュメントやマニュアルなどについては適用することができない．GNU フリー

2) このように，被害者の刑事告訴がない限り公訴が提起されない罪のことを「親告罪」という．著作権法に罰則が規定されている行為のうち，親告罪ではないのは，120 条（死後の著作者・実演家人格権侵害），120 条の 2 1 号および 2 号（技術的保護手段を回避・無効化する装置やソフトウェアの公衆への譲渡など，また，業としての技術的保護手段の回避），121 条（著作者ではない者の氏名を表示した著作物の複製物の頒布行為），122 条（出所明示義務違反）である．

表 11.3 クリエイティブ・コモンズ・ライセンスの基本的 4 条件.

| 条件 | 記号 | 意味 |
|---|---|---|
| 表示 | | 作品のクレジットを表示すること. |
| 非営利 | | 営利目的での利用をしないこと. |
| 改変禁止 | | 元の作品を改変しないこと. |
| 継承 | | 元の作品と同一の利用許諾条件を適用すること. |

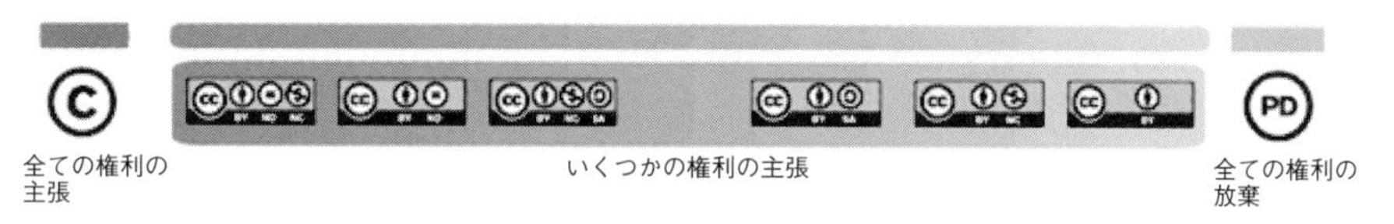


図 11.1 クリエイティブ・コモンズ・ライセンスのイメージ. 文献 [28] から.

文書ライセンス（GNU Free Document License）は，GPL の示すコピーレフトの思想を文書に適用するものである．このライセンスの適用を想定されている対象は，マニュアルや教科書，ソフトウェアドキュメントなどの「機能的」文書である [24].

GNU フリー文書ライセンスは，文書の著作権者が，文書の利用者に対して次の利用許諾を与える内容である．

— この文書を複製してよい．ただし，DRM を適用してはならない．
— 印刷文書の場合，電子データを添付するか電子データへのアクセス方法を表示する．
— 一定要件を満たす限り，文書を修正し，配布してよい．

## 11.6 結語—コモンズの思想

著作権などの知的財産権は，知的財産の保護の側面が強調されることが多いものの，過去や同時代の文化的所産や科学・技術の知識，ノウハウなどの様々な情報を利用し学習することによって，新しい知識や情報（知的財産）が創出される．したがって，過去や同時代の知的財産の流通や活用を促進することによって，新しい知識や情報の創造へとつなげていく活動も，政府の知的財産政策や社会の知的財産権への取組みにおいては重視される必要がある．

フリーソフトウェア運動をはじめとする OSS 運動は，ソフトウェアを無償で複製して流通させることを許すだけでなく，ソースコードを公開して自由な改変やその改変物の配布を許可することで，ソフトウェアの科学や技術が進歩することを狙う意図がある．ソースコードを見ることでソフトウェアがどのように動くか学ぶことができ，すでに存在するソースコードを修正・改変することで自分の欲しい機能を比較的容易に実現できるうえ，ソフトウェアに含まれるバグ・不具合を減らすことができる [29].

また，従来の著作権制度においては，権利者が自分の著作物の自由な流通や利用を願っていたとしても，その意思表示の方法がなかった．そこで，自らの意思表示を行うことで，著作物の流通や利用を促進する新しい制度が登場してきた．これが，クリエイティブ・コモンズ・ライセンスや自由利用マークなどの背景にある思想である．

コミュニティの成員であれば自由に利用してよい共有地を「コモンズ」と呼ぶ．有体物のコモンズは適切な規制や市場化がなされない限り，過剰利用が行われて荒廃することが知られている（生物学者ギャレット・ハーディンの「コモンズの悲劇」）．情報のコモンズにおいては有体物とは異なり，利用・消費されても情報そのものは減少することはない．市場におけるただ乗りや剽窃などを防ぐことができれば，情報・知識の利用は学習や新しい情報・知識の創造へとつながると期待される．知識や情報の「コモンズ」を重視する思想は，2000 年代以降盛んになっている．この動きは定着し，今後も重要な傾向の 1 つとなると予想される [29].

## 演習問題

**設問 1**　次の 5 つの言葉について簡単に説明しなさい．

① シェアウェア
② オープンソースソフトウェア
③ フリーウェア
④ GNU General Public License (GNU GPL)
⑤ ハッカー倫理

**設問 2**　次の 3 つの問いに回答しなさい．

（1）次の 3 つのクリエイティブ・コモンズ・ライセンスは，何を示しているか．それぞれについて説明しなさい．

① 

② 

③ 

（2）OSS ライセンスのうち，次の 3 つの条件に当てはまるものについてそれぞれ述べなさい．

① いわゆる「ウイルス性」があるもの．
② 著作権・特許権のあるソースコードの混入に対して，OSS 開発者・利用者が訴訟に巻き込まれるリスクを減らす条項があるもの．
③ ライセンス拡散カテゴリのうちで，「よく知られかつ広く利用されている，もしくは強力なコミュニティに支持されている」とされるライセンス．

**設問 3**　OSS の提供者にとってのメリットとデメリット，利用者にとってのメリットとデメリットを述べなさい．

**設問 4**　企業が自社で開発したソフトウェアを OSS とする際に注意するべき点について，教科書およびインターネット上の情報をもとにまとめなさい．

**設問 5**　インターネットで，OSS を活用するビジネスの例を探しなさい．そのビジネスがどのような目的で OSS を利用しているのか，どのような利用の仕方をしているのかまとめなさい．

## 参考文献 インターネットソースはすべて 2018 年 1 月 2 日時点でアクセス可能.


[1] W3Techs, “Usage of operating systems for websites”
(https://w3techs.com/technologies/overview/operating_system/all)

[2] W3Techs, “Usage statistics and market share of Unix for websites”
(https://w3techs.com/technologies/details/os-unix/all/all)

[3] W3Techs, “Usage of web servers for websites”,
(https://w3techs.com/technologies/overview/web_server/all).

[4] 高橋信頼,「薄型テレビを制した Linux，開発現場の “守護霊” と “中央線”」, IT Pro, 2007 年 1 月 16 日,
(http://itpro.nikkeibp.co.jp/article/OPINION/20070115/258629/).

[5] 独立行政法人情報処理推進機構技術本部ソフトウェア高信頼化センター,「組込みソフトウェア開発データ白書 2015」, 情報処理推進機構，東京（2016), p.36.

[6] Netmarketshare, “Operating System Market Share”, (https://netmarketshare.com/operating-system-market-share.aspx?).

[7] Open Source Initiative, (http://www.opensource.org/).

[8] 八田真行訳,「オープンソースの定義」, 2004 年 2 月 21 日,
(http://www.opensource.jp/osd/osd-japanese.html).

[9] 山田英夫,「デファクト・スタンダードの競争戦略 第 2 版」, pp. 347-369, 白桃書房，東京 (2008).

[10] 新宅純二郎，江藤学編,「コンセンサス標準戦略 事業活用のすべて」, pp. 209-228, 日本経済新聞出版社，東京 (2008).

[11] 村井純,「Linux などオープンソースは，次世代の社会インフラに不可欠」, Linux 特別取材班編，まるごとわかる最新 Linux 読本，pp. 66-67, 技術評論社，東京.

[12] 後藤大地,「中国政府が推進する OS『NeoKylin』は Linux ベース」,『マイナビニュース』2015 年 9 月 25 日. (http://news.mynavi.jp/article/20150925-a355)

[13] Linux 特別取材班編,「まるごとわかる最新 Linux 読本」, 技術評論社，東京.

[14]「『Android』が目指す携帯電話の未来——Google のモバイル向けプラットフォームとは」, +D モバイル, 2007 年 11 月 6 日,
(http://plusd.itmedia.co.jp/mobile/articles/0711/06/news113.htm).

[15] Sam, Williams, “Free As In Freedom: Richard Stallman’s Crusade For Free Software,” O’Reilly (2002).

[16] Glyn, Moody, “Rebel Code: Inside Linus and the Open Source Revolution,” Perseus Publishing (2001).

[17] Freesoftware Foundation,「GNU オペレーティングシステム」. (http://www.gnu.org/)

[18] The New Hacker’s Dictionary,
(http://www.outpost9.com/reference/jargon/jargon_toc.html).

[19] Levy, Steven,「ハッカーズ」, 松田信子・古橋芳恵訳, 工学社, 東京 (1987).

[20] Free Software Foundation,「自由ソフトウェアとは？」,
(http://www.gnu.org/philosophy/free-sw.ja.html).

[21] 大谷卓史,「Linux はどこから来たのか」, Linux 特別取材班編, まるごとわかる最新 Linux 読本, pp. 97-105, 技術評論社, 東京.

[22] Eric S, Raymond, 山形浩生訳,「伽藍とバザール」, 光芒社 (1999).

[23] OSI, "The License Review Process",
(http://www.opensource.org/approval).

[24] Free Software Foundation,「GNU フリー文書利用許諾契約書」,
(http://www.opensource.jp/fdl/fdl.ja.html).

[25] Free Software Foundation, "A Quick Guide to GPLv3",
(http://www.gnu.org/licenses/quick-guide-gplv3.html).

[26] 独立行政法人情報処理推進機構,「オープンソースソフトウェア活用基盤整備事業 ビジネスユースにおけるオープンソースソフトウェアの法的リスクに関する調査　調査報告書 平成 17 年 2 月（平成 17 年 7 月改訂）」, (2004),
(http://www.IPa.go.jp/about/jigyoseika/04fy-pro/open/2004-741d.pdf).

[27] 姉崎章博,「OSS ライセンス入門 第 1 回 訴訟が増えている!? OSS ライセンス違反」, アットマーク・アイティ, 2008 年 12 月 8 日,
(http://www.atmarkit.co.jp/flinux/rensai/osslc01/osslc01a.html).

[28] クリエイティブ・コモンズ・ジャパン,「クリエイティブ・コモンズ・ライセンスとは」,
(http://creativecommons.jp/licenses/).

[29] 大谷卓史,「著作権の哲学」,「情報倫理―技術・プライバシー・著作権」, みすず書房, 東京, p.217-299 (2017).

# 第12章 DRMの技術と法

□ 学習のポイント

複製や編集・加工が容易であることはデジタル情報のメリットである反面，コンテンツビジネスにおいては，ユーザがデジタルコンテンツを勝手に複製して配布したり，お金を払わずにコンテンツを視聴・閲覧などすることは，ビジネス上の利害に直結する重大問題である．そこで，複製や視聴・閲覧を制限する技術を適用したうえでデジタルコンテンツを販売したり，視聴・閲覧させたりすることがある．このような技術をデジタル権利管理 (DRM: Digital Rights Management) と呼ぶ．DRM と DRM を有効に活用できる環境をつくる法制度はコンテンツビジネスの将来にとって重要といわれる一方で，DRM やそれと組み合わされて活用される法制度は，使い方を誤ると，ユーザの自由を制限し，健全な市場競争を阻害すると考えられている．本章では，DRM の技術と DRM の解除・無効化に関する法規制を学ぼう．

- デジタル情報流通において，DRM が必要とされる背景について学ぶ．
- 現在の DRM とその関連技術の概略について理解する．
- 現行の著作権法および不正競争防止法における DRM の解除・無効化を行う装置の提供や，解除・無効化行為の扱いについて理解する．

□ キーワード

DRM，電子透かし，暗号，技術的保護手段，技術的制限手段，コピーコントロール（コピーガード），アクセス制御，疑似シンクパルス方式による DRM，複製制御管理情報の付加による DRM

## 12.1 デジタル権利管理 (DRM) とは何か

### 12.1.1 デジタル情報流通の課題

デジタルコンテンツやソフトウェアなどのデジタル情報は，極めて低い限界費用で複製できるうえ（つまり，情報の複製物を1つ増加させるのにほとんど費用が掛からない），その複製物は品質が劣化しない．また，グローバルに広がるインターネットを通じて極めて少ない費用・労力で流通させることができる．さらに，適切な技術的知識さえあれば，加工・編集も容易である．

ソフトウェア・ビジネスやデジタルコンテンツ・ビジネス（以下，両者を合わせてデジタルコンテンツ・ビジネスと呼ぶ）においては，これらの特徴は，製造・流通コストの低減や広い商圏の低コストでの獲得などメリットとして働く一方で，無許諾の複製物が流通したり，当初購買者と結んだ契約とは異なる仕方で利用されたりするなどのリスクも権利者や流通事業者にもたらす．

このようなリスクを放置した場合，デジタルコンテンツ・ビジネスの権利者や流通事業者は，その複製物の販売や利用によって得られたかもしれない利益を逸することになるかもしれない（これは，経済学的には機会費用と呼ばれ，法学などでは逸失利益と呼ばれる）．そこで，権利者や流通事業者は，購入者や利用者の利用の仕方に制限を加えて，権利保護や逸失利益の減少を図ることがある．

デジタル権利管理 (DRM: Digital Right Management) も，権利者や流通事業者の権利保護や逸失利益の減少を目的に導入される購入者や利用者の行為制限手段の 1 つである．権利者や流通事業者は，著作権法などの法律や契約と組み合わせて DRM を活用し，権利保護や逸失利益の減少をできるだけ図ろうとしている．

現在利用されている著名な DRM としては，地上波デジタル放送の内容の複製回数制限を行うダビング 10 や，米 Microsoft 社の Windows Media DRM，米 Apple 社の FairPlay などが知られている．

### 12.1.2 DRM とは何か

デジタル権利管理 (DRM: Digital Right Management) とは，デジタルコンテンツおよびソフトウェアを含むデジタル情報の権利者（著作権者および著作権者）および流通事業者が，ソフトウェアの提供にあたって，一定の強制力を有する技術的手段によって，ソフトウェアの利用に制限を加えること，もしくはそのために用いる技術を指す [1,2]．

DRM の対象となるデジタル情報は，一般的に商業的価値を有しており，著作物とされる情報のほか，放送・有線放送の内容，その他市場取引の対象となりえる情報である．

本章では，権利者および流通事業者による，技術的手段を用いたデジタル情報の利用制限を「DRM」と呼び，そのための技術を「DRM の技術」と呼ぶ．

DRM の主な目的には，次のようなものがある．

① 正当に入手した利用者にのみデジタル情報が利用（実行や閲覧，視聴など）されるようにする．
② 権利者および流通事業者が認めていないソフトウェアやハードウェアで，ソフトウェアの実行やデジタルコンテンツの閲覧・再生ができないようにする．
③ 正当に入手した利用者に対して許諾した利用条件に従って，実行や閲覧・視聴などの回数もしくは利用期間を制限する．
④ 権利者および流通事業者が許諾していないデジタル情報の複製を禁止する．この場合，複製の回数制限も含む．
⑤ 上記の ④ を通じて，無許諾で複製されたデジタル情報が点々と利用者の間を流転することを防止する．

つまり，DRM は，権利者や流通事業者の権利保護もしくは機会損失（利益逸失）の防止・減少を目的として，技術的手段（DRM の技術）によって，デジタル情報の購入者および利用者の利用（複製，ソフトウェアの実行，コンテンツの閲覧・視聴など）の仕方に制限を加えるものである．

DRM の機能は次のように整理できる．

① 複製制御：権利者や流通事業者が認めた以外の複製を禁止する．複製回数を限定することも含む．

② アクセス制御：権利者や流通事業者が認めた以外のアクセス（ソフトウェアの実行，コンテンツの閲覧・視聴）を禁止する．アクセス回数やアクセスできる期間の制限，および権利者や流通事業者が認めていないハードウェアやソフトウェアによるアクセスの制限なども含む．

また，DRM を実現する DRM の技術は，一般的に電磁的方法によるものを指し，物理的・化学的方法のみによって，上記の目的のために利用者や購入者の利用制限を行うものは含めないことが多い．利用者や購入者の利用制限を行う物理的方法には，デジタル情報を記録・頒布するメディアの物理的形状や特殊な部品の再生機器への装着を義務付けるドングルの利用などが含まれる．また，電磁的方法であっても，ソフトウェアなどのデジタル情報を正当に入手した購入者に対して発行するプロダクト ID やシリアルナンバーなどによって，デジタル情報を実行・閲覧できる利用者を認証しようとする方法は，DRM とは呼ばないことが多い．

### 12.1.3 DRM と法律，契約

購入者や利用者の利用の仕方に制限を加えるには，2 つの方法がある．

第一に，法律および契約によって購入者や利用者の行為を制限する方法．法律違反による刑事罰および，法律上の権利もしくは利益の侵害・契約違反などによる民事上の責任追及のリスクを負わせることが行為制限のための強制力になる．刑事罰や民事上の責任追及のリスクを提示することで一定の種類（類型）の行為を事前に抑止する一方，事後的には刑事罰や損害賠償請求，差止め請求によって被害の救済を図る．ただし，購入者や利用者が法律や契約の内容を知っており，その内容が示すリスクを認識したうえで，そのリスクを恐れるか，もしくはほかの理由からその内容を遵守するかしない限り，権利者や流通事業者が抑止したいと思う行為を完全に防止することはできない．

第二に，技術的手段によって購入者や利用者の行為を制限する方法．この場合，電磁的方法および物理的・化学的方法によるものが考えられる．技術的手段によって実現される利用者の利用行為の制限そのものは，ソフトウェア利用許諾契約における利用条件に相当する．技術的手段による一定の種類（類型）の行為の抑止は，一定の条件下でほぼ完全であると考えられる（もちろん，技術的手段に意図せぬバグのようなものが含まれる場合は除く）．ただし，購入者や利用者が技術的手段を無効化・解除した場合には，行為の抑止はできなくなる．

そこで，技術的手段と法律および契約とを併用して，技術的手段によって行為の抑止を行うとともに，法律および契約によって技術的手段の無効化・解除に対して刑事罰や民事責任追及のリスクを伴うようにさせることが行われる．つまり，技術的手段のみによって，デジタル情

1）コピー制御管理情報の付加によって，複製を妨害もしくは
　回数制限（禁止を含む）するもの
　　(i)アナログ・・・疑似シンクパルス（マクロビジョン）方式など
　　(ii)デジタル・・・SCMS，CGMS-Aなど（「技術的保護手段」として想定されているもの）
　　(iii)デジタル・・・コピーコントロールCDなど（それ以外のもの）
2）暗号技術によって，複製の回数制限（禁止を含む）もしくは
　実行・閲覧・視聴などのアクセスを制限（期間，回数，課金など）するもの
　　デジタル・・AACS，CPRM，DCTP，FairPlay，Windows Media DRMなど

図 **12.1** DRM の技術の種類．

報の権利者および流通事業者の権利保護や逸失利益の発生の防止もしくは減少を満足のいく水準で行えるとは現在は考えられていない．デジタル情報の購入者や利用者の行為を制限する技術的手段の一種である DRM も同様である．

したがって，デジタル情報の権利保護や逸失利益の減少を図るには，権利者や流通事業者は DRM と法律・契約を組み合わせて活用する必要がある．

## 12.2 DRM の基礎技術

### 12.2.1 DRM の技術の種類と構成要素

現在利用されている DRM の技術は，図 12.1 のように大きく 2 つに分けることができる．

図 12.1 の 1) (i) および 1) (ii) のタイプの DRM は，権利者が許諾したものであれば，これらのコピー制御管理情報を除去・無効化する専用装置の販売・販売目的での輸入などを禁止するなど，著作権法による保護を受けられるものの（本章第 5 節参照），比較的単純な複製の禁止・回数制限しかできない．一方，2) のタイプは，複雑な複製やアクセスの制限が設定でき，今後主流となることが予想される．平成 24 年（2012 年）著作権法改正によって，このタイプの DRM のうちコピーガードに用いられるものについては，著作権法による保護を受けることとなった（2012 年 10 月 1 日施行）．

DRM の技術を構成する要素には，図 12.2 のようなものがある．電子透かしは，DRM とは区別されて扱われることもあるが，違法利用の発見や権利処理のための情報をデジタル情報に埋め込んで利用するために，DRM と組み合わせて用いられることがある．そのため，本章で DRM と併せて議論する．

### 12.2.2 疑似シンクパルス方式による DRM

アナログ録画メディアおよびデジタル録画メディア，デジタル放送で，複製妨害信号を映像と合わせて記録し，映像の複製を妨害する技術である．録画メディアに記録されたアナログ映像信号のうち，通常のモニターでは画面に映らない部分に特殊な信号を記録する．この信号に

1）コピー制御管理情報の付加によって，複製を妨害もしくは回数制限（禁止を含む）するもの

(i) コピー制御管理情報の付加・・・複製妨害，制御

2）暗号技術によって，複製の回数制限（禁止を含む）もしくは実行・閲覧・視聴などのアクセスを制限（期間，回数，課金など）するもの

(i) 権利管理などのメタデータ・・・複製・アクセス制限や利用者認証，課金，改ざん防止などに利用する基礎的情報の記述
(ii) 暗号化技術・・・コンテンツの隠ぺい，複製制御
(iii) 認証・課金技術・・・利用者認証・課金
(iv) 耐タンパ技術・・・破壊・改竄等の防止

3）電子透かし・・・違法利用の発見，権利処理

図 12.2 DRM の技術の構成要素．

よって，アナログ録画機器では録画機能を妨害し，見るに堪えがたい映像を録画させる．また，デジタル録画装置では，録画動作を停止させる [3].

### 12.2.3 複製制御管理情報の付加による DRM

音楽のデジタル情報や映像のデジタル情報の複製を制御する管理信号を付加して，権利者や流通事業者が意図した以外の複製を禁止する技術として，SCMS および CGMS，CGMS-A などがある（SCMS と CGMS については 12.3.1 項で説明する）．

### 12.2.4 暗号技術を用いる DRM

暗号技術を使って，複製制御とアクセス制御を実現する DRM は，現在多数利用されており，今後さらに利用が拡大すると考えられている [1].

#### (1) 概要

暗号技術による DRM を構成する基礎技術には，① 著作権管理ポリシー，② 耐タンパ技術，③ 暗号技術が含まれる．この 3 つの技術によって，次のように DRM を実現する（図 12.3）．

① 著作権管理ポリシーによって，コンテンツをどのように扱うか定義する．この定義を満たすように，② および ③ の技術を用いる．
② 耐タンパ技術によってデータおよび処理内容を秘匿する．暗号鍵も耐タンパ性を満たす領域で保護し，秘匿する．
③ 暗号技術によって，データの秘匿，認証，データの改竄検出，アクセス制御などを行う．

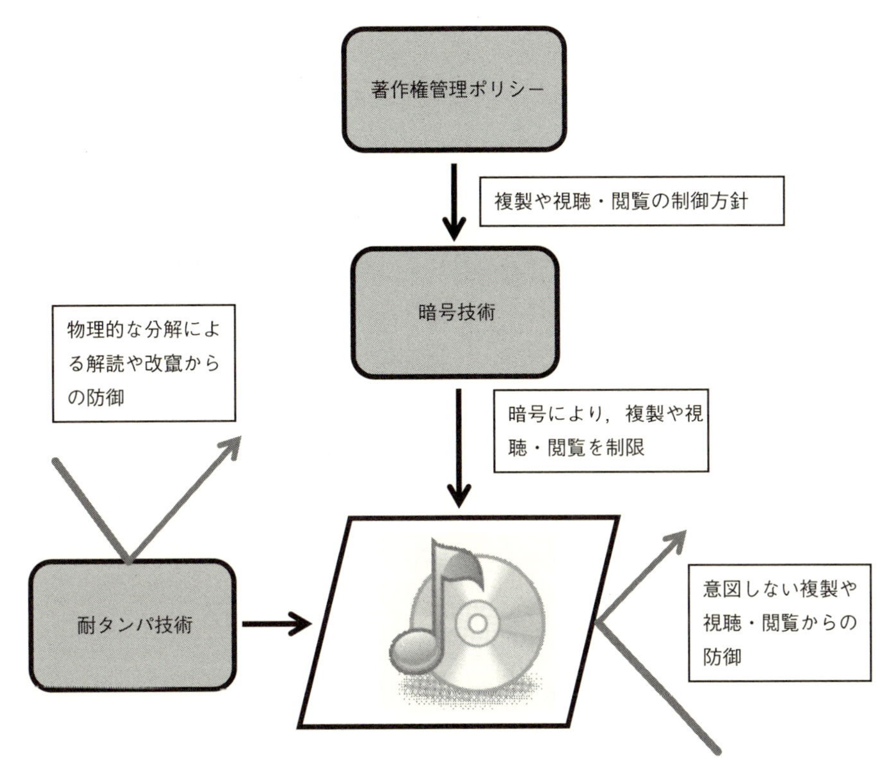


図 **12.3** 暗号技術と耐タンパ技術による DRM のイメージ．

### (2) 著作権管理ポリシー

DRM は，あらかじめ定めた取扱いに従って，自動的に機械によってコンテンツの複製制御・アクセス制御を行わせる．著作権管理ポリシーは，この取扱いの定義にあたる．

著作権管理ポリシーは，メタデータと呼ばれるデータの属性を定義するデータによって記述される．メタデータを記述する方法としては，単なるフラグでの表現のほか，権利記述言語 (REL: Rights Expression Language) を用いることがある [1]．

### (3) 暗号技術

著作権管理ポリシーは単なる方針であるから，この方針に従って機械を動作させるために，暗号技術や耐タンパ技術が用いられる．

たとえば，デジタル情報を暗号化しておき，著作権管理ポリシーを遵守する機械に対してのみ暗号を解除できる復号鍵を配布するなどのことが行われる．復号鍵を持たない機械は，暗号化されたデジタル情報を再生できない（アクセス制御）[1]．

### (4) 耐タンパ技術

ソフトウェアもしくはハードウェア内に格納されるデータおよびそれらの処理内容を秘匿する技術である．物理的内部データを保護する程度の強度から，内部が解析された場合にその証拠を残すタンパエビデント機能や，異常を感知すると内部のデータを消去するゼロ化機能を備える強度の耐タンパ技術が存在する [1]．

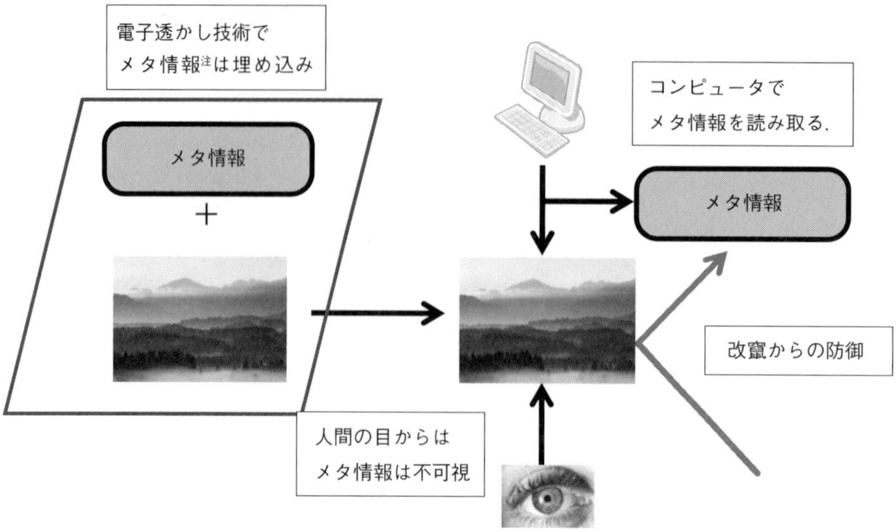

注：メタ情報 = 権利にかかわる情報（著作者，著作権者，作品名・作品 ID，複製料金，有効期限）や購入者，流通事業者名・流通事業者 ID など

図 **12.4** 電子透かしの利用イメージ.

### 12.2.5 電子透かし

暗号や耐タンパ技術が破られて，権利者や流通事業者が認めない仕方でデジタル情報が複製され，流通する可能性はゼロにすることはできない．そのため，権利者や流通業者が認めない仕方で流通するデジタル情報を発見し，そのデジタル情報を複製・流通させた者を突き止めて刑事罰や民事的な責任追及を可能にする技術が必要とされる．電子透かしはそのために利用される（図 12.4）.

電子透かしは，デジタル情報の品質を劣化させることなく，デジタル情報に様々な情報を埋め込む技術である．電子透かしを利用する目的は以下のようなものがある [4,5].

① 著作権情報：コンテンツの著作者名および，著作権にかかわる利用条件（複製回数，複製期限など著作権の支分権にかかわる利用条件）などの情報.

② アクセス制限情報：デジタルコンテンツの閲覧・視聴やソフトウェアの実行に関する制限にかかわる情報（再生回数および再生期間，閲覧・実行が可能なソフトウェアやハードウェア，出力の制限などに関する情報など）.

③ デジタル情報の識別情報：デジタル情報を識別する ID.

④ 不正者追跡用情報：デジタル情報の購入者や利用者の ID など.

⑤ 伝送路の識別情報：デジタル情報が配信される伝送路の識別情報．実際に通ってきた伝送路と一致しない場合再生しないなどの処理に用いるほか，デジタル情報の流通経路を把握するためなどに用いる.

⑥ 改竄検出用情報：デジタル情報が改竄されていないかどうか判定するのに用いる.

⑦ 制御情報：① および ② などの情報に従って，再生機器やソフトウェアの処理を制御する

情報．課金などの自動的権利処理に用いることもある．

### 12.2.6 DRM および電子透かしへの攻撃

すでに述べたように，DRM および電子透かしは絶対に安全なものではなく，権利者や流通事業者の認めないデジタル情報の複製が流通したり，権利者や流通事業者の認めない閲覧・視聴・実行が行われる可能性はゼロではない．

暗号技術を用いる DRM については，クラッキングによって暗号鍵を奪取して DRM を破ったり，暗号鍵を推測することによって破るなどの行為が想定される．一方，制御情報の付加を行う DRM に対しては制御情報を解除したり，無効となる専用の機器やソフトウェアを用いたりすることで，DRM を破ろうとする試みがある．

そこで，DRM が破られた時には，電子透かしによって，DRM が破られたデジタル情報や，DRM を破ってデジタル情報を複製・流通させた利用者の追跡を可能にすることが行われている．

ところが，電子透かしについても，電子透かしを無効化させたり除去させる複数の攻撃手法が考えられている [1]．

したがって，権利者や流通事業者の立場から見ると，DRM および電子透かしを破った者に対して刑事罰や民事上の責任を与えることによって，DRM および電子透かしを破ろうとする行為を予防し，実際に破られた場合には責任追及ができなくてはならない．DRM および電子透かしの回避（除去・無効化など）を禁止する法律の現状については，第 12.4 節でみる．

## 12.3 デジタル情報流通における DRM

### 12.3.1 標準化が進む DRM の技術

デジタル情報流通では様々な再生・記録機器やメディアが利用される．利用者が便利に使用できるようにするため，再生・記録機器やメディアを開発・製造するメーカの開発・製造コストを下げるには，相互運用性があって，技術仕様が公開されている標準化された DRM の技術が求められる．

本節では，企業グループや業界団体等によって標準化されている DRM の一部について解説する．

#### (1) SCMS (Serial Copy Management System)

コピー制御管理情報の付加による DRM．音声のデジタル情報用で，録音メディアの特定の箇所に記録されたデジタル信号に，デジタル録音機器が反応することで，録音動作を停止させることができる．CD，MD，DAT，CD-R などのデジタル録音メディアが対応する．

SCMS 対応機器間では，1 世代のみの複製ができる信号が付加されている．この信号を含む音声デジタル情報を複製すると，録音機器は「コピー 1 世代可」という情報を「コピー不可」に書き換える．1989 年，世界のレコード製作者および録音機器メーカ等の間で SCMS 採用に関する合意が確認されている（アテネ合意）[3]．

SCMS-T という携帯電話で付属の Bluetooth ワイヤレスレシーバに音声デジタル情報を転

送する際に使われる派生規格もある．SCMS-T 対応以外のワイヤレスレシーバでは，SCMS-T 採用の携帯電話の音楽・ワンセグ放送を聴くことができない [6]．これは，SCMS が複製制御ではなく，アクセス制御に利用される例である．

### (2) CGMS (Copy Generation Management System) および CGMS-A

コピー制御管理情報の付加による DRM．映像のデジタル情報の複製を制限する．デジタル録画媒体やデジタル放送で利用されている．録画媒体の特定の箇所に記録されたデジタル信号にデジタル録画機器が反応することによって，複製を制御する．信号には，「コピー不可」,「コピー 1 世代可」「コピー自由」の 3 種類がある．現在，多くの録画機器・メディアで利用されている [3]．

デジタル映像機器からのアナログ映像出力に対しては，CGMS-A という複製制御のための DRM が利用される．後述のダビング 10 では，デジタル放送の信号に 1 世代のみコピー可の信号が付加されていて，アナログ録画メディアに記録されるとコピー不可に信号が書き換えられる [7,8]．

### (3) AACS (Advanced Access Content System)

暗号技術による DRM．次世代光メディアおよびホームネットワーク，ポータブルデバイス向けの DRM で，AACS LA（AACS Licensing Administrator）で策定された（最新の仕様は 2012 年 12 月発表)．AACS LA の設立メンバーは，インテルおよび IBM，松下電器（現在，パナソニック)，マイクロソフト，ソニー，東芝，ディズニー，ワーナーブラザースである [9]．

AACS は，現在 Blu-ray で用いられている．暗号技術として AES ブロック暗号アルゴリズム（128 ビット鍵，FIPS-197 規格）を用いる．

再生機器が認証を受けた正規のものでなかったり，光メディアが認証を受けた正規のものでなかった場合には，光メディアに格納された暗号化されたコンテンツが復号化されず，再生・視聴ができないようにされている．また，利用条件に従ってコンテンツの複製を制御することができる．光メディア以外のホームネットワーク機器やポータブルデバイスの正規品の認証や，複製の制御にも用いられる．

### (4) CPRM (Content Protection for Recordable Media)

暗号技術による DRM．DVD-RAM や SD メモリカードなどに用いられる．インテルおよび IBM，松下電器（現在，パナソニック)，東芝によって規格が策定され，4C Entity および LLC によってライセンスされている．

仕様上，ビットごとのコピー防止，コンテンツの暗号による保護，クラックされて不正にふるまうようになった機器の排除（更新性)，管理情報（CCI）の改竄防止の機能を有する．暗号技術には 56 ビット鍵長の C2 が用いられる．記録・読み出し時に，機器とメディアに格納された暗号鍵を使って暗号化・復号化が行われるが，このとき管理情報・利用条件に従って，ディスプレイへの表示や複製が制御される [4]．

### (5) DTCP (Digital Transmission Content Protection)

暗号技術による DRM．様々なデジタルインタフェースによって伝送されるコンテンツの保護に用いられる．規格は，日立，インテル，松下電器（現在，パナソニック），ソニー，東芝によって行われ，DTLA (Digital Transmission Licensing Administrator) によってライセンスされている [5].

現在対応するインタフェースは，USB，MOST，IEEE 1394 および類似のインタフェース，IP，Wireless HD である．

DTCP は仕様上，次のような機能が要請されている．正当な機器以外でコンテンツを自由に伝送することを禁止するコンテンツ保護，管理情報 (CCI：Copy Control Information) の完全性確保，クラックされて不正にふるまうようになった機器の排除（更新性）の 3 つである．

DTCP 対応の機器はライセンス組織から発行された証明書を有し，DTCP 対応インタフェースに接続された機器は相互認証を行って，相手機器の正当性を確認する．そのうえで，コンテンツ暗号化鍵を共有するための鍵交換が行われる．この暗号鍵で暗号化されたコンテンツが送信側から受信側の機器に伝送される．

### 12.3.2 DRM を使うコンテンツ流通システム

ここでは，DRM が使われたコンテンツ流通システムの例として，iTS および iBookstore，デジタル放送で用いられる DRM について紹介する．

#### (1) iTS と iBookstore，Apple Music

米アップル社はオンラインのコンテンツ配信サイト iTS (iTunesStore) および iBookStore，Apple Music を運営している．iTS はアプリ (apps) や音楽，映像データの配信を行い，iBookStore は同社のタブレット型コンピュータ iPad 向けの電子書籍を配信，Apple Music は，ストリーミング方式による音楽配信サービスを行う．

開始当初 iTS（2003 年開始）で配信されるコンテンツには、FairPlay と呼ばれる DRM によって複製・アクセス制御がかかっていた。FairPlay はアップル社の再生・閲覧ソフト（iTunes，iBooks）や専用機器（iPod および iPhone，iPad）によるコンテンツの再生・閲覧のほか，複製を制御する機能を有する．複数の同社製モバイルデバイスに複製ができるなど非常に柔軟な運用ポリシーを採用した点で，注目された．

しかし，自社の再生・閲覧ソフトウェアおよびモバイルデバイス以外では再生・閲覧できない DRM 付のデータによってユーザを自社製品に囲い込む姿勢が批判された．そこで，2007 年，レコード会社などとの協議を踏まえて，iTunes Plus と呼ばれる高価格・高品質で DRM のない音楽データ販売を開始した．さらに，2009 年には，音楽データ販売から DRM を完全に撤廃した．なお，iTS で販売される映像データについては，DVD に記録できないなどの複製・アクセス制御が行われている．また，iTS で配信されるアプリには，FairPlay が適用されている．

iBookStore（2010 年開始）に電子書籍を提供する出版社は FairPlay を用いて権利保護を行うかどうか選択できる．

2015 年 7 月に開始された Apple Music は，ストリーミング方式の音楽配信サービスだが，Apple 社が運営するクラウドサービス iCloud やクライアントに購入した音楽データを保存できる．この音楽データには FairPlay が適用されている．

**(2) デジタル放送で用いられるDRM**

デジタル放送については，B-CASおよびダビング10と呼ばれるDRMが用いられている．

① B-CAS：株式会社ビーエス・コンディショナルアクセスシステムズ（B-CAS社）が認証した正規の機器であるかどうかを認証するために用いられるDRMで，出荷時に機器と同梱されるB-CASカードと呼ばれるICカードを装着してユーザ登録することでデジタル放送を視聴できるようになる．

② ダビング10：録画したデータを9回複製し，1回複製後消去することができる著作権管理ポリシーを採用したデジタル放送用のDRMである．アナログ映像出力については，CGMS-Aによって「1世代のみコピー可」の制御信号が付加される．デジタル音声出力については，SCMSによる「1世代のみコピー可」の制御信号が付加されている．また，DTCPにおいてコピー時は「Move」となる．ダビング10では，「1世代のみコピー可」を「個数コピー制限」と読み替え，上記の著作権管理ポリシーを実装している（7.5節参照）[10]．

## 12.4 DRMの解除・無効化を防ぐ法律

### 12.4.1 著作権法によるDRMと電子透かしの回避の規制

世界知的所有権機関 (WIPO: World Intellectual Property Organization) において採択されたWIPO著作権条約 (WCT: WIPO Copyright Treaty) の締約を目指して，平成9 (1997) 年および平成11 (1999) 年に著作権法の改正が行われた．同条約の大きな目的では，ベルヌ条約加盟各国の著作権法制のデジタル化・ネットワーク化への対応であった．

WCT 11条（技術的手段に関する義務）および12条（権利管理上に関する義務）の要請に対応して，平成11年著作権法の一部改正においては，次の2つの改正を行った．

(i) 技術的保護手段の回避にかかわる規制（WCT 11条への対応）
(ii) 権利管理情報の改変等の規制（WCT 12条への対応）

上記の (i) はDRMの技術の回避行為の禁止に関する規制，(ii) は電子透かしによって埋め込まれた情報の改変や除去を禁止する規制にあたる．

**(1) 技術的保護手段の回避にかかわる規制**

平成11年著作権法改正によって，新たに「技術的保護手段」の定義（第2条第1項第20号）が設けられることになった．この定義によれば，技術的保護手段とは，次のようなものである [3]．

① 電磁的方法によって，著作権等（著作者人格権，著作権，著作隣接権）を侵害する行為の防止または抑止をする手段である．

② 著作権等を有する者の意思に基づくことなく用いられているものではない．

③ 著作物等の利用に際しこれに用いられる機器が特定の反応をする信号を著作物等とともに

記録媒体に記録し，または送信する方式によるもの[1]．

技術的保護手段は，「著作権者等が設ける電磁的方法によって，再生・実行機器が特定の反応をさせることでコピーを防止・抑止する手段」と理解できる．つまり，電磁的方法によるコピーガードやコピープロテクトに該当する．この条項の制定当時は，SCMSやCGMS，疑似シンクパルス方式によるコピープロテクトを想定していた．

この定義によって，次のような手段は技術的保護手段の定義から除かれることとなった．

① 電磁的方法ではないコピーガードやコピープロテクト．
② 実行・閲覧・視聴等を制限するアクセス制御手段．
③ 著作権者等でない単なる流通事業者が設ける電磁的方法によるコピーガードやコピープロテクト．

このように定義された技術的保護手段の回避を規制するため，次の2点の改正が行われた．

① 技術的保護手段の回避により可能となった複製の，私的使用のための複製の権利制限からの除外（30条1項2号）
② 技術的保護手段の回避専用装置等の公衆への譲渡等の規制（120条の2 1項1号および2号）

① 技術的保護手段の回避により可能となった複製の，私的使用のための複製の権利制限からの除外（30条1項2号）

技術的保護手段の回避をしてデジタル著作物を複製する行為は，私的複製とは認められないので，著作権侵害となる．「技術的保護手段の回避」とは，「信号の除去または改変」によって，「技術的保護手段によって防止される行為を可能とし，又は抑止される行為の結果に障害を生じないようにすること」をいう．SCMSやCGMS，疑似シンクパルス方式は，コピーを妨害・防止する信号を付加したコピープロテクトであって，制定当時はこれらの技術の無効化を問題にしていることがわかる．

平成24年（2012年）著作権法改正によって，2012年10月1日から，暗号技術によってコピーコントロールを行う方式も技術的保護手段とされ，暗号を復号してコピーコントロールを回避して，複製する行為も違法（著作権侵害）である．

なお，技術的保護手段の回避をしてデジタル著作物を複製する行為は，著作権侵害となるものの，刑事罰は規定されていない（120条）．

② 技術的保護手段の回避専用装置等の公衆への譲渡等の規制（120条の2 1項1号および2号）

次の行為が規制されることとなった．

a) 技術的保護手段の回避を専用に行う装置を
　イ) 公衆に譲渡または貸与する．
　ロ) 公衆への譲渡または貸与の目的をもって製造・輸入・所持する．

---

[1] 第7章註8参照．

ハ) 公衆の使用に供する．

b) 回避専用プログラムを公衆送信し，または送信可能化する

c) 業として公衆からの求めに応じて回避を行う．

上記のa)〜c)のいずれかの行為を行った者は，1年以下の懲役または100万円以下の罰金に処せられる．この行為は非親告罪である（つまり，権利者等の告訴がなくても捜査・逮捕・起訴の対象となる）．

もっぱら技術的保護手段の回避を機能とする装置やプログラム以外は規制の対象ではない（コピーを行うために用いられるPCなどが規制対象とならないようにするため）．また，信号に反応する仕組みがない録音・録画機器（無反応機）も規制対象ではない．つまり，DRMが表現する著作権管理ポリシーを守らず，複製制御やアクセス制御を無効化した再生機器やソフトウェアの販売等は，著作権法によっては規制できない [11]．

### (2) 権利管理情報の改変等の規制

平成11年著作権法改正では，違法利用の発見や自動的な権利処理（課金等）に用いられる権利管理情報の改変・除去を規制する条文改正も行われた．

権利管理情報とは，次の3つの要件を満たすものである（著作権法2条1項21号）[3]．

① 著作権等に関する情報であって，以下のイ〜ハのいずれかに該当するもの

イ 著作物等，著作権等を有する者その他政令で定める事項を特定する情報

ロ 著作物等の利用を許諾する場合の利用方法および条件に関する情報

ハ ほかの情報と照合することにより，イまたはロの事項を特定できる情報

② 電磁的方法により著作物等とともに記録メディアに記録され，または送信されるもの

③ コンピュータによる著作権等の管理に用いられているもの

上記①ハは，ほかに用意したデータベース等の情報とメディアに記録された情報とを照合することで，イおよびロの情報が特定されるケースを想定している．上記の②によって，印刷されたバーコードは権利管理情報に該当しないし，人間が目で見て判定する必要があるような情報も③によって除外される．さらに，この定義によって，購入者に関する情報や，具体的な利用状況およびその利用状況に伴う義務（債務）に関する情報は，権利管理情報ではない．

同改正では，次のような行為が著作権等を侵害する行為とみなされることとなった（いわゆる「みなし侵害」）．

① 権利管理情報として虚偽の情報を故意に付加する行為（113条3項1号）

② 権利管理情報を故意に除去し，改変する行為（113条3項2号）

③ 上記①および②の行為が行われた著作物等について，「情を知って」行う以下のいずれかの行為（113条3項3号）

a) 複製物を頒布する行為

b) 複製物を頒布の目的をもって輸入し，または所持する行為

c) 公衆送信し，または送信可能化する行為

これらの行為をした者に対して，著作権者等は差止請求・損害賠償等の民事的請求権を行使できる．また，営利目的で改変等を行った者に対しては，1年以下の懲役または100万円以下

の罰金が科される（119 条 1 項 1 号，120 条の 2 1 項 3 号）．なお，この行為は親告罪である．

この改正によって，著作権等に関する情報の一部について，改変・除去などを行う行為が取り締まられるようになったものの，電子透かしの利用を考える権利者や流通事業者がデジタル情報に付加する管理情報すべてを保護するものではない．

### 12.4.2 不正競争防止法における DRM の回避の規制

不正競争法では，不正競争行為を行った者に対して，営業上の利益を侵害されたり，侵害されるおそれがある者は差止請求ができ，実際に利益を侵害された場合には損害賠償もできると定められている（3 条，4 条）．

平成 11 年には，不正競争防止法も改正され，次のような行為が不正競争行為の定義に加えられた．

① 音楽・映像・プログラムなどの提供事業者が一律に営業上用いている技術的制限手段を無効化する専用装置やプログラムの提供等の行為（2 条 1 項 10 号）
② 特定の音楽・映像・プログラムなどの提供事業者が特定の者に限ってアクセスできるようにするため，営業上用いている技術的制限手段を無効化する専用装置やプログラムの提供等の行為（2 条 1 項 11 号）

ここで，技術的制限手段は，アクセス制御機能を提供する DRM に該当する．著作権法の技術的保護手段の定義とは異なって，著作権者等が認める手段であるという条件がないので，流通事業者が設けているアクセス制御機能を提供する DRM も保護の対象となる．

### 12.4.3 DRM および電子透かしの回避にかかわる規制の現状

DRM および電子透かしにかかわる法規制の現状をまとめると，表 12.1 および表 12.2 のようになる．

これらの表から明らかなように，DRM および電子透かしについては，現在の著作権法および不正競争防止法では，すべての DRM および電子透かしについて，それらを回避（無効化）する行為や，その行為を可能にする専用装置・プログラムの販売等について規制があるわけではない．

これは，著作権法や不正競争防止法の本来の精神や目的を考慮して，法律改正が行われたからである．平成 11 年著作権法の一部改正にあたって，著作権法は，本来著作権者に許諾を受けない複製を規制する法律であるという観点から，著作権者等の権利者によらない複製制御技術の適用や，直権者等によるものであってもアクセス制御技術の適用については保護しないという判断があった．また，電子透かしによって埋め込まれる情報についても，著作権等にかかわる権利管理情報のみが保護されることとなった．

一方，不正競争防止法は，遵法的な市場参加者による健全な市場競争を可能とする市場秩序を可能とするための法律であるから，その法律の効力は営業とは関係がない行為の規律には及ばない．したがって，業としてアクセス制御手段を無効化する装置やプログラムの提供などを行う者や，業としてアクセス制御手段の無効化を行う者以外の規制は行わない．

表 12.1 DRMにかかわる法規制のまとめ．

| | | 著作権者等権利者が明示的・暗黙的に認めているもの | | | | 単なる流通事業者が付加したもの | | |
|---|---|---|---|---|---|---|---|---|
| | | 信号付加による複製制御手段の回避 | 信号付加によるアクセス制御の回避 | 暗号技術による複製制御の回避 | 暗号技術によるアクセス制御の回避 | 複製制御の回避 | アクセス制御の回避 | 無反応機の利用・販売等 |
| 著作権法 | 私的複製への規制 | 規制あり | 規制なし | 規制あり | 規制なし | 規制なし | 規制なし | 規制なし |
| | その他の著作権の制限規定に関わる規制 | 規制なし | 規制なし | 規制なし | 規制なし | 規制なし | 規制なし | 規制なし |
| | 専用装置・プログラムの販売等の規制 | 規制あり | 規制なし | 規制あり | 規制なし | 規制なし | 規制なし | 規制なし |
| 不正競争防止法 | 専用装置・プログラムの販売等の規制 | 規制なし | 規制あり ※ | 規制なし | 規制あり ※ | 規制なし | 規制あり ※ | ? |

注1：※のついている規制は，不正競争防止法によるもの．それ以外は，著作権法による規制．
注2：?の項目は不正競争防止法2条1項11号の規定が適用されるか解釈が分かれるもの．

表 12.2 電子透かしにかかわる法規制のまとめ．

| | 権利管理情報の改変等 | 権利管理情報以外の管理情報の改変等 | 権利管理情報への無反応機の利用・販売等 |
|---|---|---|---|
| 著作権法 | 規制あり | 規制なし | 規制なし |
| 不正競争防止法 | 規制なし | 規制なし | ? |

注1：?の項目は，現行の法律では解釈が分かれるもの．

1998年に成立したアメリカのデジタルミレニアム著作権法や，EC情報社会ディレクティブ6条3項，オーストラリア著作権法などでは，日本の著作権法で規定する技術的保護手段よりも広く，アクセス制御に用いる技術的手段を回避する装置やプログラムの提供行為も違法とされている．また，アメリカの判例においては，DVDに対して適用される暗号技術によるアクセス制御であるCSSの回避行為は違法であると判断された [12]．

こうした背景から，権利者や流通事業者は，著作権法における技術的保護手段の定義を変えたうえで，DRMの保護を強化すべきであるという声が強い．この声に後押しされて，平成24年（2012年）著作権法改正によって，暗号技術によるコピーコントロールも技術的保護手段に含まれることとされた．その一方で，暗号技術によるコピーコントロールとアクセスコントロールを区別することは難しく，今後の運用や法改正によってアクセスコントロールも技術的保護手段に含まれてしまうことも予想される．これは著作権概念の大幅な拡張であって，その結果文化的・経済的・社会的な悪影響を及ぼすと懸念する声も強い（15.3項参照）．

## 演習問題

**設問1** 次の (1)～(5) の用語について説明しなさい．

(1)DRM（デジタル情報管理）

(2) 電子透かし

(3) 技術的保護手段

(4) 権利管理情報

(5) 技術的制限手段

**設問2** ダビング 10 における DRM の取扱いについて説明しなさい．

**設問3** 現行の著作権法において，暗号による DRM とその解除・無効化行為（解除・無効化を行う装置やソフトウェアの提供および解除・無効化したうえでの複製や閲覧）はどのような取扱いになるか説明しなさい．

**設問4** 現行の不正競争防止法において，暗号による DRM とその解除・無効化行為（解除・無効化を行う装置やソフトウェアの提供および解除・無効化したうえでの複製や閲覧）はどのような取扱いになるか説明しなさい．

## 参考文献

インターネットソースはすべて 2018 年 1 月 2 日時点でアクセス可能．

[1] 今井秀樹編著,「ユビキタス時代の著作権管理技術 DRM とコンテンツ流通」, 東京電機大学出版局，東京 (2006)．

[2] 特許庁,「平成 17 年 特許出願技術動向調査報告書 ディジタル (DRM) 著作権管理（要約版）」, 平成 18 年 3 月，p. 10 (2006)．

[3] 文化庁長官官房著作権課内著作権法令研究会・通商産業省知的財産政策室,「著作権法不正競争防止法改正解説 ディジタル・コンテンツの法的保護」, 有斐閣，東京 (1999)．

[4] 4C Entity “CPRM/CPPM/C2 Specification”,
（http://www.4centity.com/specification.aspx#cppmcprm）．

[5] Digital Transmission Licensing Administrator ホームページ,
（http://www.dTCP.com/）．

[6]「SCMS-T」, KDDI 用語集,
（http://www.kddi.com/yogo/%E3%83%9E%E3%83%AB%E3%83%81%E3%83%A1%E3%83%87%E3%82%A3%E3%82%A2/SCMS-T.html）．

[7] 電子情報技術産業協会・デジタル放送推進協会「ダビング 10 教えてガイド Q&A」,
（https://www.apab.or.jp/receiver/pdf/dubbing10_qanda_0903.pdf）．

[8] AV Watch 編集部,「『ダビング 10』とは何か．ディジタル録画緩和策の実際—6 月 2 日開始に向け，本質と課題を JEITA に聞く」, AV Watch, 2008 年 2 月 27 日,

(http://av.watch.impress.co.jp/docs/20080228/dub10.htm).

[9] "AACS Specifications", (http://www.aacsla.com/specifications/).

[10]「ダビング10に関わる運用規定改定の概要」,
(http://www.soumu.go.jp/main_sosiki/joho_tsusin/policyreports/joho_tsusin/digitalcontent/pdf/080219_1_si1.pdf).

[11] 加戸守行,「著作権法逐条講義六訂新版」, 著作権情報センター, 東京, p.831-832 (2013).

[12] 作花文雄,「詳解 著作権法」, ぎょうせい, 東京, pp. 766-774 (2010).

# 第13章
# ICTにかかわる標準化と知的財産

□ 学習のポイント

普段，ICT を取り入れた商品やサービスは私たちが操作したり，複数の人々の間で相互に利用したりすることを前提とするものが多いため，これら商品やサービスの規格は揃っていることが望ましい．このような多くの企業間で揃えた規格を標準と呼び，規格を揃えることを標準化，またその活動を標準化活動と呼ぶ．本章では，規格，標準，標準化について基本的な事項を説明し，具体的な標準化活動や機関，標準化の手順，および知的財産とのかかわりを概説する．

- 規格，標準，標準化の用語の意味や意義，標準の種別について理解する．
- 国際および国内の具体的な標準化機関・組織を紹介し，標準化プロセスについて理解する．
- 標準化と密接な関係を持つ必須特許について意味と問題点について理解する．

□ キーワード

規格，標準，標準化，工業標準化法，標準化活動，適合性評価・認証，デジュール標準，デファクト標準，フォーラム標準，ITU，ISO，IEC，日本工業標準調査会，情報通信技術委員会，電波産業会，IETF，W3C，必須特許，ホールドアップ，パテントトロール，アンチコモンズ

## 13.1 規格と標準

本節では，規格，および標準について考え方を示す．

### (1) 規格の考え方

企業が商品を大量に生産しようとする場合には，機能，性能，外観・形状，重量等，その商品が持つ特徴・性質を同じものとするよう努力する．

提供者である企業にとっては常に同じ商品を作ることで生産効率を上げ，また品質も一定に保つことができ，売り上げに貢献することになるからである．

一方，利用者にとっても商品が常に同等の特徴・性質を持つのであれば安心して継続的にその商品を購入することが可能となる．

このように，商品を製造する場合には全く同等のものを作る，すなわちその商品の規格を合わせることが極めて重要となる．

同一規格の商品とするためにはこれらを製造する際の基準を示した設計書，仕様書，図表等

の書類が存在し，かつ整備されている必要がある．これらは企業にとって極めて重要かつ必須の情報であるため知的財産として厳重に保護・管理が行われる．

企業が提供するサービスについても同様のことが言える．以下では断らない限り商品・サービスを合わせて商品等と呼ぶこととする．

#### (2) 標準の考え方

複数の企業が同じような働きを持つ商品等をそれぞれ販売することはごく一般的な経済現象である．利用者の立場から考えると商品等の選択の幅が広がるというメリットがある反面，購入にあたって比較検討するための手間や時間がかかるということもありえる．これ自体は大きなデメリットとは言えないが，商品等の間に使い勝手にかかわる事項，すなわちユーザインタフェースに大きな相違が生じる場合にはデメリットとなる．とりわけ安全面にかかわるユーザインタフェースが商品等間で異なる場合は商品等を変えることで操作ミス等を引き起こしやすい．たとえば，企業によって車のブレーキの操作方法が異なれば安易に他企業の車に乗り換えることが難しくなり，企業，利用者双方に不利益が生じる．

その他の典型的な例として，通信方式が挙げられる．企業が電話機やPCにそれぞれ独自の通信方式を適用した場合，異なる企業の装置間では電話やインターネットによる通信は不可能である．

以上のようにユーザインタフェースや方式等に限らず，企業間の様々な商品等においてそれらの規格を合わせる方が企業，利用者にとって望ましいケースが数多く見受けられる．

このように企業間で合わせることが必須，望ましい規格を「標準規格」，あるいは「標準」と呼ぶ．

## 13.2 標準化とは何か

この節では，標準の種類や意義について述べる．

### 13.2.1 標準と標準化

#### (1) 標準とは

「標準」とは物事を判断したり行動を起こしたりする際の目安・基準となるものであり，多数の人々の間で共通に参照される指針である．人々により共通の指針であると認識されるためには，この指針が広く知られており，かつ公的機関等による裏付けや多くの人々による支持を得たものであることが求められる．

公的機関による裏付けの典型的な事例は法律で規定することであるが，ICTの関連分野における「標準」の定義としては工業標準化法での規定が参考となる．これによれば「『工業標準』とは，工業標準化のための基準をいう」となっている [1]．

この法律に基づき工業標準を制定するには，各主務大臣が経済産業省内に設置されている審議会（日本工業標準調査会 [2]）の議決を経て行う必要がある [3]．

これらの規定により制定された標準は「日本工業規格 [JIS] [4]」と呼ばれる．製造・加工さ

表 13.1 標準および標準化に関する分類事項．

| 区分 | 項目 | 事項 |
|---|---|---|
| 標準 | 標準の規定事項 | 特性，単位，用語<br>製造方法，測定方法，試験方法，マネジメント方法<br>サービス内容 |
| 標準化 | 標準化の活動主体 | 政府，標準化機関<br>事業者グループ，専門家グループ，企業グループ |
| | 標準化主体の種類 | 公的機関，私的組織 |

れた商品が JIS に適合している場合はその商品に JIS マークを付与することができる [5].

また，多くの人々による支持を得たものとは数ある同等の商品の中でユーザの圧倒的な支持を得て市場を独占してしまったもので，その商品の規格が標準とみなされることになる．これらの標準のことをデファクト標準と呼ぶ．(13.2.4 項参照)

**(2) 標準化とは**

「標準化」とは商品等が持つ特徴・性質について標準を設定し，各企業が製造する自社商品等の特徴・性質等をこの標準に合わせて統一することである．

標準化についても工業標準化法で規定しているが，その内容は以下の通りである．

[工業標準化法における工業標準化の規定 [6]]

「工業標準化」とは以下に掲げる事項を全国的に統一し又は単純化することをいう．

- 鉱工業品（医薬品，農薬，化学肥料，蚕糸および農林物資の規格化および品質表示の適正化に関する法律（昭和 25 年法律第 175 号）による農林物資を除く．以下同じ．）の種類，型式，形状，寸法，構造，装備，品質，等級，成分，性能，耐久度又は安全度
- 鉱工業品の生産方法，設計方法，製図方法，使用方法もしくは原単位又は鉱工業品の生産に関する作業方法もしくは安全条件
- 鉱工業品の包装の種類，型式，形状，寸法，構造，性能もしくは等級又は包装方法
- 鉱工業品に関する試験，分析，鑑定，検査，検定又は測定の方法
- 鉱工業の技術に関する用語，略語，記号，符号，標準数又は単位
- 建築物その他の構築物の設計，施行方法又は安全条件

企業がデファクト標準に合わせて商品等を製造することに関しても，その規格が結果的に市場を通して標準となっているという点を除けば，その標準に規格を合わせざるを得ないという意味で，標準化を行ったことになる．

**(3) 標準／標準化の分類**

標準，および標準化に関する分類事項を表 13.1 に示す [7].

### 13.2.2 標準化活動

標準化に関する活動には，(i) 標準を作成する活動と (ii) 制定した標準に基づいて対象がその標準に適合することを評価したり認証したりする活動がある．

### (1) 標準作成活動

標準作成にかかわる活動には次のようなものが考えられる．

**A. 規格作成**

標準化の対象となる商品等がすでに完成しているか，あるいはこれから開発されるのであれば必ずその商品等の規格が存在する．標準を作成するにはまずそのベースとなる規格が存在することが前提である．

**B. 情報収集**

自社以外に提供されている同様の商品等が存在しないかを調査する．

**C. 意見調整**

同様の商品等を提供している他社とその規格を揃えるか否か，すなわちその規格を標準とすることの必要性について意見交換・調整を行う．

**D. 標準作成**

各社は規格を標準化主体である組織に提案し，その場で検討・議論して標準を作成する．標準化主体により標準の作成手順には相違があるが，議論を進めながら標準案をいくつかの段階で作成して行き，最後は採決により最終標準を決定することが多い．

**E. 標準改訂**

作成した標準を市場の変化に合わせるため常時その標準を見直し，改訂や廃止を行う．

### (2) 標準の適合性評価・認証

製造・開発された商品等が標準に準拠しているか否かを確認して初めて標準を決めた意義がある．そこで対象となる商品等がその標準に基づいているか否かについて評価する必要がある．このための活動には次のようなものがある．

**A. 標準準拠の評価・認証**

商品等の規格が標準に準拠しているか否かを評価する．とりわけ，評価を専門に行う機関が審査することにより規格が標準に準拠していることを正式に認めた場合の評価は「認証」という．

**B. 準拠していることの証明・公表**

評価機関が商品等の規格を審査して標準に準拠していることを確認した場合，評価機関は証明書等を発行することもある．また，企業は自社の商品等が標準に準拠していることを利用者・消費者に広く知らせるため，Web 等のメディアを通してその事実を公表する．標準によっては準拠していることを証明するマーク等を商品に表示・貼付することを許諾している場合もある．

## 13.2.3 標準化の効果とマイナス面

商品等の規格を標準化することによる効果とデメリットを以下に述べる．

### (1) 標準化の効果

**A. コスト削減**

商品等の製造に用いる部品・部材等の原材料が標準化されていれば，これら原材料の大量生産が可能となり安価に入手することができる．また製造工程が標準化されていれば作業従事者の作業効率も向上する．これらの効果によって，ここで製造される商品等の販売コストも削減することができる．

**B. 新規参入の促進，市場拡大**

新たな規格の検討や利用者層・販売地域等の特徴に対応するカスタマイズが不要なため，開発にかかわるコストや稼働を削減することができるのと同時に商品等の種別も減らすことができる．また，標準は公開されるので全く何もない状態から商品を開発する必要もない．これらにより参入障壁が低くなって企業にとっては新規にこの分野に参入することが容易となり，さらには市場規模の拡大にもつながっていく．

**C. 競争の促進**

同一市場に複数の企業が参入すればその間での競争が激しくなる．また，商品等間の規格の中で標準として規定された項目はすべて同一となるため，企業は標準に規定されていない特徴・性質の部分で工夫を凝らすようになる．携帯電話を例にとれば，通信を行う機能は全く同一とする必要があるので，通信方式にかかわらないその他の付加価値サービスや使い勝手，価格等で商品価値を高める必要がある．これによっても企業間の競争が促進され，結果として商品の価値レベルが向上する．

**D. 市場の維持**

企業にとっては標準化された商品等を生産・販売する期間が長ければ長いほどその商品等の品質，信頼性等が安定し，製造を継続することのメリットが大きい．また，長期間の製造により相当の投資も行っている．これらの理由から企業にとって標準を変更することはリスクも発生しコストが大きくなる．このようなコストのことを「スイッチング・コスト」と呼ぶ．

また利用者にとっては，標準化が進展して市場が拡大し占有率が高まればその標準の商品等を利用する期間や機会が増えてくる．これによりその商品等に対する親しみや慣れが生じその商品等を使い続けることに対するモチベーションが高まる．このような状況を「ロックイン効果」があるという．さらには，周囲でこの商品等の利用者が増えてくればそれに惹かれて利用者がますます増加するというバンドワゴン効果も発生する．

以上のような要因が重なって標準化に従った商品等の市場は長期に維持されやすいこととなる．

**E. 商品等の差別化の促進**

C. に示す通り標準化に従った商品等は規格が同等であるため，それらの商品等間で差別化を図ることはできない．しかしながら，認証審査を経て標準化に適合していることが証明された商品等は認証を受けていない商品等と比較して利用者への訴求率が高いことから売り上げ増に結び付く可能性が高い．このようなケースでは商品等の差別化が図られているといえよう．

**(2) 標準化のマイナス面**

(1) で標準化による効果を示してきたが，ここに示した要素の中には反面，マイナス面を持つものもある．

商品等の標準に規定されていない特徴・性質に工夫を凝らす必要があることは，逆に言えばこれらの特徴・性質をもつ商品等を作り出せない場合は競争に負け敗退せざるを得ないことを意味する．また，商品等の過剰生産により価格競争に陥りビジネスが成立しなくなる可能性もある．場合によっては，市場が維持されることにより新商品等開発の必要性が上がらず，新規技術開発に対する意欲が湧かないことも考えられる．

企業にとっては，標準化による効果とデメリットの両面のバランスを考慮しながらその商品等の市場に参入するのか，あるいは撤退するのかといった判断を行う必要がある．

### 13.2.4 標準の成立過程

標準と呼ばれる種類には，デファクト標準，デジュール標準，フォーラム標準といったものが挙げられる．これらは並列な概念ではなく標準の成り立ち方がそれぞれ異なる．本項では各標準の概要とその相違を示す．

**(1) デジュール標準**

公的な標準機関によって定められた手順により作成された標準をデジュール標準 (de jure standard) という．公的な作成機関としては国際機関，国内機関，地域機関[1]などが挙げられる．

この標準は公的な機関で作成したものであることから信頼性が高く，企業などが適用しやすいというメリットがある反面，策定に期間を要する，複数の組織が提案した標準案を 1 つに絞り切ることが困難なため複数の標準が並立して策定されやすい，といったデメリットがある．また，どの企業にとっても採用することが可能な規格であるため，一社で利益を独占することは難しい．

**(2) デファクト標準**

商品等が市場の中で独占に近い大きなマーケットを獲得したものをデファクト標準 (de facto standard) という．(1) のデジュール標準とは異なり，ある標準化機関が意図して策定したものではなく，市場の競争原理により結果的に商品等が独占状態となりその後その商品等の規格が標準となったものである．

独占状態であることから利益を独占できることや，標準化活動により標準を作り上げて行く過程を経る必要がないことなどがメリットとして挙げられる．一方，現代は商品等の技術がますます複雑になって来ており，企業が一社で必要なすべての技術を実現することが困難である．このためデファクト標準を獲得することも難しくなっている．

[1] 地域機関とは，複数の国家で構成する標準化機関を示す．

**(3) フォーラム標準**

最近では複雑な技術を一社のみで開発することは極めて困難となっているため，複数の企業が共同して規格作りを行うことが多くなっている．このようにして共通の利害を持った企業同士で作った標準をフォーラム標準という．

フォーラム標準は私的な企業が策定しているが，デファクト標準のように市場を独占して結果的に成立したものではなくデジュール標準のように意図して作成している標準である．

メリットとしては，複数企業で規格を作成するので一社で策定するよりは早く標準化ができ，また適用範囲も広くなる．しかしながら，この規格が必ずしも標準となるとは限らず，仮に標準となってもその利益は複数企業間で均等化することとなる．

## 13.3 標準化機関，組織

本節では標準を作成する機関，組織等の事例について示す．

### 13.3.1 デジュール標準作成機関

デジュール標準を作成する標準化機関には国際，地域，国内の各機関がある．本項では主にICT に関連する機関についてその概要を示す．

**(1) 国際標準化機関**

国際標準化機関とは複数の国家の代表が集合して標準化を策定しているところであり，これには公的な国際組織と非営利で運営される国際組織がある．

**A. 国際電気通信連合 (ITU: International Telecommunication Union) [8, 9]**

ITU は国際連合の専門機関の 1 つであり，その目的は電気通信の改善と合理的利用のため国際協力を増進し，電気通信業務の能率増進，利用増大と普及のため，技術的手段の発達と能率的運用の促進にある．

国際電気通信連合憲章に基づいて電気通信，無線通信の国際標準を策定し，勧告を公開する．

本部はスイスのジュネーブにあり，加盟国は 193 ヵ国（2017 年 12 月）である．日本は 1879 年 1 月 29 日に加盟し，第 2 次世界大戦で一時中断後 1949 年に再加盟している．

電気通信，および無線通信の標準化は次の部門で策定されている．

① ITU—R (ITU-Radiocommunication)

無線通信分野の標準化を行う部門であり，無線通信技術の運用研究，無線通信規則の策定・改定，無線周波数の割り当て等を行う．

② ITU—T (ITU-Telecommunication)

電気通信分野の標準化を行う部門であり，電話網，デジタル通信網等の標準を作成する．

**B. 国際標準化機構 (ISO: International Organization for Standardization) [10,11]**

ISO は各国の代表的標準化機関から構成され，電気および電子技術分野を除く全産業分野に関する国際規格を策定している．その目的は国家間の製品やサービスの交換を助けるために標準化活動の発展を促進し，知的，科学的，技術的，そして経済的活動における国家間協力を発展させることにある．

ISO は非政府組織であり各国の公的および私的機関の橋渡しを行っている．本部はスイスのジュネーブにあり，参加国は 162 ヵ国（2017 年 12 月）である．日本からは日本工業標準調査会がメンバーとして参加している．

**C. 国際電気標準会議 (IEC: International Electrotechnical Commission) [12, 13]**

IEC は各国の代表的標準化機関から構成され，電気および電子技術分野の国際規格を策定している．その目的は電気および電子の技術分野における標準化のすべての問題および規格適合性評価のような関連事項に関する国際協力を促進し，これによって国際理解を促進することにある．

IEC は非政府／非営利組織であり，本部はスイスのジュネーブ，参加国は 84 ヵ国（2017 年 12 月）である．日本からは日本工業標準調査会がメンバーとして参加している．

### (2) 地域標準化機関

地域標準化機関とは世界のある地域における複数の国家により構成されている標準化機関である．代表的な事例として欧州における機関が挙げられる．

たとえば，電気，電気通信以外の一般分野における標準化を行う欧州標準化委員会 (CEN：European Committee for Standardization)，電気分野の標準化を行う欧州電気標準化委員会 (CENELEC：European Committee for electrotechnical standardization)，電気通信分野の標準化を行う欧州電気通信規格協会 (ETSI：European Telecommunications Standards Institute) などである．

### (3) 日本の標準化機関

ICT 分野における日本の公的標準化機関には日本工業標準調査会や情報通信技術委員会，電波産業会などが挙げられる．これらの概要を以下に示す．

**A. 日本工業標準調査会 (JISC: Japanese Industrial Standards Committee) [14]**

JISC は経済産業省に設置されている審議会で，工業標準化法に基づいて工業標準化に関する調査審議を行っている．具体的には，JIS（日本工業規格）の制定，改正等に関する審議を行い，工業標準，JIS マーク表示制度，試験所登録制度など工業標準化の促進に関して関係各大臣への建議や諮問に応じて答申を行うなどの機能を持っている．また，ISO および IEC に対する我が国唯一の会員として，国際規格開発に参加している．

JISC は産業界，学界，公的機関など各方面のメンバーが委員会に参加して標準化，および JIS 適合性評価制度の運営・整備に関する検討などを実施している．

**B. 情報通信技術委員会 (TTC: Telecommunication Technology Committee) [15]**

TTC は情報通信ネットワークにかかわる標準を作成することにより，情報通信分野における標準化に貢献するとともに，その普及を図ることを目的としている．事業としては情報通信ネットワークにかかわる標準の作成・調査および研究・標準の普及やこれらに関する付帯業務が挙げられる．

TTCは1985年に設立，電気通信ネットワーク事業者，電気通信機器製造事業者，社団／財団法人など計90組織（2017年12月）の会員から構成され，18の専門委員会に分かれて標準化活動を行っている．

**C. 電波産業会 (ARIB: Association of Radio Industries and Businesses) [16]**

ARIBは1995年に設立，通信・放送分野における電波利用システムの実用化およびその普及を促進し，電波産業の健全な進歩発展を図る観点から，電波の利用に関する調査，研究，開発，コンサルティング等を行い，もって公共の福祉を増進することを目的としている．事業としては通信・放送分野における電波の利用に関する調査，研究および開発，電波の利用に関するコンサルティング・普及啓発ならびに資料又は情報の収集および提供，電波利用システムに関する標準規格の策定，電波の利用に関する関連外国機関との連絡・調整および協力，およびこれらに関する付帯業務が挙げられる．

ARIBは電気通信事業者，放送事業者，無線機器関連研究・開発・製造等事業者，卸売業・銀行・電気ガス・サービス等事業，および公益 法人・団体など計191組織（2017年12月）の会員から構成されて活動を行っている．

### 13.3.2 デファクト標準作成組織

デファクト標準はなんらかの標準化機関が意図して作成するものではないので，標準化機関としての定まった組織・団体は存在しない．そこで，この項ではこれまでの著名なデファクト標準の事例を2つ取り上げ，標準が成り立った経緯とその中心的な役割を担った組織（企業）について述べる．

**(1) インターネット通信プロトコル**

インターネットの代表的な通信プロトコルであるTCP/IP (Transmission Control Protocol / Internet Protocol) は1970年代から80年代にかけて米国国防省の国防高等研究計画局 (DARPA: Defense Advanced Research Projects Agency) の資金援助により米国内の研究機関，大学等を中心にコンピュータ相互間で情報を交換するための通信プロトコルとして開発された．

また，これらの研究機関が一般的に使用していたコンピュータのOSであるUNIX BSD (Berkeley Software Distribution) の通信プロトコルとしてTCP/IPが実装されたことから，研究機関相互の接続が拡がるにつれてTCP/IPが普及して行った．その後，インターネットの各種通信プロトコルは後述するIETF (Internet Engineering Task Force) において開発されるようになり，現在まで引き継がれている．

当初のインターネットは非営利組織間を接続するネットワークであり，営利目的では利用されていなかった．しかし，ネットワークとしての利便性が十分に認識されて来たことから1980年代後半に米国で商用のインターネットが始まり，上記非営利のインターネットと接続されたことにより一気にこの通信プロトコルが普及し，事実上の通信プロトコルとしてのデファクト

標準となった [17].

#### (2) Windows OS

PC の代表的な OS である Windows OS は米国マイクロソフト社の製品である．PC は 1974 年に米国 MITS 社 (Micro Instrumentation and Telemetry Systems) が開発した Altair 8800 が最初の製品といわれているが，その後アップル社からは AppleI，AppleII が，そして IBM 社から 1982 年に IBM Personal Computer 5150（略称 IBM PC）が発売されることになる [18]．その後 IBM 社は IBM PC/XT，IBM PC/AT といった後継機を発売するが，これらの PC は仕様を公開するオープンアーキテクチャであったため，多くの企業がこのアーキテクチャに基づき PC を販売して行った．これらの PC がいわゆる A T 互換機である．

一方，IBM PC の OS である PC-DOS にはマイクロソフト社の MS-DOS が OEM 製品として採用され，AT 互換機が普及するにつれ MS-DOS も普及することになった．その後，マイクロソフトは MS-DOS の後継 OS として Windows の名称を持つ OS の販売を開始した．とりわけ 1995 年に発売された Windows 95 がビジネス的に成功し，その後 Windows OS は現在まで PC OS のスタンダード標準の位置づけを占めている [19].

### 13.3.3 フォーラム標準作成組織

#### (1) IETF (Internet Engineering Task Force) [20, 21]

IETF はネットワーク構築事業者，ネットワークオペレータ，ベンダーおよびインターネットの構築・運用方法を研究している研究者達からなる任意団体であり，その目的はインターネット設計者や管理者に対して業務の参考となる高品質で信頼できる技術文書を提供し，これによってインターネットをより良くすることにある．

IETF へは個人の資格で参加することになっており，会合やメーリングリストでの議論に自由に参加することができる．また，ここで検討される技術仕様は RFC (Request For Comments) と名付けられた文書により管理・保管され，インターネットを通して自由に参照することができる．

現時点（2017 年 12 月）で 7 分野 121 のワーキンググループ（WG）に分かれて標準化活動が進められている．

#### (2) W3C (World Wide Web Consortium) [22]

W3C は WWW (World Wide Web) の各種技術を標準化するための非営利団体であり，その目的はハードウェア，ソフトウェア，ネットワーク種別や，利用者の言語，文化，居住地，能力の相違にかかわらず，すべての人々に Web の価値である利用者間のコミュニケーション，商取引，知識の共有を可能とすることにある．

W3C は企業や大学，政府機関，その他の団体等 473 組織（2017 年 12 月）から構成され，米国の MIT コンピュータ科学・人工知能研究所，フランスにある欧州情報処理数学研究コンソーシアム (ERCIM)，日本の慶応義塾大学，北京航空航天大学の 4 組織がホストとして運営を行い世界中に 31 ヵ所の支部がある．現在 36 のワーキンググループと 13 のインタレスグループに分かれて勧告案の作成等の標準化活動を行っている．

表 13.2 IEC における標準策定手順．

| 項番 | 手順 | 概要 |
|---|---|---|
| 1 | 新業務項目 (NP: New Work Item Proposal) の提案 | ・加盟機関，専門委員会 (TC) ／分科委員会 (SC) 等が新規格の策定，現規格の改定などを提案する．<br>・3 ヵ月以内に提案の賛否を投票し，承認する． |
| 2 | 作業原案 (WD: Working Draft) の作成 | ・TC/SC の作業グループ (WG) において専門家による策定メンバを任命<br>・策定メンバは WG 等において WD を作成し，NP 提案承認後 6 ヵ月以内に TC/SC に提出 |
| 3 | 委員会原案 (CD: Committee Draft for comments) の作成 | ・WD は CD 案として登録され，意見照会される．<br>・意見照会後 TC/SC の幹事で CD 案を検討．<br>・TC/SC で合意が得られれば CD が成立し，国際規格原案として NP 提案承認後 12 ヵ月以内に登録される． |
| 4 | 国際規格原案 (CDV: Committee Draft for vote) の照会と策定 | ・登録された CDV はすべてのメンバ国に投票のため回付され，承認されれば最終国際規格案として NP 提案承認後 24 ヵ月以内に登録される． |
| 5 | 最終国際規格案 (FDIS: Final Draft International Standard) の策定 | ・事務局が全メンバ国に投票のため回付．<br>・2 ヵ月の投票期間を経て，承認されれば国際規格として成立． |
| 6 | 国際規格 (IS: International Standard) の発行 | ・正式に国際規格として発行 |

## 13.4 標準化プロセス

標準化機関・組織では多数の国家や国内の政府機関，非営利団体，企業等が集合して効率よく標準を策定するためにあらかじめその策定手順を決めている．デファクト標準とフォーラム標準からそれぞれ代表的な例として IEC と IETF の標準策定手順を以下に示す．

**(1) IEC における標準策定手順**

IEC 標準[2)]は 6 段階を経て策定される．IEC 標準の策定手順を表 13.2 に示す [23]．

**(2) IETF における標準策定手順**

IETF におけるインターネットの標準は 3 段階を経て策定される．インターネットの標準策定手順を表 13.3 に示す [24]．

IEC の標準策定手順との大きな相違は標準化の途中段階で実装や運用テストが組み込まれていることである．これによって，標準が策定された場合には相互接続性が確認されていることになる．

## 13.5 標準化と知的財産

### 13.5.1 標準と知的財産のかかわり

企業が標準に従って商品等を提供するということは企業にとって表 13.1 に示される標準の規定事項のいずれかに従って商品等の製造・実現にあたっていることを意味する．これらの規定

[2)] 日本工業標準調査会では“IEC 規格”と訳している．

表 13.3 IETF におけるインターネット標準の策定手順.

| 項番 | 手順 | 概要 |
|---|---|---|
| 1 | Internet Draft の作成と提案 | ・6 ヵ月間 FTP/WEB サーバに格納<br>・WG，個人がこの Draft が有効であると認めれば IESG(注) に RFC 化申請<br>・申請が通れば RFC 番号が付与される. |
| 2 | PS: Proposed Standard 作成 | ・設計方針が確定し，十分に検討されていること．この段階では実装や運用テストは不要. |
| 3 | S: Standard 作成 | ・PS のレベルに加えて十分に安定していること．インターネットコミュニティに貢献すること |

(注) IESG(Internet Engineering Steering Group)：IETF 活動と標準化プロセスの技術面で責任を持つグループ

事項を知的財産という観点で見れば大半の項目が特許の対象となることがわかる.

どのような企業にとっても標準に則って自社商品等を提供することは自由であるので，結果として多数の商品等の中で特許を使用する必要がある．一方特許は特許権者が独占的に実施できる権利であることから，これら企業はその都度特許権者から許諾を得る必要がある．すなわち，標準を普及させるにはできる限り数多くの商品等の中で自由に特許を実施できることが望ましいが，特許は独占的な実施が認められているものであり，この両者は相反する概念となる.

標準の規定事項となっている特許であっても自由に実施できるわけではないので，標準の普及の観点からこのような特許の扱いに関して様々な課題が生じる.

### 13.5.2 必須特許

本項では，標準化と深い関係にある「必須特許」についてその意味と必須特許の抱える問題点，必須特許の問題点発生に伴う影響などについて述べる.

#### (1) 必須特許とは

標準に準拠する商品等を製作・構成する際に必ず実施する必要のある特許を「必須特許」という．標準の中に必須特許を取り込む必要がある場合には特許権者からライセンスを得なくてはならない.

特許権者の立場からすると標準の中に自身の特許が組み込まれれば，その特許が実施される可能性が大きくなりライセンス料等も増大するのでメリットは極めて大きい．これに対し，この特許を利用する立場からすると可能な限り自由に特許を使用したい．このため，特許実施権確保のための費用の低減やライセンス料の引き下げを特許権者と交渉することになる.

特許権者が企業に対してその特許のライセンスを拒絶する（拒絶することと同視できる程度に高額ライセンス料を請求することも含む）ことは特許権の権利行使であり，通常はこの行為自体は問題ではない．しかし，この権利行使が知的財産制度の趣旨を逸脱するような場合には権利の行使とは認められず，私的独占とみなされ独占禁止法違反となる [25]．とりわけ，標準に含まれる必須特許について特許権者がこのような私的独占行為をとれば，その標準を適用しようとする企業にとっては代替手段がないことになり，極めて影響が大きい問題である.

### (2) 必須特許の抱える問題点

（1）に示したような必須特許の抱える問題点としては，「ホールドアップ問題」，「パテントトロール問題」，「アンチコモンズ問題」が挙げられる．

#### A. ホールドアップ問題

一般に企業が必須特許を含む商品等を開発，販売等を行うために相当の投資を行った後，その必須特許の特許権者が特許の実施を差し止めたり，高額なライセンス料を要求したりすることを「ホールドアップ」という．このようなことが発生した場合，必須特許を実施していた企業にとっては開発・販売を中止する，あるいは追加のライセンス料を支払うなど不利益を蒙ってしまうリスクがある．また，特許権者から商品等の販売に関して差止請求がなされる可能性もある．ホールドアップ事例が増えれば，企業が必須特許の実施に消極的になるだけでなく優れた技術を標準化することに対するモチベーションも下がることになる．ひいては産業の発展の阻害要因ともなりえる．

このようなリスクを回避する手段としては必須特許をもつ企業群がパテントプールを構成することが挙げられる．

#### B. パテントトロール問題

技術が発展し極めて高度になってくるとその技術に関連する特許自体の価値が上がり，研究開発を専業として特許のライセンス料により利益を上げるようなビジネス形態が発生してきた．この形態がさらに進み必須特許を含む特許を入手あるいは保持している企業が，自分自身はこの特許を用いてビジネスを行わないにもかかわらずその特許にかかわる権利を行使して特許権侵害による高額な損害賠償を求めたり，高額なライセンス料を要求したりするといった状況が発生し，ホールドアップを起こすことが大きな問題となっている．企業のこのような行為を「パテントトロール」という．

#### C. アンチコモンズ問題

A, B は特許を利用する企業の立場から見た問題であるが，これらとは逆に特許権者にとっての問題点も存在する．1 つの標準に必須特許が複数存在する時に，それぞれの特許権者が自身の利益を最大化しようとして，たとえば高額なライセンス料を課した場合，総額としてのライセンス料がその特許を利用しようとする企業の支払限界を超えてしまったために特許の利用を断念し，結果として個々の特許権者にとっての利益も減少してしまうことがある．このような問題をアンチコモンズ（非共有地）問題という．

## 演習問題

**設問 1** 規格，標準，標準化，標準化活動について説明し，標準化を行う効果とマイナス面について述べよ．

**設問 2** 標準と呼ばれるものについて 3 つ上げ，その違いを述べよ．

**設問 3** 国際および国内の標準化機関にはなにがあるか？

**設問 4** 標準化のプロセス（策定手順）について説明せよ．

**設問 5** 必須特許とは何か，また必須特許の抱える問題点について述べよ．

## 参考文献

[1] 工業標準化法第 2 条第 1 項柱書 定義．

[2] 日本工業標準調査会，JISC (Japanese Industrial Standards Committee), (http://www.jisc.go.jp/index.html)．

[3] 同上第 11 条 工業標準の制定．

[4] 日本工業規格，JIS (Japanese Industrial Standards), (http://www.jisc.go.jp/jis-act/index.html)．

[5] 工業標準化法第 19 条 鉱工業品の日本工業規格への適合の表示，20 条 加工技術の日本工業規格への適合の表示．

[6] 工業標準化法第 2 条第 1 項 定義．

[7] 和久井理子,「技術標準をめぐる法システム」, p. 6，商事法務 (2010)．

[8] ITU ホームページ，(https://www.itu.int/en/Pages/default.aspx)．

[9] 日本 ITU 協会ホームページ，国際電気通信連合，(https://www.ituaj.jp/03_pl/itu/itu_outline.html)．

[10] ISO ホームページ，(https://www.iso.org/iso/home.htm)．

[11] 日本工業標準調査会ホームページ，ISO の概要，(http://www.jisc.go.jp/international/iso-guide.html)．

[12] IEC ホームページ，(http://www.iec.ch/index.htm)．

[13] 日本工業標準調査会ホームページ，IEC の概要，(http://www.jisc.go.jp/international/iec-guide.html)．

[14] 日本工業標準調査会ホームページ，(http://www.jisc.go.jp/)．

[15] 情報通信技術委員会ホームページ，(http://www.ttc.or.jp/)．

[16] 電波産業会ホームページ，(https://www.arib.or.jp/)．

[17] 竹下隆史, 村山公保, 荒井 透, 苅田幸雄,「マスタリング TCP/IP 第 5 版第 10 刷」, pp. 60-63, オーム社（2017 年 1 月）．

[18] IBM PC パーソナル・コンピューティングの発展，日本 IBM ホームページ，
（https://www-03.ibm.com/ibm/history/ibm100/jp/ja/icons/personalcomputer/）.

[19] ZDnet Windows の歴史，
（https://builder.japan.zdnet.com/os-admin/sp_history-of-windows-2009/）.

[20] IETF ホームページ．The goal of the IETF is to make the Internet work better，
（https://www.ietf.org/）.

[21] 日本ネットワークインフォメーションセンター，IETF とは，
（https://www.nic.ad.jp/ja/basics/terms/ietf.html）.

[22] W3C ホームページ．https://www.w3.org/

[23] 日本工業標準調査会ホームページ：IEC 規格の制定手順，
（http://www.jisc.go.jp/international/iec-prcs.html）.

[24] 日本ネットワークインフォメーションセンター：インターネット標準化過程，
（https://www.nic.ad.jp/ja/rfc-jp/Std-track.html）.

[25] 公正取引委員会：知的財産の利用に関する独占禁止法上の指針，第 3 章 私的独占及び不当な取引制限の観点からの考え方，1 私的独占の観点からの検討，(1) 技術を利用させないようにする行為 (2016 年 1 月 21 日改正)，
（http://www.jftc.go.jp/dk/guideline/unyoukijun/chitekizaisan.html）.

# 第 14 章
# ICT 企業の知財・標準化戦略

□ 学習のポイント

企業間の競争が激しいICT 業界では，利用者の利便性を向上するという理由だけでなく，昨今の技術が高度化，複雑化して来ていることに対応するために標準化を重視し，事業を有利に進めるための標準化戦略を策定することが必須となって来ている．また，同時に標準化と密接な関連を持つ知的財産権の創造，保護，活用に関する戦略の策定も必須な事項である．本章では，ICT 企業の知的財産，標準化戦略について概説する．

- 必須特許の問題点を解決するための戦略の 1 つとしてのパテントプールについて，定義や存在理由，意義，形態，特徴について理解する．
- パテントプールの事例について理解する．
- 企業が取るべき知的財産戦略と，国内の特許出願件数の多い企業の知的財産戦略について理解する．

□ キーワード

パテントプール，ライセンサ，ライセンシ，ライセンス会社，知的財産戦略，知的財産政策部会経営・市場環境小委員会，知的財産の取得・管理指針，知的財産戦略事例

## 14.1 パテントプール

第 13 章で必須特許の意味と必須特許が抱える問題点について示したが，その問題点を解決するために企業が取り得る戦略の 1 つにパテントプールがある．本節ではパテントプールの定義や意義，パテントプールの形態・特徴，およびパテントプール事例について述べる．

### 14.1.1 パテントプールとは

#### (1) 定義

近年，商品等はますます高機能・高性能化が要求されるようになり，そのために商品等を構成する ICT についても種別や個数が増えると同時に様々な組合せが必要となってきている．とりわけ企業が標準に従って商品等を提供する場合には必然的にその中に含まれる必須特許を実施するケースが増え，様々な問題が発生してくることは 13.5.2 項に述べた通りである．

このような問題点を回避する手段として必須特許を使わざるを得ない企業群がパテントプー

ルを構成することが挙げられる．

パテントプールの定義は「ある技術に権利を有する複数の者が，それぞれが有する権利又は当該権利についてライセンスをする権利を一定の企業体や組織体（その組織の形態には様々なものがあり，また，その組織を新たに設立する場合や既存の組織が利用される場合があり得る．）に集中し，当該企業体や組織体を通じてパテントプールの構成員等が必要なライセンスを受けるものをいう．」である [1]．

#### (2) パテントプールの存在理由と意義

現在パテントプールが多く形成され存在しているが，その理由と意義を以下に示す [2]．

**A. 昨今の技術の高度化，複雑化への対応**

技術が高度化，複雑化することにより，過去と異なり企業 1 社ですべての技術を開発することが困難になってきている．1 つの商品等を実現するために必要な必須特許が複数の企業により保有されている場合，自社の必須特許のみでなく他社の必須特許についても許諾を受けない限り商品等の実現が不可能である．この場合，各社が各々相互に必須特許のライセンスを受ける場合，必須特許の数が多ければ多いほど相互に支払うライセンス料も高額となる．そこで，関連する企業がそれぞれ自社の必須特許を持ち寄りプールして，その間では必須特許を相互に許諾し合うことで全体のライセンス料を妥当な価格に抑えることが可能となる．

**B. プロパテント化とのバランス**

1980 年代，レーガン大統領政権下の米国では製造業を復活して国際競争力を強化することを狙いに特許保護・重視政策を実施した．この特許重視のことを「プロパテント」と呼ぶ．

プロパテント化では可能な限り技術の特許化を図り特許権を行使することによる収益の拡大を狙うものである．一方，A. に示した通り技術の高度化・複雑化によって商品等に含まれる特許の数が増加することにより特許のライセンス料が高額化し，企業が 1 社で高額なライセンス料を支払うことは大きな負担となってきた．このようなプロパテント政策により特許を重視する方向性と高額ライセンス料の負担を少しでも縮小させる必要性のバランスを取る方法としてパテントプールの存在が大きな意義を持つこととなった．

### 14.1.2 パテントプールの形態

#### (1) パテントプールを構成する基本的な要素

パテントプールを構成する基本的な要素は次の通りである．

① ライセンサ

必須特許を保有しており，これらの特許を利用したい企業にライセンス許諾を行う企業

② ライセンシ

必須特許利用するため，ライセンサより特許ライセンスの許諾を受ける企業

③ ライセンス会社

ライセンサが保有する特許の権利を集中させ，その中の特許をライセンシが利用できるよう必要な処理・手続きを執り行う企業・組織

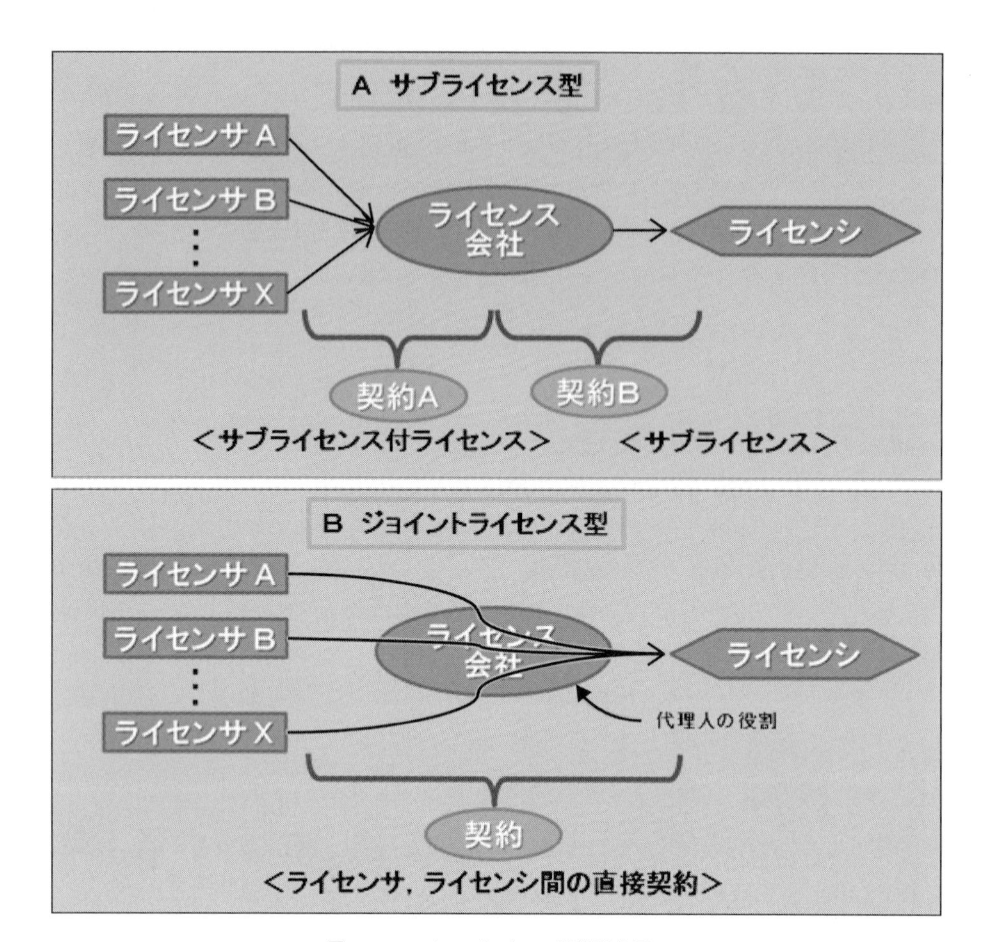


図 **14.1** パテントプール形態概念図．

**(2)** 代表的なパテントプールの形態

パテントプールはライセンサ，ライセンシ，ライセンス会社間のライセンス契約の仕方によって 2 つの形態に分類できる．1 つは，ライセンサとライセンス会社間でライセンス契約を結び，ライセンス会社とライセンシ間でサブライセンスを結ぶ方法，他の 1 つはライセンサとライセンシが直接契約を結ぶ方法である．前者をサブライセンス型パテントプール，後者をジョイントライセンス型パテントプールと呼ぶ．これらの概念図を図 14.1 に示す [3]．

### 14.1.3 パテントプールの特徴

パテントプールの効果とマイナス面を以下に示す [4–6]．

**(1)** パテントプールの効果

**A.** 競争促進効果

パテントプールではそこに含まれる特許のライセンス交渉や侵害訴訟が個別に行われず，パテントプール全体として処理されるので，これらに掛かる費用，時間，リスク等を低減することができる．これにより早期に商品等の提供が可能となり，この結果，商品等開発のモチベーションが上がる．これらの理由から企業にとっては参入障壁が低くなり競争促進につながることとなる．

**B. 一括処理効果**

多数の特許が複数の企業により保有されている場合，それぞれの企業が個別に特許の使用交渉を行うことは総合的に多大な時間・労力を要する．この点，パテントプールではこれらの処理を一括して行うライセンス会社が存在するので，特許権者である企業も，許諾を受ける企業も個別に交渉を行わず，ライセンス会社を通して交渉を行うことが可能となる．これはいわゆるワンストップライセンシングであり，ライセンス関連業務の簡素化をもたらし時間・労力の大きな削減につながる．

**C. 紛争回避効果**

個々の企業が個別にライセンサから特許群のライセンスを受けようとする際，その中のそれぞれの特許が有効か否かについて確認する必要があるとともに，もし中に不要特許が含まれていればそれらについてはライセンスの対象外とするよう調整する必要があるなど，紛争の原因となる．この点，パテントプール化した特許群はライセンス会社がこの技術に有効であるとの前提で必須特許を選定していることから，こういった紛争が起こる可能性は少ない．

**(2) パテントプールのマイナス面**

**A. ライセンス料の低廉化**

パテントプール内のすべての特許について，個々の特許ごとに課すライセンス料と同等のライセンス料を課すとその総計は極めて高額になるところから，ある合理的な料金に抑えられる．このため，ライセンサにとってはライセンス料が低廉化することとなる．ただし，これはライセンシにとっては逆にメリットであり，この点がパテントプールを構成する大きな理由の 1 つでもある．

**B. 無効特許の混在**

パテントプールに多数の特許が含まれる場合，これらの特許が有効であるか否かの確認を行うことは労力や時間の点でかなり困難である．このため，特許の中には無効であるものが含まれている可能性も否定できない．

### 14.1.4 パテントプール事例

本項では代表的なパテントプールの事例を表 14.1 に示す．

## 14.2 企業の知的財産戦略

企業が取るべき知的財産戦略と具体的な知的財産戦略について述べる．

### 14.2.1 企業が取るべき知的財産戦略

企業は自分自身が存続し発展し続けるために，企業としてのきっちりとした経営戦略を構築

表 **14.1** パテントプール事例.

| 技術標準名（開始年月） | 対象商品名 | ライセンス会社 | 必須特許数（件） | ロイヤリティ条件 | ライセンサ | ライセンシ |
|---|---|---|---|---|---|---|
| W-CDMA パテントプラットフォーム (2004.10) | 第 3 世代携帯電話 (W-CDMA 方式) | SIPro Lab TELECOM (現在 via Licensing.) | 497 | 端末価格の 1% | ・AT&T Intellectual Property<br>・NTT DoCoMo<br>・KDDI ・NEC<br>・富士通 ・シャープ<br>・東芝 ・三菱電機<br>・KPN<br>・シーメンス<br>・NEWRACOM<br>・SK テレコム | 13 |
| MPEG2 (1997.7) | ・DVD<br>・デジタルテレビ<br>・STB<br>・DVD ディスク | MPEG LA | 814 (2012.1) | ・デコーダ，エンコーダ機能を有するハードウェア/ソフトウェア製品：2.0 米ドル／台（2010 年 1 月から）<br>・パッケージメディア：1.6 米セント／タイトル | ・アルカテル<br>・ARRIS Technology<br>・BT ・キャノン<br>・CIF Licensing<br>・Cisco Technology<br>・富士通 ・GE<br>・HP ・日立<br>・JVC Kenwood<br>・KDDI ・LG 電子<br>・フィリップス<br>・三菱電機<br>・Multimedia Patent Trust<br>・NTT ・東芝<br>・Orenge<br>・パナソニック<br>・ボッシュ<br>・サムソン<br>・三洋 ・シャープ<br>・ソニー ・トムソン<br>・コロンビア大学 | 1081 |
| ARIB デジタル放送 (2007.2) | ・BS デジタル放送<br>・CS デジタル放送<br>・地上デジタル放送<br>・地上デジタル放送「ワンセグ」<br>・地上デジタル音声放送 | アルダージ株式会社 | 418 | 受信可能な放送波数および種類<br>1 波：100 円/台<br>※「ワンセグ」のみ 50 円/台，地上デジタル音声放送のみ 50 円/台<br>2 波以上：200 円/台<br>※同一製品で「ワンセグ」および地上デジタル音声放送のみ 75 円/台<br>※同一製品で，地上デジタル放送および地上デジタル音声放送のみ 125 円/台 | ・インフォシティ<br>・NHK エンジニアリングシステム<br>・LG 電子 ・Orange<br>・KDDI ・三菱電機<br>・JVC ケンウッド<br>・シャープ ・ソニー<br>・東芝<br>・トムソンライセンシング<br>・Dolby Laboratories Licensing<br>・コロンビア大学<br>・NHK ・NEC<br>・パイオニア<br>・パナソニック<br>・日立マクセル<br>・富士通 ・三菱電機 | 148 (メーカ)<br>149 (放送事業者) |

し，これに沿って経営を執り行っていく必要がある．経営戦略の中には，事業戦略，技術戦略といった様々な具体的実践戦略が含まれるが，その中の大きなものの1つに知的財産戦略が存在する．

国家としての知的財産戦略として「知的財産戦略大綱」（1.3.1項参照）があり，この中で知的財産の「創造」,「保護」,「活用」の各分野で推進計画が策定されているのと同様に，企業レベルでも知的財産戦略の策定が必須である．とりわけ，資源が乏しい日本においては技術力を高め知的財産を豊富に保有することにより国際競争力を強化することが求められる．

経済産業省産業構造審議会の知的財産政策部会経営・市場環境小委員会では企業が知的財産戦略を策定することの重要性について2003年3月に「知的財産の取得・管理指針，営業秘密管理指針，技術流出防止指針，特許・技術情報の情報開示のパイロットモデル，知的財産権の信託に関する緊急提言」を行っているが，その中の1つが「知的財産の取得・管理指針」である[7].

本提言ではこの指針を策定する背景として「企業が，グローバルな市場競争の激化，ITやバイオテクノロジー等新たな技術革新機会の拡大，世界的な知的財産権保護の強化という市場環境において，研究開発の効率を高めその企業価値を高めるためには，事業戦略および研究開発戦略と一体となった知的財産戦略の確立が不可欠」であり，そのために「企業の経営層を対象として本指針を策定した」とある．また,「事業戦略，研究開発戦略および知的財産戦略は，三位一体として構築し，知的財産を有効に活用して事業のコア・コンピタンスを保護していくべきである」としている．

本指針で企業が参考とすべき対策としては次の項目が挙げられている．

[1] 基本理念・戦略の策定
　① 知的財産を重視した経営方針の明確化
　② 経営方針に基づく知的財産戦略等の策定
[2] 知的財産権をベースにした事業戦略および研究開発戦略の策定
　① 事業戦略との連携
　② 研究開発戦略との連携
　③ 事業戦略，研究開発戦略，知的財産戦略等の連携
[3] 社内取得・管理体制の構築
　① 体制の整備
　② グループ経営下での知的財産管理
　③ グローバル経営下での知的財産の取得・管理
　④ リスク管理の徹底
[4] 効果的な取得・管理の実践
　① 取得
　② 管理・活用
　③ 人材の育成・確保
[5] フォローアップおよびレビューの徹底
　① フォローアップ体制の整備

② レビュー（評価）の実施

［6］組織の最高責任者による見直し

① 定期的な見直し

② 文書化

### 14.2.2 企業の知的財産戦略事例

日本企業の中で特許出願件数の多い企業（2016 年）における知財戦略や体制について表 14.2 に示す．

**表 14.2** 日本企業の知的財産戦略事例．

| 企業業種 | 知的財産戦略 | 体制 |
|---|---|---|
| エレクトロニクス・精密機器 | ◆知的財産についての考え方<br>研究開発活動の成果は製品と知的財産<br>◆知財の活用戦略<br>対象製品等状況に応じて知財の活用戦略を変える<br>◆方針<br>知的財産活動は事業展開を支援する重要な活動であり，研究開発の成果は製品と知的財産．他社の知財も尊重<br>◆知的財産権の尊重<br>製品の模倣や知的財産権の侵害に対しては徹底して対応．また，他社の知財権を尊重するために第三者の知財権を侵害しないよう明確なルールを定め，クロスライセンスや共同研究等他社および外部の研究機関との適切な提携を実現 | ・知的財産法務本部とグループ会社間で知財に関するマネジメントルール規定<br>・事業本部研究開発部門と知的財産法務本部が連携<br>・知的財産法務本部の担当者がグループ会社に出向・訪問して，活動のレベルアップ，人材育成などに取り組む． |
| 自動車 | ◆基本理念<br>知的財産を適切に保護し，有効に活用することで，企業活動の自由度を確保し，同時に企業価値を最大化<br>◆知的財産戦略<br>研究開発領域ごとに特許状況を解析し，その結果を研究開発戦略の策定に活用．更に，個々の技術開発テーマから特許を取得すべき領域を明確にして，特許出願し権利化することで，グローバルな特許ポートフォリオを構築<br>環境・安全分野など社会と共存する良い技術の普及を後押ししてサステナブル・モビリティに貢献<br>◆ライセンス<br>オープンライセンスポリシーにより，適切な条件で知的財産権を広く世の中に提供 | ・研究開発活動と知的財産活動を組織的に連携させる体制<br>・経営，研究開発，知的財産の三位一体の活動を推進するため知的財産委員会を設置 |
| 情報関連機器・デバイス精密機器 | ◆方針<br>もっとも重要な資産として位置づける独自の高度な技術を守るための知財活動は経営戦略上の重要な柱<br>◆出願<br>国内出願の半分は社内から直接特許庁へ申請．また，外国特許出願については直接現地の代理人を通して実施<br>◆育成<br>特許技術者教育に力を入れ，数年間におよび育成プログラムを用意<br>◆発明発掘活動<br>知財の観点から世の中の動向を調査・分析し，発明者と一緒になって発明発掘活動を実施 | ・企業規模に比べて相当大きな知財専任部門を設置 |

| 総合電機 | ◆方針<br>知的財産権に関する法令を遵守，会社の知的活動の成果を知的財産権によって保護し積極的に活用，第三者の知的財産権を尊重<br>◆知的財産戦略<br>知的財産ポートフォリオの最適化（グローバル知的財産力，注力領域への投資集中，オープンイノベーションの推進）を図る．<br>これより，直接的事業貢献（ライセンス収入）と間接的事業貢献（受注貢献・事業自由度確保・他社障害特許排除）による収益改善を行い，知的財産による事業への貢献を拡大 | ・コーポーレートの知的財産室と研究所・カンパニー・関係会社の知的財産部門で構成<br>・知的財産室は知的財産に関する全社戦略・施策の立案・推進，契約・係争対応，特許情報管理，著作権などの知的財産権法の対応<br>・知的財産部門は事業をベースとする知的財産戦略を進めて知的財産を強化 |
|---|---|---|
| 事務機器，複合機等 | ◆方針<br>技術開発の成果である知的財産は重要な経営資産の１つ<br>事業戦略，技術戦略に基づく価値ある知的財産の創出を奨励し，事業の保護と成長に貢献する知的財産の獲得と活用に取り組んでいる．<br>◆組織能力向上の取組<br>発明者に対しては各種報奨制度を設定<br>ベテラン知財担当者がレベル別の知的財産教育を実施<br>知的財産担当者には，新任知的財産担当者向け集合教育制度，OJT による教育制度等を用意<br>海外特許事務所への短期駐在制度，長期海外駐在制度，海外弁護士との直接的なコミュニケーションによる出願・権利化業務の実施を通してグローバルな知財スキルを向上<br>知的財産本部では，膨大な知的財産を効率的に収集・整理・分析・加工し，知的財産以外の情報とも組み合わせてインテリジェンス化．これにより知財戦略の立案，事業部や経営層への提案を行い，知的財産価値を最大化 | ・知的財産本部に知的財産開発センター，知的財産戦略センターがあり，それぞれ特許出願・権利化及び渉外・ライセンスを担当<br>・知的財産開発センターには事業部・研究開発部門の知的財産活動を担当する複数の組織が存在<br>海外の主要な研究・開発拠点には知的財産組織と人員を配置 |

## 演習問題

**設問 1**　パテントプールとは何か，またパテントプールの存在意義，特徴を述べよ．

**設問 2**　パテントプールを構成する基本的要素と代表的な形態を述べよ．

**設問 3**　パテントプールの事例にはどのようなものがあるか？

**設問 4**　企業はなぜ知的財産戦略を策定する必要が有るか述べよ．

**設問 5**　日本の代表的な企業の知的財産戦略について上げよ．

## 参考文献

[1] 公正取引委員会，知的財産の利用に関する独占禁止法上の指針（平成 28 年 1 月 21 日：改正版）」による，
（http://www.jftc.go.jp/dk/guideline/unyoukijun/chitekizaisan.html）．

[2] 加藤恒,「パテントプール概説改訂版」, pp. 10-12, 発明協会, 東京 (2009).
[3] 同 [2]：pp. 25-28.
[4] 同 [2]：pp. 16-21.
[5] 和久井理子,「技術標準をめぐる法システム」, pp. 375-381, 商事法務, 東京 (2010).
[6] 平成 26 年度日本弁理士会技術標準委員会,「技術標準と弁理士」, パテント 2015, Vol.68, No.6, pp. 85-86,
(http://www.jpaa.or.jp/old/activity/publication/patent/patent-library/paten-lib/201506/jpaapatent2015_082-094.pdf).
[7] 経済産業省ホームページ, 知的財産の取得・管理指針,
(http://www.meti.go.jp/report/downloadfiles/g30314b01j.pdf).

# 第15章
# ICTの将来と知的財産権

□ 学習のポイント

ICTの分野は急速に発展している．私たちが生きていくうえで欠かせない情報はその果たす役割がますます重要となり，かつ扱う量も増大していく．このため，情報を処理するICTは今後もますます発展し続ける．一方知的財産権制度に関しては産業財産権や標識法，著作権法の大枠は今後も変わることはないものの，サイバースペースに書き込まれる情報は将来となってもということを前提に法的規制を考慮する必要がある．本章では，ICT，メディア，および知的財産権に関する将来について予測する．

- 技術の発展はすでに存在する技術の特性・性質を極限まで追求するタイプと，全く新しい技術が誕生するタイプがあり，これらが相互に影響し合って進んで行くことを理解する．
- 現実後追いの立法と司法の古い枠組みを調整しながら進化の方向をたどる知的財産制度には，一定程度パブリックドメインと裁判以外の現実的解決の拡大が望まれる事情を理解する．
- 将来の著作権制度設計においては，著作権の社会的に最適な保護水準について，計量経済学的方法などを活用し，実証的かつ客観的な予測を活用する必要があることを理解する．

□ キーワード

IoT，ビッグデータ，AI，知的財産高等裁判所，ADR，計量経済学，著作権の社会的に最適な保護水準

## 15.1 ICTの将来

2010年代初頭から後半にかけてのICTのトレンドは，① 多くの“もの”がつながるインターネット，② 大量のデータ処理，③ 賢いコンピュータ，といったキーワードで表される．それぞれについて以下に示す．

① 多くの“もの”がつながるインターネット

1960年代末から始まった新しい通信方式の研究はTCP/IPという通信プロトコルを生み出し，インターネットへと発展してきた．そして1990年代にインターネットが商用に供されるようになり，Webという画期的な情報アクセス手段が生み出されたことによって，世界中で利用されるようになった．しかし，インターネットの利用形態の大半はサーバに保管されている情報へのアクセスやサーバへの情報のアップロード，サーバからのダウンロード，あるいはメールのような利用者間での情報交換などであり，人が関わった通信形

態であった．

一方，1980 年代後半にコンピュータの発展と情報通信ネットワークの発展の融合により，「地球上のあらゆる場所から，いつでもあらゆる情報やコンテンツを流通させることのできる通信ネットワーク」を意味する「ユビキタスネットワーク」という概念が生まれたが [1]，当時のネットワークやそれにつながる通信機器，コンピュータなどはまだこの概念を実現する程の性能・機能を有してはいなかった．しかしながら，その後モバイル端末や世界中どこでも利用が可能となるインターネットが発展したことにより，あらゆるものがネットワークに接続できる環境が整った．

他方，2000 年代頃から M2M (Machine to Machine) と呼ばれる人手を介さずに機器間で通信を行う仕組みができ，構造物の状態や自然環境などのセンサーを用いての監視・観測，機器などのコントロールに適用されてきた．M2M の通信方式ではインターネットの利用は必ずしも必須ではなく，これら監視・観測システムの中での閉じた環境におけるネットワークの利用形態であった．

M2M に対し，機器の監視やコントロールを機器同士で行うだけではなく，機器から収集した大量の情報を人が分析に利用する使い方も行われるようになったが，その時にネットワークとしてインターネットを利用する形態が十分可能となってきた．

このような状況から“もの”がインターネットにつながるという意味で IoT (Internet of Things) という用語が使われるようになった．こうして，現在は生活を取り巻く家電や自動車などの機器・装置，産業分野におけるロボット，施設などのあらゆる“もの”がインターネットにつながり，もののデータ化や自動化等に使われて付加価値を生み出す時代となっている [2]．

② 大量のデータ処理

現代は社会，産業，行政等あらゆる場面でデータが生成され，これらのデータを使って統計処理を行うことによる現象の現状分析や将来動向の予測，サービスや機能の改善・新規開発，経営や事業における意思決定等，その応用分野は多岐にわたる．

世の中が複雑化すればするほど取得する情報は大量・多種となるが，それに加え ① に示した IoT の時代では生成される情報は膨大になり，従来の統計処理では十分にこれらのデータの持つ有用性を引き出せているとは言えなかった．

しかし，近年の ICT の発展，とりわけどのような場所からも手軽にデータを送受信できるインターネットという通信環境とコンピュータの処理能力向上や容量拡大により大量のデータを効率よく処理できるコンピューティング環境が揃ったことにより，さらに効率的・効果的な統計処理・データ処理が可能となった．このようにして処理が可能となった大量のデータのことをビッグデータと呼ぶ．

ビッグデータの定義は「典型的なデータベースソフトウェアが把握し，蓄積し，運用し，分析できる能力を超えたサイズ（量的側面）」であり，「データの出所が多様（質的側面）」であるとされている [3]．

このような性質を持つビッグデータは「製品の新規開発や改善」，「販売促進」，「保守・サポート」，「コンプライアンスやセキュリティの確保」，「業務基盤・社会インフラの運用」

など，社会・産業のあらゆる場面で活用されてきている．

③ 賢いコンピュータ

コンピュータ（デジタルコンピュータ）が誕生し社会に認知され始めたころ，コンピュータのことを「人工知能」と表すこともあったが，結局人間の知能を代替するに至らず，この単語は広く認知されることは無かった．しかし，技術者はコンピュータを人間の知能に置き換えるための努力を怠らず，人工知能（AI：Artificial Intelligence）の実現を目指してきた．

AIの技術開発については今まで3度のブームがあったと言われている[4]．第1次ブームは1950年代後半から1960年代にかけてで，コンピュータによる「探索」や「推論」が可能となった．第2次ブームは1980年代で特定の専門知識を取り組んで推論することにより専門家の代替を図るエキスパートシステムが実用化された．これら第1，2次ブームではコンピュータの処理能力や処理可能な知識量が限定的であったため，人間の知能を代替するというレベルには達しなかった．

そして現在は2000年代から続く第3次ブームの最中にある．知識を定義する要素「特徴量」を人間が与えてAI自身が知識を獲得していく「機械学習」，さらに「特徴量」自体もAIが自ら習得していく「ディープラーニング（深層学習）」という技術が可能となったことにより，AIの能力は飛躍的に向上した．その結果今では，AIが勝負してプロ棋士に勝てるのは10年後だろうと言われていた囲碁の対局で世界のトッププロに勝てる“賢い”能力を獲得している．

国内外で先進的企業がAIの研究を促進し，また様々な分野でのAIの導入も盛んになってきている[5]．

これからのICTはどのように発展していくのであろうか？

技術の発展形態にはいくつかのパターンがある．(a)技術の特性・性質を極限まで追求していくタイプ（極限追求型），(b)あるいくつかの特性・性質を繰り返すタイプ（スパイラルアップ型），そして，(c)従来と異なる全く新しい技術として発生し発展するタイプ（パラダイムシフト型）である．

(a)は従来技術の持つ特性，例えば高機能，高性能，広域，小型／大型，軽量といった種類の特性を極限まで追求するものである．

(b)は複数の技術が歴史上繰り返し出現するものである．当然，同等の技術が使われているわけではなく常に進展した技術が適用される．従って，スパイラルアップの形となる．

(c)はそれまでと異なる新しい概念の技術であるため，その技術がどのように活かされていくかその時点では予測がつかない．しかし，人々にとってその生活シーンが大きく変わることが多く見受けられてきた．例えばアナログ技術のみでデジタル技術が発明されていなければ，現在のような情報処理機器で情報を同一形式で扱うことによるサービスの融合化は生まれて来なかったであろう．また，有線電話（固定電話）のみで無線電話（携帯電話）が発明されていなければ，現在のような“いつでも”，“どこでも”情報の交換ができるという世界は生まれていなかった．また，(a)～(c)のパターンが単独ではなく相互に関連しあった場合，世の中のサービスは大きな変革を生むことになる．

上にあげた①～③についてはこれらのパターンを組み合わせたものと言える．

① IoTについては，(a)パターンであり，インターネットという汎用かつオープンな通信方式と大量に生じるデータを処理できるコンピュータの出現により可能となったが，従来の概念である「ユビキタスネットワーク」や「M2M」などの概念が繰り返して現れているという意味では(b)のパターンでもある．

②ビッグデータについては，コンピュータの処理能力の向上とデータの収集・処理技術の発展がもたらしたという点で(a)パターンである．

そして③AIについては，現在3度目のブームということから概念は新しいものではないが，「機械学習」や「ディープラーニング」という技術がブレークスルーとなっているという意味では(c)パターンに分類される．AIについては「シンギュラリティ（技術的特異点）」が2045年に訪れ，生物的な進化が望めない人類がAIのテクノロジーによりそれを乗り越えることができると予測する人もいる[6]．その実現性や形態は現時点では不明であるが，AIの発展が将来何らかの形で人々の生活を根底から変化させる時代が来ることは確実であろう．

人間が常に新しい技術を生みだしたいという欲求を持つ（シーズ志向）のと同時に，常に便利な生活を享受したいという欲求を持つ（ニーズ志向）限りはICTも発展し続けていくであろう．

## 15.2 動揺する知的財産権制度の今後の展開

### 15.2.1 知的財産権についての一般的な構図

古くから伝わる法諺(ほうげん)の1つは，法律，法学というものは，‘キルリー鳥’のようなものだという．この空想の中での鳥は，ふつうにイメージされるように嘴(くちばし)を流線型の先端にして前に素早く飛んでゆくのではなく，不細工な形姿でおっとり後ろに飛んでゆくとされる．この言葉は，その時々の歴史社会における立法の作業とプロセスが，時代の変化に相当に遅れながらついてゆくという意味を表している．しかも，科学技術・産業の分野では，世界を舞台に熾烈な競争を展開しているが，立法の世界では，先進諸国が共通の課題を抱えており，一般に欧米諸国が日本よりも迅速に法的対応をとることから，日本の関係法律の多くは内容を日本風にアレンジした外国法の焼き直しということになる．

この基本的な日本の立法と執行の構図は，知的財産法の世界でも変わるところはない．先端的かつ独創的な科学技術的知見を本体とする産業的財産権は特許庁や農林水産省などによって審査され，そこでは一定規模の専門人材とプロセス管理ができる仕組みが必要となる．知的財産法の運用についても法・施行令・施行規則等が揃えば円満に実施できるわけではなく，その実施にふさわしいヒトとオカネが充てられなければならない．増税論議がしきりであるが，将来を見通したうえで，省庁横断的に優先順位を定めて公的資金が配分されるわけでもないので，知的財産法の運営に格別の規模と質の人材が確保されることは難しく，十分な公的資金が手当てされるとも思いにくい．

一方，市民社会，産業社会においては，多数の紛争が発生する．そのなかでこじれたものは裁判所に持ち込まれ，和解で解決するものも少なくないが終局判決に至るものもある．裁判の迅速化に関する法律（平成15年7月16日法律第107号）が定められているが，裁判になれば関係者に多大の時間と経費を強いることになる．知的財産制度についても，たとえば，紛争以前の行政手続の面であるが，特許審査の迅速化等のための特許法等の一部を改正する法律（平成16年法律第79号）などが整備され，紛争の遅延，拡大の防止への努力がなされている．知的財産法にかかわる紛争については，アメリカ連邦巡回控訴裁判所 (CAFC) に範をとり，東京高等裁判所のなかに特別の支部として知的財産高等裁判所が設置され，地方裁判所での審理の後に控訴された知的財産権に固有の専門的な知見を要する事件を取り扱うものとされている．この知財高裁の判断に不服があるときには最高裁に上告することができる．上告が受理されれば，知財高裁判決が覆される可能性が高く，ベテランの裁判官が調査官を務め，審理の支援をする．紛争が最高裁に上がっても，時代に遅れた立法を新たな価値観で補う司法積極の姿勢がとられることは少なく，後ろ向きの既存事業や産業を擁護する保守的価値に資する判断を示しがちで，新しい技術と産業の育成に積極的な姿勢をとることは期待しにくい．知的財産法にかかわる紛争については，行政的サービス提供主体の多様化，行政事務・事業の民間への移譲が進むなかで，関係者にとって迅速で安価な手続きを備えた，知財分野に特化した日本知的財産仲裁センターなどの ADR（Alternative Dispute Resolution：裁判外紛争処理）の整備拡充，活用が期待される．

知的財産権法をめぐる今後の動きについては，高度情報通信ネットワーク社会形成基本法（IT基本法）（平成12年12月6日法律第144号）に定義される「インターネットその他の高度情報通信ネットワークを通じて自由かつ安全に多様な情報又は知識を世界的規模で入手し，共有し，又は発信することにより，あらゆる分野における創造的かつ活力ある発展が可能となる社会」（2条）がますます進展するはずである．世界標準である関係する国際条約に制度構造を律せられ，特許法をはじめとする産業的財産権にかかわる法制度，競争秩序を維持するための商標権などを定める標識法（ブランド法），文化的産業と文化活動を規律する著作権法という大枠は変わることはないであろう．

その一方において，21世紀の科学技術の発達と高度通信情報ネットワーク社会の進展は，オープンソース運動などの情報の共有と知識創成に向けてのコラボレーションを推進するとともに，市場で取引される，契約に基づく制度化されない各種の事実上の知的財産を産み出すものと思われる．インターネットの世界は，21世紀の知的活動の基盤としてますます整備充実が図られるであろう．著作権制度については，楽曲やマルチメディア化する電子書籍の配信が進み，囲い込まれた有償の情報市場空間を整備する法制が手当てされる一方，事実上最初からパブリック・ドメインにおかれるものが増大するであろうし，民主主義の要請もあり情報共有が進み，いわゆるフェアユース（公正利用）の観念の事実上の浸透が著作権制限の範囲を広げるようにも思われる．サラリーマンが赤提灯で上司の悪口をいったり，市民が家族や親しい人たちとファーストフードショップやファミリーレストランでたわいもない世間話を繰り広げる表現空間に吐き出される言葉は消えてゆくが，相手の見えないサイバースペースは世界に公開された顔の見えない衆人環視の言論空間である．ここに書き込まれた言葉，BBS，SNS，ブログ，ツイッターは固定された表現で，しかも公表されている．ホテルジャンキーズ事件（世界極上ホテル術事件）（東京高判平成 14 年 10 月 29 日）（確定）の判決は BBS の書き込みにも著作物に該当するものがあり，事前に許諾を得ることなく他人が利用した場合には，書き込みをした本人は著作権を主張しうるとしている．ツイッターでも，個性的な思想・感情が表出していれば著作権が主張でき，またそのなかで適法引用の範囲を超えて既存の著作物を利用していれば，著作権侵害となるやっかいな社会になりかねない．もっとも，名誉棄損や侮辱，肖像権やパブリシティ権の侵害，プライバシーや個人情報保護などもかかわり，情報倫理意識の啓発と新しい状況への最小限の公法的規整が求められるかもしれない．

### 15.2.2 ロボット，人工知能の登場と 21 世紀の著作権制度

囲碁や将棋，チェスなどの世界では，すでにその道のプロが人工知能に勝てなくなり，人工知能が小説を書くという状況が生まれている．これまでは高度で創造的な知的営みは，人間にしかできないという前提で社会が構成されてきた．ところが，自動車の運転という生活技術にとどまらず，熟練や専門的知識技術というものがロボットや人工知能に移植され，みずから深層学習を繰り返し，知的成長を続ける人工知能の実現が期待されるまでになっている．ロボット，人工知能の進化がこれまで人間によって担われてきた労働を奪い，人が受け持つ職業，雇用機会が喪失するという議論にも現実性がある．

従来の知的財産権制度は，創造，創作の主体は人間だけであった．ところが，発明も美術・芸術作品の製作も，人間が使う道具の域を超えて，人工知能が独立の主体として実施できる可能性が高まっている．知的創造物が既存の制度の枠内で円滑・円満に取引，利用されるのであれば，問題は少ないであろうが，事故やトラブルが発生するリスク対応を考えれば，従来の知的財産制度を根底的な大原則，法原理のところから再検討する必要があろう．知的財産制度に限らず，ソフトローを含む法制度というものは関係者の誰もが容易にイメージできるわかりやすいものでなければならない．たとえば，現在のこの国の著作権法を読んで，さっと頭の中で理解できる日本人がどれくらいいるか，考えてみればよい．技術進歩がもたらす紛争に対応しようとして，複雑怪奇な姿となっているこの国の著作権制度は，権利者にとっても利用者にとっても不幸である．しかもデジタルネットワーク社会の進行は，権利者と利用者の立場が相互互換の状況，様相を深めつつあることに留意しなければならない．著作権制度に限らず，18 世紀に生まれた近代的知的財産権制度が根底から再編成されることを期待したい．

## 15.3 社会的に最適な著作権の保護水準はあるか

本節では，今後の DRM と法律による著作物の保護を例にとって，社会的に最適な保護水準があるか考察しよう．

### 15.3.1 DRM を有効に機能させる著作権法改正は社会的にプラスか

第 12 章では，デジタル著作権管理 (DRM: Digital Rights Management) の現状について，技術と法律の両面から検討を行った．将来的に DRM によって，著作権者や流通事業者による著作物のコントロールを強化することは，社会的に望ましいことであろうか？

権利者や流通事業者から見た場合，DRMを有効に機能させるためには，著作権法における技術的保護手段の回避の定義を変えたうえで，契約による著作権の制限のオーバーライドによって，購入者および利用者の行為を利用許諾契約およびDRMによって制限できる必要がある．しかしながら，DRMと法律・契約による利用者の行為の強制・制約があまりにも効果的な場合，次のような問題が生じる懸念がある．

① 著作権法による規制体系が大きく変容し，利用者の行為の強制・制約が自由の侵害にあたる懸念が強くなる．著作権法は，長年にわたって海賊版事業者による複製を禁止し，著作物の市場秩序を維持する機能を有してきた．複製のみならず，視聴や再生・閲覧も規制できるようになると，著作権法の規制範囲を大きく踏み出すことになり，権利者が利用者の行為の自由を過度に制限することになる懸念がある [7–9]．

② すでに著作権法の保護水準は強すぎる可能性を示唆する計量経済学的研究がある．つまり，著作権法の保護水準が強すぎるため，著作物の販売によって権利者や流通事業者が得られる利益と，著作物の利用によって消費者・利用者やその他の享受者が得られる利益を合計した社会的利益が，最適な保護水準にある場合と比較して少ないとされる．そうすると，DRMと法律・契約の組合せによって，利用者の行為を現在以上に効果的に制限した場合には，著作権の保護水準がさらに強められることによって，著作物によって得られる社会的利益がさらに減少する可能性がある [10]．

③ さらに，DRMによる行為制限は著作物以外のデジタル情報にも及ぶうえ，現在の著作権法が規制する複製（有形的再製・無形的再製）以外の使用行為（ソフトウェアの実行やデジタルコンテンツの閲覧・視聴など）にも及ぶ．これらの行為の対象や行為類型にまで，さらに有効にDRMが働くようにするためには，著作権法の改正が必要とされることも考えられる．このような改正を行った場合，複製行為の規制を機能としてきた著作権法が大きくその性格を変え，購入者・利用者の行為をあまりにも強く縛る法規制となりかねないという指摘もある [11]．

### 15.3.2 DRMの強化はコンテンツビジネスにとってプラスか

すでにみたように，アップル社はiTSの音楽データ配信において，DRMによる複製・アクセス制御をやめてしまった．これは，ユーザのDRM付楽曲に対する反発を抑えて将来に向けて音楽市場を広げ，iTSにおける売り上げを伸ばすための配慮であるとともに，ヨーロッパの複数の国で，DRM付音楽データでユーザを自社製品と自社サイトに縛り付ける行為が独占禁止法違反で起こされてきた訴訟を避けるためといわれている．

一方では，DRM付楽曲と自社の再生ソフトウェアやモバイルデバイスのシェアを大きく伸ばし，一定数のユーザを囲い込むことに成功していたアップル社であるから，DRMのない楽曲を配信することができたという意見もある．すでにアップル社はiTSで多数のDRM付の音楽データを販売しており，これらの音楽データを再生できる同社のソフトウェアやモバイルデバイスから他社製品に切り替えることには，大きなコストがかかるうえ，同じ楽曲のDRMのないデータを購入する場合には新たに代金を支払う必要が生じる [12,13]．

DRM 付のコンテンツ配信がコンテンツビジネスにとってより大きな収益を生むかどうかは，自社製品・サービスのシェアやユーザの動向，各国政府・司法の動向によって大きく変動するものと考えられる．

### 15.3.3 著作権の社会的に最適な保護水準を求めて

権利者や流通事業者には，DRM と法律・契約を組み合わせて，権利保護や逸失利益の減少をできるだけ効果的に行いたいというニーズがある．一方，消費者（購入者や潜在的購入希望者を含む）にとっては，DRM と法律・契約による行為の強制が効果的であればあるほど，行動の自由を制限されることになる．

私的領域における行動の自由が制限されるだけなく，学術情報の利用や視聴覚障碍者による著作物の利用など，公益性が高いと考えられる分野において，DRM によって過度に利用行為が規制されることは望ましくない．

社会的観点から見れば，権利者や流通事業者がデジタル情報の販売によって得られる利益と，消費者・利用者がデジタル情報の利用によって得られる利益の合計ができるだけ大きくなるように，デジタル情報の利用制限水準を決定する必要がある．

DRM と法律・契約による利用者の行動の制約があまりにも強すぎる場合，権利者や流通事業者の得られる利益は大きくなるが，消費者・利用者の得られる利益は小さくなる．逆にあまりにも弱すぎる場合，消費者・利用者の得られる利益が大きくなるものの，権利者や流通事業者の得られる利益は小さくなる．権利者・流通事業者の利益と消費者・利用者の利益の総計が一定だとしても，自由な複製によって外部経済もしくは外部不経済が発生すると考えられる[1)]．この外部経済もしくは外部不経済は，デジタル情報の保護水準によって変動する（図 15.1）[10]．

したがって，外部経済が最大になる保護水準が，社会的利益の総計が最大になる最適な保護水準であると考えられる．

DRM と法律・契約による利用者の行為制限については，権利者や流通事業者の権利や私的利益の保護という観点だけでなく，消費者や利用者および社会的利益を考慮して，制度設計を行わねばならない．

現在の著作権制度の改正にあたっては，利害当事者ではない第三者による著作物の利用や著作権侵害による被害見積もりが採用されることは少なく，積極的にロビイングを実施する利害当事者が存在する業界の利益が優先されるように見えることが少なくない．DRM の例でみたように，著作権者や流通事業者などの利害関係者の利益を最優先するならば，社会・経済のその他の要素に負の影響を与える可能性がある．そのうえ，著作権は一種の情報をコントロールする権利であるから，著作権が著作物の視聴や閲覧にまで及ぶとなると，言論・表現の自由や

---

1) 外部経済・外部不経済とは，ある経済主体の活動によって生じるほかの経済主体への影響を表す．外部経済はほかの経済主体に効用（利益）をもたらし，外部不経済は損失をもたらす．たとえば，自動車の製造・販売と利用は，製造者・販売者・利用者に経済的利益をもたらす一方で，交通事故による死傷者の発生や自動車の製造・販売利用に伴う大気汚染の発生，ガソリンなどの資源利用による機会費用の発生などの負の影響ももたらす．これらの負の影響を経済学的に考察する場合，金銭的損失として表され，外部経済性の概念が利用される．一方，養蜂家が蜂を育て蜂蜜や蜜蝋を取るために，果樹園のそばで蜂を飼えば，蜂が果樹の受粉を助け結実に役立つ．このとき果樹園主と養蜂家の間に金銭的やり取りがなければ，養蜂家の経済活動に焦点を合わせれば果樹園主は受粉による外部経済の恩恵を受け，逆に果樹園主の経済活動を見れば養蜂家は果樹園主の経済活動による外部経済の恩恵を受けることとなる．

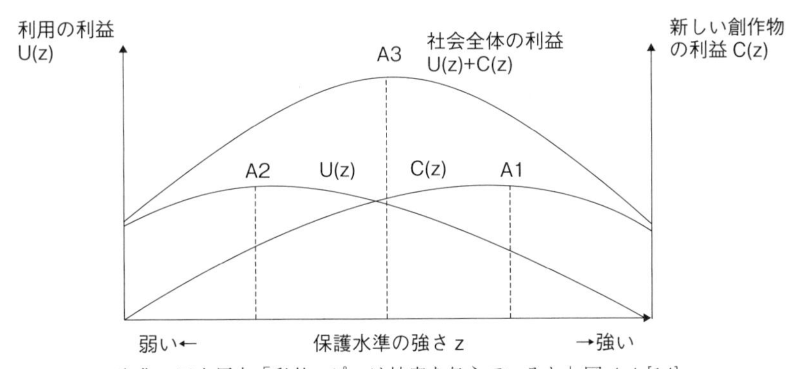


出典：田中辰夫「私的コピーは被害を与えているか」図 4-4 [14].

**図 15.1** 著作権の最適保護水準の概念.

学問・研究の自由，知る権利にまで影響が及ぶと考えられる．

とくに，独学を含む学習や教育においては，著作物の複製の利用や公共図書館，インターネット上の情報の活用が重要である．学習や教育を通じて，将来的な科学技術の研究開発や学術・文学・音楽・芸術などの創作活動に従事する人々が育成されることを考えると，科学技術の研究成果や著作物に対して過度にコントロールが及ぶことは望ましくないように思われる．

社会的に最適な著作権の保護水準を求めて，計量経済学や法社会学，法哲学・倫理学，その他の様々な学問領域の知恵を動員して政策の基礎となるデータや理論を構築していく必要がある [15].

## 15.4 まとめ

情報通信の歴史は 1876 年アレクサンダー・グラハム・ベルによる電話の発明や 1895 年グリエルモ・マルコーニによる無線電信の成功により始まり，現代までの約 140 年間発展し続けている．また，デジタルコンピュータの歴史は 1946 年 ENIAC により始まり，現代まで約 70 年間急速に進展してきた．これらの全く異なる技術が結合し，スタンドアローンコンピュータが遠隔に設置したデータ入出力装置（端末）との間を電話回線により接続されホストコンピュータと呼ばれるようになった時に ICT の歴史が始まったといえよう．

その後の ICT の発達は，ネットワークについて言えば有線，無線に限らず高速化・大容量化の追求，そしてコンピュータについて言えば部品，装置に限らず高機能／高性能化，小型化の追求によりもたらされたものである．

一方知的財産権関連法令について例を挙げれば，世界最初の成文特許法は 1474 年ヴェネチア共和国で公布された「発明者条例」であり，その後英国で 1624 年に制定された「専売条例」が近代特許法の原型とされている．

ベルにより発明された電話は 1876 年に米国の特許となっている．また，日本では 1885 年に本格的な特許法として「専売特許条例」が公布・施行され，すでに 130 年程度が経過している．ちなみに，特許庁が歴史的な発明者から 10 名を選んで日本の十大発明者として顕彰しているがこの中には ICT に関連する発明者として八木アンテナの基本となる「電波指向方式」を発明した八木秀次,「有線写真電送装置」を発明した丹羽保次郎が含まれている [16].

また,著作権の保護は 15 世紀にヨハネス・グーテンベルクが活版印刷を発明し書物が大量に生産されるようになって始まったとされる.その後ヨーロッパでは国を越えて著作権を保護する必要があったことから 1886 年「文学的および美術的著作物の保護に関するベルヌ条約」が作成された.日本での近代的な著作権法は 1899 年の「著作権法」(いわゆる「旧著作権法」) の制定であり,やはり 100 年以上の歴史がある [17].

このように ICT は必ずしも知的財産権に関する各法令を生みだす契機となった技術ではないが,特許法や著作権法には「情報」が大きく関与していることがわかる.すなわち情報を処理し,流通させる技術である ICT が知的財産権と密接な関係を持つことは必然であったといえる.

本書では私たちが創作する知的財産,すなわち「人間の創作活動により生みだされるもの,あるいは事業活動に用いられる商品又は役務を表示するものおよび営業秘密その他の事業活動に有用な技術上・営業上の情報」については私たち自身が権利を持つこと,そしてその権利は公的な裏付けとなる各種の法令により実現されることを示した.また,とりわけ ICT に着目し,ICT に密接な関連をもつ知的財産権,および法令について ICT とのかかわりを含めてその概要を記述した.

日本では高度成長期の後のいわゆるバブルがはじけて以来,長い低迷の中にあったが,資源の少ない我が国にとって知的財産の持つ価値は他のどの国と比較しても重いものである.とりわけ ICT は私たち人間にとって必要不可欠である「情報」を扱う技術であり,アイデア次第でいかなる素晴らしい技術をも産み出すことが可能である.

若い学生諸君による新しい ICT の創造と,知的財産権の蓄積を期待するところである.

## 演習問題

**設問 1** 今後 ICT はどのような発展を遂げると思うか予測せよ.

**設問 2** 今後の知的財産権制度について思う所を述べよ.

**設問 3** 文化庁文化審議会著作権分科会の最近の報告書を読み,何が問題となっているかまとめ,その問題についてどのように考えるか述べよ.

**設問 4** メディアと ICT の知的財産権について本書を読んだ意見を述べよ.

# 参考文献

[1] 情報通信白書（平成 16 年版），第 1 章　特集「世界に拡がるユビキタスネットワーク社会の構築」図表［1］ユビキタスネットワーク社会の概念，
（http://www.soumu.go.jp/johotsusintokei/whitepaper/ja/h16/html/G1401000.html）.

[2] 情報通信白書（平成 27 年版），第 2 部第 5 章第 4 節　ICT 化の進展がもたらす経済構造の変化 ICT が拓く未来社会，
（http://www.soumu.go.jp/johotsusintokei/whitepaper/ja/h27/html/nc254110.html）.

[3] 情報通信白書（平成 24 年版），第 1 部　特集　ICT が導く震災復興・日本再生の道筋，
（http://www.soumu.go.jp/johotsusintokei/whitepaper/ja/h24/html/nc121410.html）.

[4] 情報通信白書（平成 28 年版）第 1 部第 4 章第 2 節　人工知能（AI）の現状と未来，
（http://www.soumu.go.jp/johotsusintokei/whitepaper/ja/h28/html/nc142120.html）.

[5] 同 [4]

[6] 日経 BPnet,「シンギュラリティで人類はどうなるのか」,
（http://www.nikkeibp.co.jp/atcl/column/16/ai/080300003/?P=1）.

[7] 作花文雄,「著作権法　制度と政策　第 3 版」, pp. 504-506，発明協会，東京 (2008).

[8] 名和小太郎,「ディジタル著作権 二重標準の時代へ」, 171-173，みすず書房，東京 (2004).

[9] 田村善之,「著作権法概説　第 2 版」, pp. 195,198，有斐閣，東京 (2001).

[10] 田中辰夫,「私的コピーは被害を与えているか」, 宅純二郎・柳川範之.「フリーコピーの経済学 ディジタル化とコンテンツビジネスの未来」, pp. 117-151，日本経済新聞社，東京 (2008).

[11] 名和小太郎,「情報の私有・共有・公有 ユーザーからみた著作権」, pp. 92-93，NTT 出版，(2006).

[12]「DRM フリーへの流れが Apple の DRM による iPod/iTunes 支配を延命する？」,『P2P とかその辺のお話』2007 年 5 月 18 日，
（http://peer2peer.blog79.fc2.com/blog-entry-449.html）.

[13]「iTunesStore が DRM フリー化しても DRM の鎖はちぎれない」『P2P とかその辺のお話』2009 年 1 月 22 日，
（http://d.hatena.ne.jp/heatwave_p2p/20090122/p1）.

[14] 新宅純二郎・柳川範之,「フリーコピーの経済学 ディジタル化とコンテンツビジネスの未来」, p. 144，日本経済新聞社，東京 (2008).

[15] 大谷卓史,「著作権の哲学」,「情報倫理—技術・プライバシー・著作権」, みすず書房，東京，p.127-299 (2017).

[16] 特許庁ホームページ，十大発明家，
（https://www.jpo.go.jp/cgi/link.cgi?url=/torikumi/hiroba/hatsumei.htm）.

[17] 文化庁ホームページ，著作権制度の沿革，
（http://www.bunka.go.jp/chosakuken/naruhodo/outline/2.html）.

# 索　引

N



O



P



S



T



U



W



Y



あ行



か行

## さ行

## た行

## な行



## は行

## ま行



## や行



## ら行



## わ行

# 著者紹介

## 菅野政孝（すがの まさたか）（執筆担当章 1, 8, 9, 13, 14 章, 15.1, 15.4 節）

略　歴：1976 年 3 月 電気通信大学大学院電気通信学研究科修士課程修了
1976 年 4 月 日本電信電話公社（現 NTT）入社
1988 年 7 月 NTT データ通信株式会社（現 NTT データ）転籍
2005 年 4 月 NTT データ先端技術株式会社入社
2010 年 4 月-現在 日本大学大学院知的財産研究科 教授 東北大学博士（情報科学）

主　著：「オンラインシステムの設計」，共著，オーム社 (1995)，「JAVA/Hot Java」，共著，カットシステム (1996)，「ネットワークセキュリティと暗号化」，共著，カットシステム (1997)，ほか．

学会等：情報処理学会員，電子情報通信学会員，日本知財学会員．

## 大谷卓史（おおたに たくし）（執筆担当章 2, 7 章（7.4 節除く）, 10, 11, 12 章, 15.3 節）

略　歴：1993 年 9 月 千葉大学大学院修士課程修了（文学修士）
1993 年 9 月 株式会社オーム社入社（95 年 8 月まで）
1995 年 10 月 東京大学大学院工学系研究科先端学際工学専攻入学
在学中，科学技術ライターとして多数の記事・著書を執筆
2002 年 9 月 東京大学大学院工学系研究科博士課程単位取得退学
2004 年 4 月 吉備国際大学政策マネジメント学部助教授
2008 年 4 月 吉備国際大学国際環境経営学部准教授
2014 年 4 月-現在 吉備国際大学アニメーション文化学部 准教授

主　著：「新通史 日本の科学技術 第 2 巻」，共編著（吉岡斉責任編集），原書房 (2012)，「情報倫理入門改訂新版」編著（土屋俊監修），アイ・ケイコーポレーション (2014)，「情報倫理—技術・プライバシー・著作権」単著，みすず書房 (2017)．

学会等：IEEE 会員，ACM 会員，Society for History of Technology 会員，日本科学史学会員，電子情報通信学会員，応用哲学会員，など．

## 山本順一（やまもと じゅんいち）（執筆担当章 3, 4, 5, 6 章, 7.4, 15.2 節）

略　歴：1981 年 3 月 早稲田大学大学院 博士課程単位取得満期退学（政治学修士）
1986 年 3 月 図書館情報大学大学院 修士課程修了（学術修士）
1999 年 6 月 図書館情報大学図書館情報学部 教授
2002 年 10 月 筑波大学大学院図書館情報メディア研究科 教授
2008 年 4 月-現在 桃山学院大学経営学部，経営学研究科 教授

主　著：「行政法第 3 版（Next 教科書シリーズ）」，共著，弘文堂 (2017)，「情報メディアの活用 三訂版」共編著，放送大学教育振興会 (2016)，「図書館と著作権」共編著，日本図書館協会 (2005)．

学会等：公法学会員，情報ネットワーク法学会員，法とコンピュータ学会員，著作権法学会員，アメリカ法学会員，比較法学会員，法社会学会員，図書館情報学会員など．

未来へつなぐ デジタルシリーズ **12**
**メディアと ICT の知的財産権**
**第 2 版**

*Intellectual Property*
*in the Digital Age*
*2nd edition*

2012 年 8 月 15 日 初 版 1 刷発行
2016 年 2 月 25 日 初 版 4 刷発行
2018 年 2 月 15 日 第 2 版 1 刷発行

検印廃止
NDC 507.2

ISBN 978–4–320–12432–5

著 者 菅野政孝
大谷卓史
山本順一



発行者 南條光章

発行所 **共立出版株式会社**
郵便番号 112–0006
東京都文京区小日向 4–6–19
電話 03–3947–2511（代表）
振替口座 00110–2–57035
URL http://www.kyoritsu-pub.co.jp/

印 刷 藤原印刷
製 本 ブロケード

一般社団法人
自然科学書協会
会員

Printed in Japan